"十四五"职业教育国家规划教材

机械制造工艺与装备

（第二版）

主　编　孙　鹏　谭　动

副主编　蒋兴方　汤　熊　赵宏伟　谢建武

　　　　许晓勇　方建辉　陈斌南　蒋　洁

　　　　李景军　左　薇

西安电子科技大学出版社

内 容 简 介

  本书针对轴类、套筒类、箱体类、齿轮类等典型零件的加工设计了八个项目,内容包括销轴、阶梯轴、传动轴、连接套、减速器箱体、直齿圆柱齿轮、数控加工工艺以及其他零件的机械加工工艺与检验示例等。同时,本书按照工艺分析、工艺方案制订、工艺路线确定、工艺装备的应用、质量保证体系以及零件的检验等工作的内容和程序,还介绍了机床、切削原理、刀具、工装夹具、工艺及工艺尺寸链、测量等相关知识。本书把实践能力的培养贯穿于全过程,着重培养读者实际工作的基本技能。

  本书的指导思想为"以职业活动为导向,以职业技能为核心,以德促教,以教树德,突出职业培训特色",将机械制造技术的基本规律、生产实际的工作流程、机械加工应具备的知识和技能贯穿在典型生产实际案例中进行讲解,使读者更好地掌握一般机械加工零件工艺过程的编制。

  本书可作为高等职业院校机械制造类专业的教材,也可供机械加工工程师、工艺设计师、现场工艺师及机床操作者使用。

图书在版编目(CIP)数据

机械制造工艺与装备 / 孙鹏,谭动主编. --2 版. --西安:西安电子科技大学出版社,2024.9
ISBN 978-7-5606-7049-2

Ⅰ.①机…　Ⅱ.①孙…②谭…　Ⅲ.①机械制造工艺—高等职业教育—教材
Ⅳ.①TH16

中国国家版本馆 CIP 数据核字(2024)第 060887 号

策　　划　杨丕勇
责任编辑　张　玮
出版发行　西安电子科技大学出版社(西安市太白南路 2 号)
电　　话　(029)88202421　88201467　　邮　　编　710071
网　　址　www.xduph.com　　　　　　电子邮箱　xdupfxb001@163.com
经　　销　新华书店
印刷单位　咸阳华盛印务有限责任公司
版　　次　2024 年 9 月第 2 版　2024 年 9 月第 1 次印刷
开　　本　787 毫米×1092 毫米　1/16　印　张　15.5
字　　数　364 千字
定　　价　45.00 元
ISBN 978-7-5606-7049-2 / TH
XDUP　7351002-1
如有印装问题可调换

前　言

党的二十大报告提出："加快建设制造强国、质量强国""推动制造业高端化、智能化、绿色化发展"。"机械制造工艺与装备"作为装备制造专业中的一门必修课，肩负着非常重要且不可或缺的责任。高端、智能化的产品需要依靠合理的加工工艺，加工工艺的好坏直接影响到产品的质量、生产成本和生产效率。为了使读者更好地掌握加工工艺编制的方法，本书采用项目驱动的方式组织内容，力求使读者通过对典型零件加工技术和制造过程的学习，掌握各种加工方法和设备的基础知识及应用。

本书共分为八个项目：销轴、阶梯轴、传动轴、连接套、减速器箱体、直齿圆柱齿轮、数控加工工艺以及其他零件的机械加工工艺与检验示例。其中前六个项目介绍典型产品零件的加工工艺，第七个项目以具体案例介绍数控加工工艺，第八个项目是综合训练。本书按照零件分析→材料选择→设备选择→刀具选择→切削用量选择→金属切削原理→加工精度保证→经济分析→质量检验的生产工作流程，把相关内容贯穿到每个项目中进行讲解，内容由浅入深，循序渐进，使读者在学习过程中掌握不同零件的加工方法及工艺文件的编制。同时，在各项目中贯穿责任、担当、创新、规范、精准、环保等课程思政元素，树立以德促教、以教树德，德教融合培养新时代大国工匠的教育理念。

本书在编写过程中，突出了以下特点：

(1) 由浅入深，从传统到先进。本书首先从最简单的零件销轴开始，再到复杂的零件加工工艺制订；从普通机床开始，再到数控加工工艺，讲解详尽。

(2) 产教融合，从实用到创新。本书所介绍的每一个实例均来自教学和生产实际，能让读者在最短的时间内掌握操作技巧，其最终目的是让初学者能够在实际工作中解决问题。

(3) 形式多样，重视能力培养。本书设计了丰富的案例，并配以微课(二维码)、图片、文本、习题等，任务接近实际，案例紧贴岗位，注重读者兴趣和能力的培养，同时也开发了配套资源等用于辅助、拓展教学内容，进一步帮助读者自学。

本书由孙鹏和谭动任主编，蒋兴方、汤熊、赵宏伟、谢建武、许晓勇、方建辉、陈斌南、蒋洁、李景军、左薇任副主编。

本书的编写符合职业教育发展方向及培养目标，具有重点突出和适应性强的特点。本书可作为高等职业院校机械制造类专业的教材，也可供工程技术人员参考。

由于编著者水平有限，书中难免有不妥之处，恳请广大读者提出宝贵意见。

编　者
2024 年 1 月

目 录

项目一　销　轴

1.1　轴类零件的材料、毛坯

1.1.1　轴类零件的材料

　　轴类零件材料常用 45 钢。中等精度、转速较高的轴，可选用 40Cr 等合金结构钢。精度较高的轴，可选用 GCr15 轴承钢和 65Mn 弹簧钢等，也可选用球墨铸铁。对于高转速、重载荷条件下工作的轴，选用 20CrMnTi、20Mn2B、20Cr 等低碳合金钢或 38CrMoAl 渗氮钢。

轴类零件的材料、毛坯

1.1.2　轴类零件的毛坯

　　轴类零件最常用的毛坯是圆棒料和锻件，有些大型轴或结构复杂的轴采用铸件。毛坯经过加热锻造后，可使金属内部纤维组织均匀分布，从而获得较高的抗拉、抗弯及抗扭曲强度。一般比较重要的轴，多采用锻件。

　　依据生产批量的大小，毛坯的锻造方式分为自由锻造和模锻两种。

毛坯的选择原则

1.2　加工方法和加工方案的选择

　　机械加工工艺路线是指零件由毛坯到成品过程中加工各工序的先后顺序。拟定机械加工工艺路线是制订机械加工工艺过程中的关键环节。其主要工作是选择各加工表面的加工方法，确定工序数目和内容，选择加工方案、定位和夹紧方法等。具体拟定时，要结合零件的技术要求、生产批量、经济效益及生产实际装备等情况，确定较为合理的工艺路线。

加工方法和加工方案的选择

1.2.1　加工经济精度和经济表面粗糙度的概念

　　任何一种加工方法能够保证的加工精度和表面粗糙度都有一个范围，如果要求保证的加工精度过高，就需采取特殊的工艺措施，这既降低了生产率，又加大了加工成本。只有在一定的精度范围内,加工才是经济的。加工经济精度是指在正常加工条件下(采用符合质量标准的设备、工艺装备和标准技术等级的工人,合理的加工时间)所能保证的加工精度。相应的粗糙度称为经济表面粗糙度。例如,在普通车床上加工外圆所能获得的尺寸加工经济精度为 IT8、IT9 级,加工经济表面粗糙度 Ra 为 1.6~6.3 μm;普通外圆磨床磨削外圆,尺寸的加工经济精度为 IT5、IT6 级,加工经济表面粗糙度 Ra 为 0.16~0.32 μm。

1.2.2 加工路线的确定

机械零件都是由外圆、孔、平面及成型表面等组合而成的,因此零件的工艺路线就是这些表面加工路线的恰当组合,通过查表可以确定零件加工路线。图 1.2-1 所示的销轴是由外圆柱面组成的,表面粗糙度 Ra 为 3.2 μm,通过查表 1.2-1 确定加工路线为:粗车→半精车→精车。

外圆面加工
路线的确定

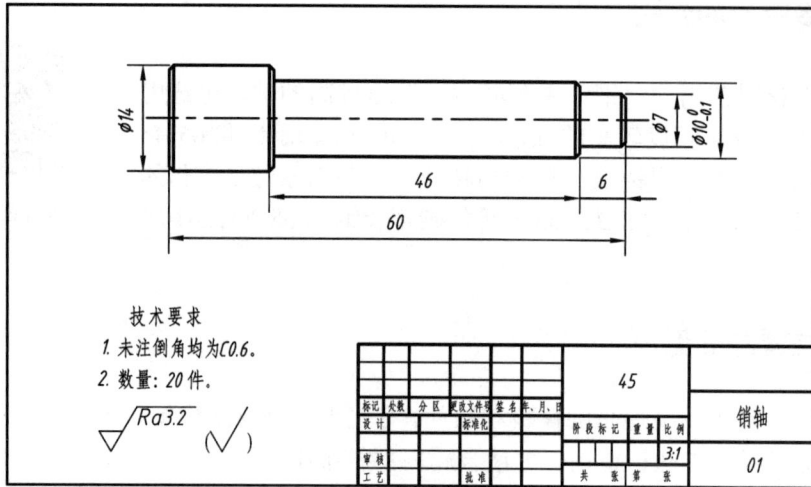

图 1.2-1 销轴

表 1.2-1 外圆柱面的加工路线

序号	加 工 方 法	加工精度	粗糙度 Ra/μm	适用范围
1	粗车	IT11~13	12.5~50	适用于淬火钢以外的各种金属
2	粗车→半精车	IT8~10	3.2~6.5	
3	粗车→半精车→精车	IT7、IT 8	0.8~1.6	
4	粗车→半精车→精车→滚压(抛光)	IT6、IT 7	0.08~0.2	
5	粗车→半精车→磨削	IT6、IT 7	0.4~0.8	主要用于淬火钢,也可用于未淬火钢,不宜加工有色金属
6	粗车→半精车→粗磨→精磨	IT5、IT 7	0.1~0.4	
7	粗车→半精车→粗磨→精磨→超精加工	IT5	0.012~0.1	
8	粗车→半精车→精车→精细车(金刚石车)	IT5、IT6	0.025~0.4	主要用于加工精度高的有色金属
9	粗车→半精车→粗磨→精磨→超精磨	IT5	0.006~0.025	用于加工极高精度的外圆
10	粗车→半精车→粗磨→精磨→研磨	IT5	0.006~0.1	

1.2.3 机床的选择

1. 机床的型号与表示方法

根据 GB/T 15375—2008 机床型号编制方法，我国的机床型号由汉语拼音字母和阿拉伯数字按一定规律组合而成，适用于各类通用机床和专用机床(组合机床除外)，图 1.2-2 为通用机床型号的表示方法。

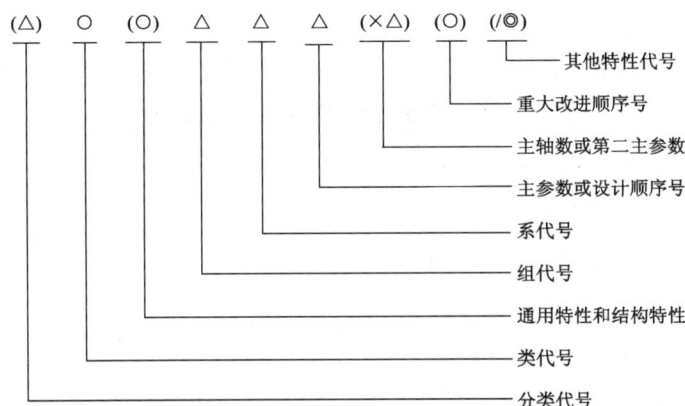

图 1.2-2 通用机床型号的表示方法

1) 机床的分类及代号

机床的类别用汉语拼音大写字母表示。有需要时，每类又可分为若干分类，分类代号用阿拉伯数字表示，在类代号之前，居于型号的首位，但第一分类不予表示。机床的分类和代号见表 1.2-2。

表 1.2-2 机床的分类和代号

类别	车床	钻床	镗床	磨床			齿轮加工机床	螺纹加工机床	铣床	刨插床	拉床	锯床	其他机床
代号	C	Z	T	M	2M	3M	Y	S	X	B	L	G	Q
读音	车	钻	镗	磨	二磨	三磨	牙	丝	铣	刨	拉	割	其

2) 机床的特性代号

机床的特性代号用于表示机床所具有的特殊性能，包括通用特性和结构特性。

当某类型机床除有普通型外，还具有表 1.2-3 所列通用特性时，则在类代号之后加上相应的特性代号，如"CK"表示数控车床。同时具有 2、3 个通用特性时，则可用 2、3 个代号同时表示，一般按重要程度排列顺序，如"MBG"表示半自动高精度磨床。

表 1.2-3 机床的通用特性代号

通用特性	高精度	精密	自动	半自动	数控	加工中心(自动换刀)	仿形	轻型	加重型	柔性加工单元	数显	高速
代号	G	M	Z	B	K	H	F	Q	C	R	X	S
读音	高	密	自	半	控	换	仿	轻	重	柔	显	速

当某类机床仅有某种通用特性，而无普通型时，则通用特性不用表示，如 C1107 型单轴纵切自动车床，没有非自动型。

为了区分主参数相同而结构不同的机床，在型号中用结构特性代号表示。结构特性代号为汉语拼音字母，且通用特性代号已用的字母及字母"I""O"不能用，如 CA6140 型车床。

3) 机床组、系的划分原则及其代号

机床的组和系代号各用一位阿拉伯数字表示。

每类机床按其结构性能及适用范围分为十个组，组的划分原则是：在同一类机床中，主要布局或使用范围基本相同的机床，即为同一组。

每组机床又分若干个系(系列)，系的划分原则是：同一组机床中，主参数相同、主要结构及布局型式相同的机床，划分为同一系。常用金属切削机床的类、组划分见表 1.2-4。

表 1.2-4　金属切削机床类、组划分表

类		组									
		0	1	2	3	4	5	6	7	8	9
车床 C		仪表小型车床	单轴自动车床	多轴自动、半自动车床	回轮、转塔车床	曲轴及凸轮轴车床	立式车床	落地及卧式车床	仿形及多刀车床	轮、轴、辊、锭及铲齿车床	其他车床
钻床 Z			坐标镗钻床	深孔钻床	摇臂钻床	台式钻床	立式钻床	卧式钻床	铣钻床	中心孔钻床	其他钻床
镗床 T				深孔镗床		坐标镗床	立式镗床	卧式铣镗床	精镗床	汽车、拖拉机修理用镗床	其他镗床
磨床	M	仪表磨床	外圆磨床	内圆磨床	砂轮机	坐标磨床	导轨磨床	刀具刃磨床	平面及端面磨床	曲轴、凸轮轴、花键轴及轧辊磨床	工具磨床
	2M		超精机	内圆珩磨机	外圆及其他珩磨机	抛光机	砂带抛光及磨削机床	刀具刃磨及研磨机床	可转位刀片磨削机床	研磨机	其他磨床
	3M		球轴承套圈沟磨床	滚子轴承套圈滚道磨床	轴承套圈超精机		叶片磨削机床	滚子加工机床	钢球加工机床	气门、活塞及活塞环磨削机床	汽车、拖拉机修理用磨机床
齿轮加工机床 Y		仪表齿轮加工机		锥齿轮加工机	滚齿及铣齿机	剃齿及珩齿机	插齿机	花键轴铣床	齿轮磨齿机	其他齿轮加工机	齿轮倒角及检查机
螺纹加工机床 S					套丝机	攻丝机		螺纹铣床	螺纹磨床	螺纹车床	
铣床 X		仪表铣床	悬臂及滑枕铣床	龙门铣床	平面铣床	仿形铣床	立式升降台铣床	卧式升降台铣床	床身铣床	工具铣床	其他铣床
刨插床 B			悬臂刨床	龙门刨床		插床	牛头刨床			边缘及模具刨床	其他刨床
拉床 L				侧拉床	卧式外拉床	连续拉床	立式内拉床	卧式内拉床	立式外拉床	键槽、轴瓦及螺纹拉床	其他拉床
锯床 G				砂轮片锯床		卧式带锯床	立式带锯床	圆锯床	弓锯床	锉锯床	
其他机床 Q		其他仪表机床	管子加工机床	木螺钉加工机		刻线机	切断机	多功能机床			

4) 机床主参数、设计顺序号

机床主参数表示机床规格的大小，用折算值(主参数乘以折算系数)表示。常用主参数的折算系数有 1/10、1/100、1/1。

某些通用机床，当无法用一个主参数表示时，则在型号中用设计顺序号表示。设计顺序号由 1 起始，当设计顺序号小于 10 时，由 01 开始编号。

5) 主轴数和第二主参数

对于多轴机床，其主轴数应以实际数值列入型号，置于主参数之后，用"×"分开。

第二主参数一般指最大工件长度、最大跨距、工作台面长度等，也用折算值表示。

6) 机床的重大改进顺序号

当机床的性能、结构布局有重大改进，并按新产品重新设计、试制和鉴定时，按改进的先后顺序选用 A、B、C 等汉语拼音字母("I""O"除外)，加在原机床型号的尾部，以区别原机床型号。

7) 其他特性代号

其他特性代号用汉语拼音字母("I""O"除外)或阿拉伯数字或两者组合表示，主要用以反映各类机床的特性。

根据通用机床型号编制方法，举例如下：

例 1.2-1　CA6140A 型卧式车床，如图 1.2-3 所示。

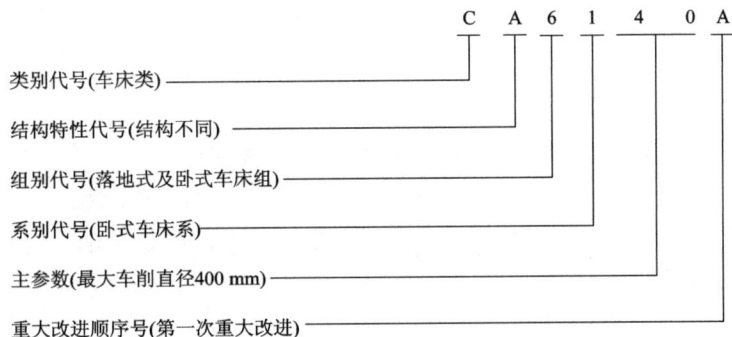

图 1.2-3　CA6140A 型卧式车床型号表示方法

例 1.2.2　MG1432A 型高精度万能外圆磨床，如图 1.2-4 所示。

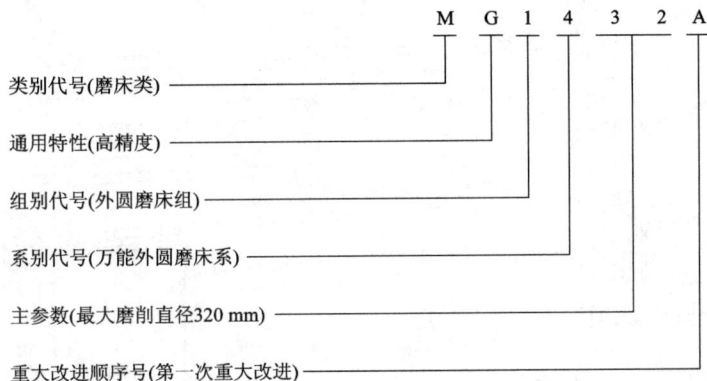

图 1.2-4　MG1432A 型高精度万能外圆磨床型号表示方法

例 1.2-3 CK6140 型卧式车床,如图 1.2-5 所示。

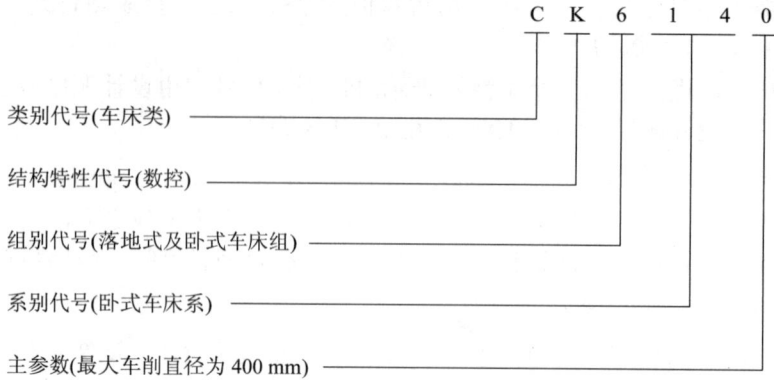

```
C  K  6  1  4  0
```

类别代号(车床类)

结构特性代号(数控)

组别代号(落地式及卧式车床组)

系别代号(卧式车床系)

主参数(最大车削直径为 400 mm)

图 1.2-5 CK6140 型卧式车床型号表示方法

2. 机床选择原则

(1) 机床主要规格尺寸应与工件外形轮廓尺寸相适应,即小工件应选小型机床加工,大工件应选大型机床加工,合理使用设备。

(2) 机床的精度应与工序要求的加工精度相适应。

(3) 机床的生产率应与零件的生产类型相适应,尽量利用工厂现有的机床设备。

通过加工路线确定该零件可采用数控车床或普通车床进行加工,销轴确定采用普通车床加工。

3. 车床

图 1.2-6 所示为 CA6140 型卧式车床外形图,其主要部件如下:

(1) 变速箱。变速箱用来改变主轴的转速。主要由传动轴和变速齿轮组成。通过操纵变速箱和主轴箱外面的变速手柄改变齿轮或离合器的位置,可使主轴获得 12 种不同的速度。主轴的反转是通过电动机的反转来实现的。

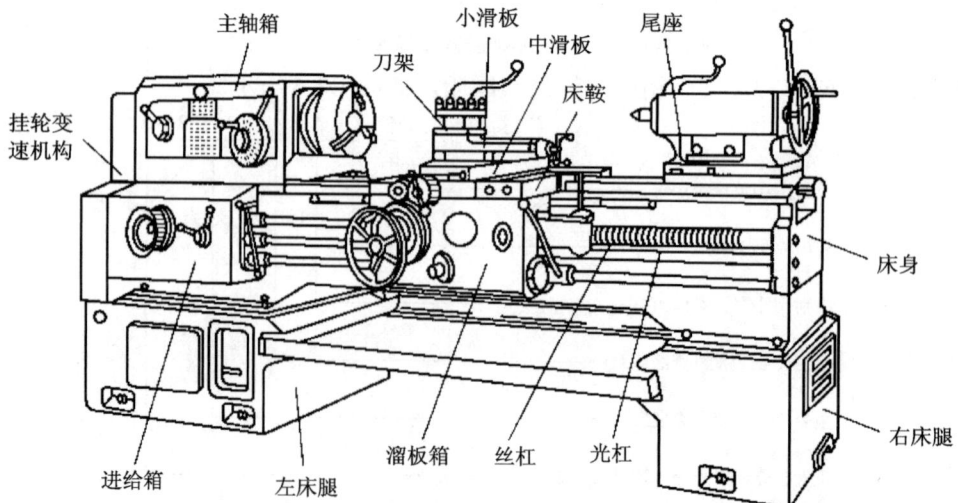

图 1.2-6 CA6140 型卧式车床

(2) 主轴箱。主轴箱用来支承主轴，并使其作各种速度旋转运动；主轴是空心的，便于穿过长的工件；在主轴的前端可以利用锥孔安装顶尖，也可利用主轴前端圆锥面安装卡盘和拨盘，以便装夹工件。

(3) 挂轮箱。挂轮箱用来搭配不同齿数的齿轮，以获得不同的进给量。主要用于车削不同种类的螺纹。

(4) 进给箱。进给箱用来改变进给量。主轴运动经挂轮箱传入进给箱，通过移动变速手柄来改变进给箱中滑动齿轮的啮合位置，便可使光杆或丝杆获得不同的转速。

(5) 溜板箱。溜板箱用来使光杠和丝杠的转动转变为刀架的自动进给运动。光杠用于一般的车削，丝杠只用于车螺纹。溜板箱中设有互锁机构，使两者不能同时使用。

(6) 刀架。刀架用来夹持车刀并使其做纵向、横向或斜向进给运动。

① 床鞍。它与溜板箱连接，可沿床身导轨作纵向移动，其上面有横向导轨。

② 中滑板。它可沿床鞍上的导轨作横向移动。

③ 转盘。它与中滑板用螺钉紧固，松开螺钉便可在水平面内扳转任意角度。

④ 小滑板。它可沿转盘上面的导轨作短距离移动。当将转盘偏转若干角度后，可使小滑板作斜向进给，以便车锥面。

⑤ 方刀架。它固定在小滑板上，可同时装夹四把车刀；松开锁紧手柄，即可转动方刀架，把所需要的车刀更换到工作位置上。

(7) 尾座。尾座用于安装后顶尖以支持工件，或安装钻头、铰刀等刀具进行孔加工。它主要由套筒、尾座体、底座等几部分组成。转动手轮，可调整套筒伸缩一定距离，并且尾座还可沿床身导轨推移至所需位置，以适应不同工件加工的要求。

(8) 床身。床身固定在床腿上，床身是车床的基本支承件，床身的功用是支承各主要部件，并使它们在工作时保持准确的相对位置。

(9) 丝杠。丝杠能带动大拖板作纵向移动，用来车削螺纹。丝杠是车床中主要精密件之一，一般不用丝杠自动进给，以便长期保持丝杠的精度。

(10) 光杠。光杠用于机动进给时传递运动。通过光杠可把进给箱的运动传递给溜板箱，使刀架做纵向或横向进给运动。

(11) 操纵杆。操纵杆是车床的控制机构，在操纵杆左端和拖板箱右侧各装有一个手柄，操作工人可以很方便地操纵手柄以控制车床主轴正转、反转或停车。

1.3　卡盘与过渡盘

按机床工艺规程的要求，保证工件获得相对于机床和刀具的正确位置，并通过夹紧工件保证在加工过程中始终保持工件位置正确的工艺装备，称为机床夹具。简单地说，就是用来装夹工件(和引导刀具)的装置称为机床夹具，简称夹具。这里所说的"装夹"包含定位与夹紧两个过程。定位是"确定工件在机床上或夹具中占有正确位置的过程"；夹紧是"工件定位后将其固定，使其在加工过程中保持定位位置不变的操作"。工件在机床上或夹具中定位、夹紧的过程，称为装夹。

卡盘与过渡盘

通用夹具是指结构、尺寸已标准化、规格化，在一定范围内可用于加工不同工件的夹具。这类夹具作为机床的附件由机床附件厂制造和供应。

1.3.1　三爪卡盘

三爪卡盘安装在车床主轴或铣床回转工作台上，用来装夹轴类工件。如图 1.3-1 所示，三爪卡盘由 3 个小锥齿轮和 1 个大锥齿轮啮合组成，大锥齿轮的背面有平面螺纹结构，3 个卡爪等分安装在平面螺纹上。当用扳手扳动小锥齿轮时，大锥齿轮转动，它背面的平面螺纹就使 3 个卡爪同时向中心靠近或退出。三爪卡盘卡爪有正爪和反爪之分，适用于不同直径的轴类或套类工件装夹，可自动定心，装夹方便，但它夹紧力较小，不便于夹持外形不规则的工件。

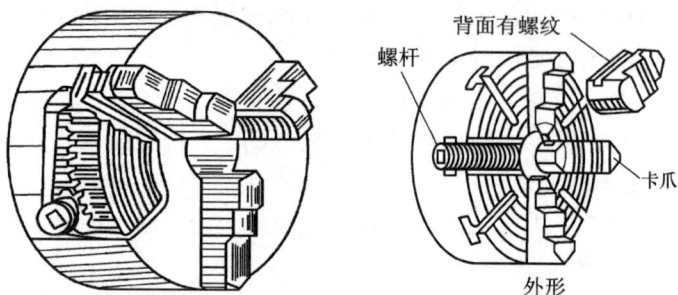

图 1.3-1　三爪卡盘

三爪卡盘

1.3.2　四爪卡盘

四爪卡盘用 4 个丝杠分别带动四爪，4 个爪都可单独移动，安装工件时需利用划针盘或百分表找正，安装精度比三爪卡盘高，夹紧力大，适用于装夹毛坯及截面形状不规则和不对称(偏心)的较重、较大的工件，如图 1.3-2 所示。常见的四爪卡盘没有自动定心的作用，常用于普通车床、数控车床、磨床、铣床、钻床及机床附件——分度头回转台等。

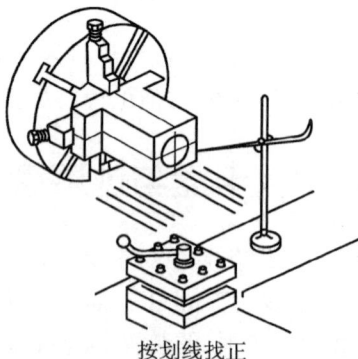

按划线找正

四爪卡盘

图 1.3-2　四爪卡盘

1.3.3　过渡盘

三爪自定心卡盘和四爪单动卡盘过渡盘用于卡盘和车床主轴的连接，如图 1.3-3 所示的过渡盘适用于三爪自定心卡盘。图 1.3-4 所示的过渡盘适用于四爪单动卡盘。

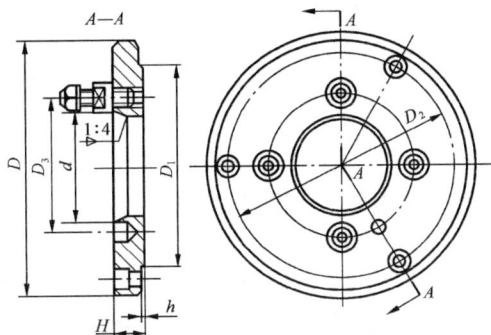

图 1.3-3 三爪自定心卡盘用过渡盘结构

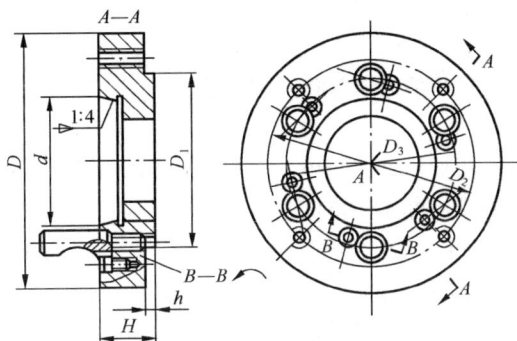

图 1.3-4 四爪自定心卡盘用过渡盘结构

1.4 金属切削过程

1.4.1 金属切削的切削运动

金属切削加工是用金属切削刀具切除工件上多余的金属材料，使其形状、尺寸精度及表面精度达到图纸要求的一种机械加工方法。刀具切除多余金属是通过在刀具和工件之间产生相对运动来完成的，此运动称为切削运动。切削运动分为主运动和进给运动两种。

金属切削过程

1) 主运动

切削运动中直接切除工件上的切削层，使之转变为切屑，以形成工件新表面的运动是主运动。一般来说，主运动是产生主切削力的运动，由机床主轴提供，其运动速度高，消耗的切削功率大。通常主运动只有 1 个，它可由工件运动完成，也可由刀具运动完成，如车削时由车床主轴带动工件的回转运动，如图 1.4-1 所示；钻削和铣削时由机床主轴带动刀具的回转运动。

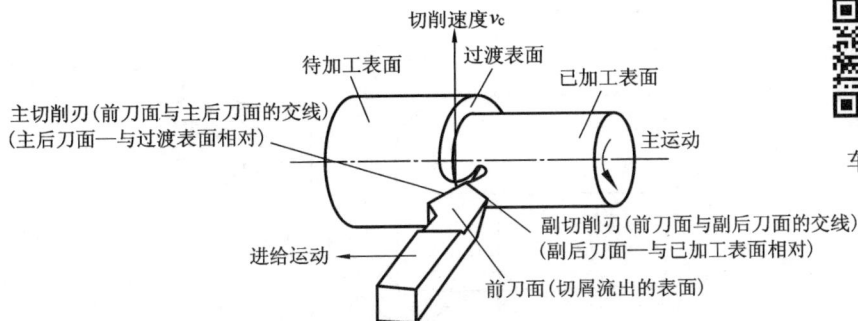

车削运动

图 1.4-1 车削运动

2) 进给运动

结合主运动把切削层不断地投入切削，以完成对一个表面切削的运动是进给运动，如车削时刀具的走刀运动(见图 1.4-1)，钻削加工中的钻头、铰刀的轴向移动，铣削时工件的纵向、横向移动等。进给运动速度小,消耗的功率少。切削加工中,进给运动可以是 1 个、2 个或多个,甚至可能没有,如拉床。进给运动可连续可间断。

1.4.2 切削时的工作表面

在切削过程中,工件上的多余金属层不断地被刀具切除而转变为切屑,同时工件上形成 3 个不断变化的表面,如图 1.4-2 所示。这些表面可分为如下三种:

(1) 待加工表面:工件上有待切除的表面称为待加工表面。

(2) 已加工表面:工件上经刀具切削后产生的表面称为已加工表面。

(3) 过渡表面:主切削刃正在切削的表面,它在切削过程中不断变化,是待加工表面与已加工表面的连接表面。

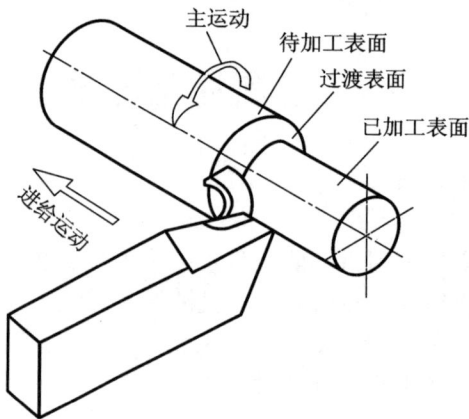

图 1.4-2 切削时的工作表面

1.4.3 切削用量

切削速度 v_c、进给量 f 和背吃刀量 a_p 是切削用量三要素,总称为切削用量,如图 1.4-3 所示。表 1.4-1 和表 1.4-2 分别为硬质合金、刀具和常用切削用量推荐表。

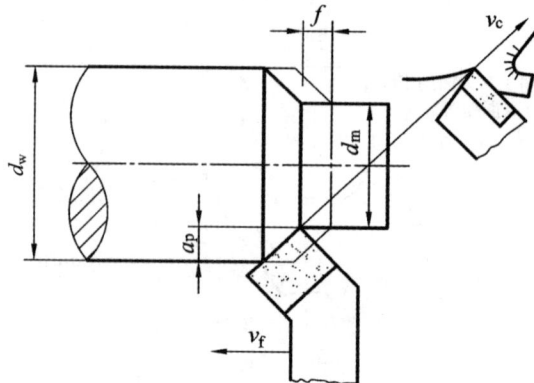

图 1.4-3 切削用量

表 1.4-1　硬质合金刀具切削用量推荐表

刀具材料	工件材料	粗加工			精加工		
		切削速度 /(m/min)	进给量 /(mm/r)	背吃刀量 /mm	切削速度 /(m/min)	进给量 /(mm/r)	背吃刀量 /mm
硬质合金或涂层硬质合金	碳钢	220	0.2	3	260	0.1	0.4
	低合金钢	180	0.2 / 0.2	3 / 3	220 / 220	0.1 / 0.1	0.4
	高合金钢	120	0.2	3	160	0.1	0.4
	铸铁	80	0.2 / 0.2	3 / 3	140 / ·140	0.1 / 0.1	0.4
	不锈钢	80	0.2	2	120	0.1	0.4
	钛合金	40	0.3 / 0.2	1.5 / 1.5	60 / 60	0.1 / 0.1	0.4
	灰铸铁	120	0.3 / 0.3	2 / 2	150 / 150	0.15 / 0.15	0.5
	球墨铸铁	100	0.2 / 0.3	2	120 / 120	0.15 / 0.15	0.5
	铝合金	1600	0.2	1.5	1600	0.1	0.5

表 1.4-2　常用切削用量推荐表

工件材料	加工内容	背吃刀量 a_p/mm	切削速度 v_c/(m/min)	进给量 f/(mm/r)	刀具材料
碳素钢 $\sigma_b > 600$ MPa	粗加工	5～7	60～80	0.2～0.4	YT 类
	粗加工	2～3	80～120	0.2～0.4	
	精加工	2～6	120～150	0.1～0.2	
碳素钢 $\sigma_b > 600$ MPa	钻中心孔		500～800 r/min		W18Cr4V
	钻孔		25～30	0.1～0.2	
	切断(宽度<5 mm)		70～110	0.1～0.2	YT 类
铸铁 HBS < 200	粗加工		50～70	0.2～0.4	YG 类
	精加工		70～100	0.1～0.2	
	切断(宽度<5 mm)		50～70	0.1～0.2	

1) 切削速度

主轴转速 n：主轴转速是指主轴在单位时间内的转数，是表示机床主运动的性能参数，用符号 n 表示，其单位是 r/min 或 r/s。

切削速度 v_c：切削速度是刀具切削刃上选定点相对于工件的主运动的瞬时速度(线速度)，用符号 v_c 表示，单位为 m/min 或 m/s。

外圆车削或用旋转刀具切削加工时的切削速度计算公式为

认识切削速度

$$n = \frac{v_c \times 1000}{\pi \times d}$$

式中：v_c——切削速度(m/min)；

    d——工件或刀具直径(mm)；

    n——工件或刀具转速(r/min)。

在加工图 1-1 销轴的外圆ϕ14 时，主轴转速是多少？

已知：销轴最大直径为 14，毛坯选择 $d = 16$，v_c 查表 1.4-2 常用切削用量推荐表，刀具用 YT 类，粗加工时取 90 m/min，精加工时取 130 m/min。

计算：粗加工时

$$n = \frac{v_c \times 1000}{\pi \times d} = \frac{90 \times 1000}{3.14 \times 16} \approx 1791 \, r/min$$

精加工时

$$n = \frac{v_c \times 1000}{\pi \times d} = \frac{130 \times 1000}{3.14 \times 16} \approx 2587 \, r/min$$

普通车床实际上不可能达到此转速，考虑到机床的稳定性，主轴转速 n 取 820～560 r/min。

2) 进给量

进给量 f：进给量是刀具在进给运动方向上相对于工件的位移量，用刀具或工件每转(主运动为旋转运动时)或双行程(主运动为直线运动时)的位移量来表达，符号是 f，单位为 mm/r 或 mm/双行程。

销轴的进给量确定：查表 1.4-2 粗加工时 f 取 0.2 mm/r，精加工时 f 取 0.1 mm/r。

3) 背吃刀量

车削加工中，刀具的横向进给(也称为吃刀)和铣削加工中刀具的横向进给是间歇的进给运动，是由机床的吃刀机构提供的，也称为吃刀运动。通常把切削加工中的吃刀深度称为背吃刀量，用符号 a_p 表示，单位为 mm。车削中背吃刀量是指已加工表面与待加工表面之间的垂直距离。外圆车削时，其背吃刀量 a_p 等于工件上已加工表面 d_w 与待加工表面 d_m 之间的垂直距离，如图 1.4-3 所示，即

$$a_p = \frac{d_w - d_m}{2}$$

认识背吃刀量

式中：d_w——工件待加工表面直径(mm)；

    d_m——工件已加工表面直径(mm)。

4) 选择切削用量的原则与步骤

切削用量的选择受多种因素的影响，应综合来考虑，随切削条件(机床、刀具、夹具、工件材料与结构、工艺、切削液)的不同而不同。在选择时，应根据具体情况进行合理的组合，以达到优质、高效、低成本的目的。

(1) 选择原则：粗加工时，为充分发挥机床和刀具的性能，以提高金属切除量为主要目的，应选择较大的切削深度、较大的进给量和适当的切削速度。在精加工时，应主要考虑保证加工质量，并尽可能地提高加工效率，应采用较小的进给量和较高的切削速度。在

切削加工性差的材料时，由于这些材料硬度高、强度高、导热系数低，必须首先考虑选择合理的切削速度。

(2) 选择步骤：在一般情况下，首先根据加工余量选择切削深度 a_p，其次根据工件材料的硬化深度和已加工表面粗糙度情况选择进给量 f，最后尽量选择较高的(高速钢刀具选择较低的)切削速度 v_c，以切削速度来控制切削温度，消除切屑瘤，保证工件表面粗糙度。

1.4.4　车削刀具

1) 车刀的类型与用途

车刀是金属切削加工中应用最广的一种刀具，它可以在车床上加工外圆、端平面、螺纹、内孔，还可以切槽和切断等，如图 1.4-4 所示。车刀在结构上可分为整体车刀、焊接装配式车刀和机械夹固刀片的车刀。机械夹固刀片的车刀又可分为机械夹车刀和可转位车刀。机械夹固车刀的切削性能稳定，工人不必磨刀，所以在现代生产中应用越来越多。

车削刀具

车刀按用途来分，有外圆车刀、端面车刀、内圆车刀、切断刀、切槽刀、螺纹车刀等。按结构来分，车刀又分为整体车刀、焊接车刀、机械夹固车刀、可转位车刀和成形车刀等，如图 1.4-5 所示。例如传统的硬质合金焊接车刀，就是在碳钢刀杆上按刀具几何角度的要求开出刀槽，将硬质合金刀片焊接在刀槽内，并按所选择的几何参数刃磨后使用的车刀。现代的机夹刀具是采用普通刀片，用机械夹固的方法将刀片夹持在刀杆上使用的刀具。

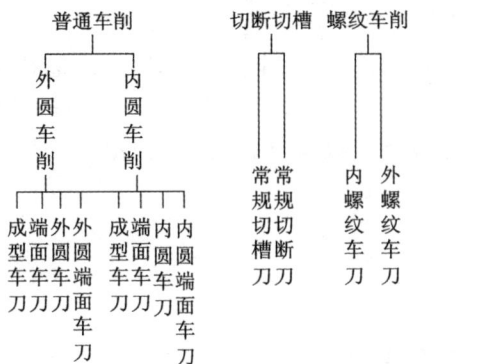

(a) 车削类型

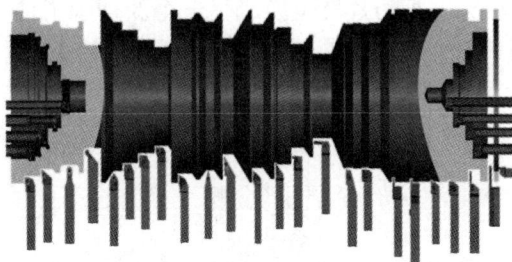

(b) 外圆内孔车削方式

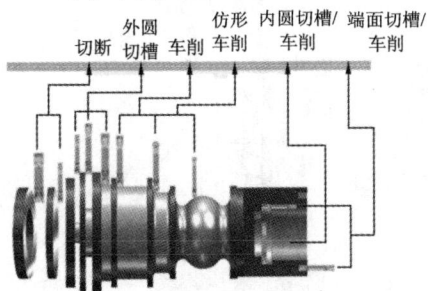

(c) 切槽刀应用

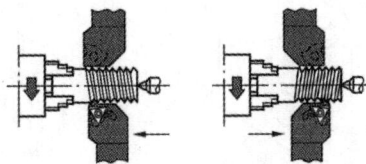

(d) 右旋螺纹(左图)、左旋螺纹(右图)切削方式

图 1.4-4　车刀的用途与类型

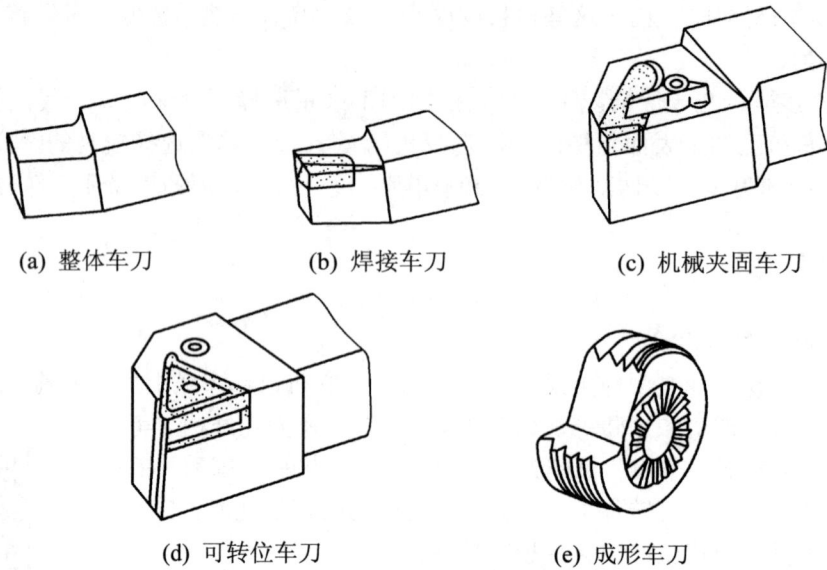

(a) 整体车刀　　　　(b) 焊接车刀　　　　(c) 机械夹固车刀

(d) 可转位车刀　　　　(e) 成形车刀

图 1.4-5　车刀结构类型

　　整体式车刀对贵重刀具材料的消耗很大，故一般只有普通车刀和高速钢车刀采用整体式结构。焊接式车刀结构简单、紧凑、刚性好、灵活性大，可根据加工条件与要求，较为方便地磨出所需的角度，故应用较广。但经高温焊接后硬质合金刀片容易产生内应力和裂纹，使切削性能下降，对提高生产率和刀具耐用度不利。机夹重磨式车刀的刀片和刀杆是两个可拆卸的独立元件，切削时靠夹紧元件将它们紧固在一起，避免了因焊接而产生的缺陷，可提高刀具寿命并能使刀杆重复使用。为减少更换、具有几个切削刃的多边形刀片，用机械夹固的方法装夹在标准刀杆上，使用时不需刃磨或只需稍加修磨，一个切削刃用钝后，只需将夹紧机械松开，把刀片转位换成另一个新切削刃便可继续切削。实践证明，这是一种经济性较好的刀具。常见的机夹刀按装夹方式可分 S 类夹紧、P 类夹紧、M 类夹紧三类，如图 1.4-6 所示。

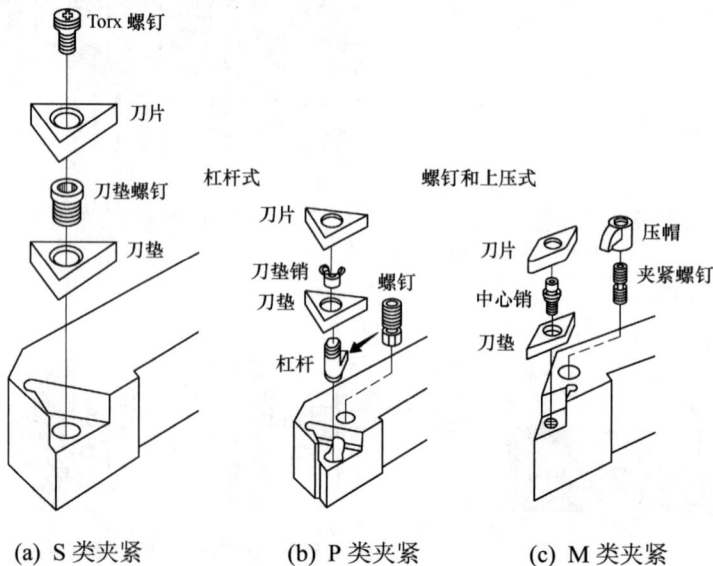

(a) S 类夹紧　　　　(b) P 类夹紧　　　　(c) M 类夹紧

图 1.4-6　机夹刀装夹方式

2) 车削刀具的选用原则

(1) 确定工序类型——外圆/内孔。

(2) 确定加工类型——外圆车削/端面车削/仿形车削/插入车削。

(3) 确定刀具形式——如图 1.4-5 所示。

(4) 确定刀具夹紧系统——S 类夹紧/P 类夹紧/M 类夹紧，如图 1.4-6 所示。

(5) 确定刀具中心高——16/20/25/32/40 mm。

(6) 选择刀片——形状/型号/槽型/刀尖半径/牌号等，如表 1.4-3、表 1.4-4 所示。

表 1.4-3　外圆车削刀片的应用

刀片形状		80°(C)	55°(D)	—(R)	90°(S)	60°(T)	80°(W)	35°(V)	55°
工序	纵向车削/端面车削	◆◆	◆	◆	◆	◆	◆		◆
	仿形切削		◆◆	◆		◆		◆	
	端面车削	◆	◆	◆	◆◆	◆◆			
	插入车削			◆◆	◆◆	◆			

表 1.4-4　内孔车削刀片的应用

刀片形状		80°(C)	55°(D)	—(R)	90°(S)	60°(T)	80°(W)	35°(V)
工序	纵向车削	◆	◆	◆	◆	◆◆	◆	
	仿形切削		◆◆			◆		◆
	端面车削	◆◆	◆	◆			◆	

注：◆◆ = 推荐刀片的形状；　　◆ = 补充选择刀片形状

(7) 推荐切削参数——切削速度 v_c/切削深度 a_p/进给量 f。

1.5　机械加工工艺制订的基础知识

1.5.1　生产过程与加工工艺过程

1. 生产过程

从原材料或半成品转变为成品的所有劳动过程即生产过程。生产过程包括以下内容：

(1) 原材料和成品的运输及保管。

(2) 生产技术准备工作。

(3) 毛坯的制造。

(4) 零件的机械加工、热处理和其他表面处理。

(5) 产品的装配、调试、检验、油漆和包装等。

生产过程往往由许多工厂或工厂的许多车间联合完成,这有利于专业化生产,从而提高生产率、保证产品质量、降低生产成本。

2. 加工工艺过程

在生产过程中凡直接改变生产对象的形状、尺寸、性能(包括物理性能、化学性能、力学性能等)以及相对位置关系的过程,统称为工艺过程。

工艺过程可分为铸造、锻造、冲压、焊接、机械加工、装配等。

图 1.2-1 销轴由 45 圆钢加工成产品的过程就是工艺过程,属于机械加工工艺过程。

1.5.2 机械加工工艺过程

1. 定义

用机械加工的方法直接改变毛坯的形状和尺寸,使之变为合格零件的过程,称为机械加工工艺过程。

2. 机械加工工艺过程的组成

机械加工工艺过程由若干个按一定顺序排列的工序组成。一个(或一组)工人在一个工作地点(如一台机床或一个钳工台),对同一个(或同时对几个)工件连续完成的那部分工艺过程,称为工序。工序包括在这个工件上连续进行的,直到转向加工下一个工件为止的全部加工过程。区分工序的主要依据是:工作地点固定和工作连续。

工序是组成工艺过程的基本单元,也是生产计划和经济核算的基本单位。工序又可细分为安装、工位、工步和走刀等部分。

(1) 安装:如果在一个工序中要对工件进行几次装夹,则每次装夹(定位及夹紧)完成的那部分加工内容称为一个安装。

(2) 工位:在工件的一次安装中,通过分度(或移位)装置,使工件相对于机床床身变换加工位置,每一个加工位置称为工位。

简单来说,工件相对于机床或刀具每占据一个加工位置所完成的那部分工序内容,称为工位。

(3) 工步:在加工表面不变、加工工具不变、切削用量中的进给量和切削速度不变的情况下所完成的那部分工序内容。

注意:组成工步的任一因素(刀具、切削用量、加工表面)改变后为另一工步。

为简化工艺,连续进行的若干相同的工步,习惯看作是一个工步。

为了提高生产率,常采用复合刀具或多刀加工,这样的工步称为复合工步。

(4) 走刀:被加工的某一表面,由于余量较大或其他原因,在切削用量不变的条件下,用同一把刀具对它进行多次加工,每加工一次,称一次走刀。

一个工步可以包括一次或数次走刀,走刀是构成工艺过程的最小单元。

注意：为了便于工艺规程的编制、执行和生产组织管理，需要把工艺过程划分为不同层次的单元。它们是工序、安装、工位、工步和走刀。

工序是工艺过程中的基本单元。零件的机械加工工艺过程由若干个工序组成。一个工序中可能包含有一个或几个安装，一个安装可能包含一个或几个工位，一个工位可能包含一个或几个工步，一个工步可能包括一个或几个走刀。

1.5.3 生产纲领与生产类型及其工艺特点

1. 生产纲领

生产纲领是指企业在计划期内应生产的产品数量。计划期通常定为一年，所以生产纲领也称为年的总生产量。对于零件而言，产品的产量除了制造机器所需要的数量外，还要包括一定的备品和废品，通常为 5% 的备品率和 2% 的废品率。生产纲领 N 可按以下式计算：

$$N = Qn(1 + a\%)(1 + b\%) \text{ (件/年)} \tag{1.5-1}$$

式中：Q——产品的年产量(台/年)；

n——每台产品中该零件的数量；

$a\%$——备品率；

$b\%$——废品率。

2. 生产类型

生产类型是指企业(或车间、工段、班组等)生产专业化程度的分类。

根据生产纲领和产品的大小可划分为三种：单件生产、大量生产、成批生产。

成批生产按批量大小又可分为小批生产、中批生产、大批生产三种类型。

小批生产：其生产特点与单件生产的基本相同。

大批生产：其生产特点与大量生产的相同。

中批生产：其生产特点介于小批生产和大批生产之间。

生产类型的划分见表 1.5-1。

表 1.5-1　生产类型的划分

生产类型	定　　义	特　　点
单件生产	单个的生产不同结构和尺寸的产品	产品的种类繁多
大量生产	同一产品制造数量很大，大多数工作地点经常重复进行某一零件的某一道工序的加工	产量大；工作地点的加工对象较少改变；加工过程重复
成批生产	一年中分批轮流制造几种不同的产品，每种产品均有一定的数量，工作地点的加工对象周期性地重复	有一定的生产数量；加工对象周期性改变；加工过程周期性重复

3. 工艺特点

不同的生产类型具有不同的工艺特点，即在毛坯制造、机床及工艺装备的选用、经济效果等方面均有明显区别。各种生产类型的工艺特点见表 1.5-2。

表 1.5-2　各种生产类型的工艺特点

特点	单件生产	成批生产	大量生产
零件互换性	用修配法，钳工修配，缺乏互换性	具有互换性，装配精度要求高时，灵活应用分组装配法和调整法，同时还保留某些修配法	具有广泛的互换性，少数装配精度较高，采用分组装配法和调整法
毛坯制造与加工余量	木模手工制造或自由锻造毛坯，精度低，加工余量大	部分采用金属模铸造和模锻，毛坯精度和加工余量中等	广泛采用金属模机器造型、模锻或其他高效方法，毛坯精度高、加工余量小
机床设备及布置	通用机床，按机床类别采用机群式布置	部分通用机床和高效机床按工件类别分工段排列设备	广泛采用高效专用机床及自动机床，按流水线和自动线排列设备
工艺装备	大多采用通用夹具、标准附件、通用刀具和万能量具，靠划线和试切法达到精度要求	广泛采用夹具、部分靠找正装夹达到精度要求，较多采用专用夹具和量具	广泛采用高效专用夹具、复合刀具、专用量具或自动检验装置，靠调整法达到精度要求
工人要求	需技术水平较高的工人	需一般技术水平的工人	对调整工的技术水平要求较高，对操作工的技术水平要求较低
工序文件	有工艺过程卡片	有工艺过程卡片，关键工序的工序卡片	有工艺过程卡片和工序卡片，关键工序要调整卡和检验卡
成本	较高	中等	较低

1.5.4　机械加工工艺规程

1. 定义

零件机械加工工艺规程是规定零件机械加工工艺过程和操作方法等的工艺文件。

工艺规程的内容一般有：零件的加工工艺路线、各工序基本加工内容、切削用量、工时定额及采用的机床和工艺装备等。

2. 工艺规程的作用

(1) 工艺规程是指导生产的主要技术文件。

(2) 工艺规程是组织和管理生产的基本依据。

(3) 工艺规程是新建或扩建工厂或车间的基本资料。

3. 工艺规程的格式

为了适应工业发展的需要，加强科学管理和便于交流，我国机械行业标准 JB/T 9165.2—1998《工艺规程格式》规定了工艺规程的统一格式，其中最常用的机械加工工艺规程是机械加工工艺过程卡片和机械加工工序卡片。

(1) 机械加工工艺过程卡片：其格式见表 1.5-3。此卡片是以工序为单位，简要说明产品或零、部件的加工过程的一种工艺文件。它是生产管理的主要技术文件，此卡片广泛用于成批生产和单件小批生产中比较重要的零件。

表 1.5-3 机械加工工艺过程卡片

机械加工工艺过程卡片		产品型号		零部件图号					
		产品名称		零部件名称			共 页		第 页
材料牌号		毛坯种类		毛坯外形尺寸		每毛坯可制件数		每台件数	
工序号	工序名称	工序工步内容		设备名称型号	工艺装备			工时	
					夹具	刀具	量具	准终	单件
编制		日期	编写		日期	校对	日期	审核	日期

(2) 机械加工工序卡片：其格式见表 1.5-4。此卡片是在工艺过程卡片的基础上按每道工序所编制的一种工艺文件，一般具有工序简图，并详细说明该工序的每一个工步的加工内容、工艺参数、操作要求以及所用设备和工艺装备等。此卡片主要用于大批大量生产中所有零件、中批生产中的重要零件和单件小批生产中的关键工序。

4. 制订工艺规程的原则

制订工艺规程的原则是在保证产品质量的前提下，以最快的速度、最少的劳动消耗和最低的费用，可靠加工出符合设计图纸要求的零件。同时，还应在充分利用本企业现有生产条件的基础上，尽可能保证技术上先进、经济上合理，并且有良好的劳动条件。

5. 制订工艺规程的原始资料

(1) 产品装配图样及零件图样。

(2) 产品验收的质量标准。

(3) 产品的生产纲领。

(4) 产品零件毛坯生产条件及毛坯图等资料。

(5) 工厂现有生产条件。

(6) 国内外同类产品的新技术、新工艺及其发展前景等相关信息。

(7) 有关的工艺手册及图册。

表 1.5-4　机械加工工序卡片

机械加工工序卡片	产品型号及规格	图号	名称		工序名称			工艺文件编号

材料牌号及名称		毛坯外形尺寸	

零件毛重	零件净重	硬度

设备型号	设备名称

专用工艺装备	
名称	代号

机动时间	单件工时定额	每台件数

技术等级	切削液

工序号	工步号	工序工步内容	刀具名称规格	量检具名称规格	切削用量			
					切削速度/(m/s)	切削深度/mm	工件速度/(m/min)	转速/(r/min)

							编制	校对	会签	复制

修改标记	处数	文件号	签字	日期	修改标记	处数	文件号	签字	日期

1.6　机械加工工艺规程设计的内容和步骤

1. 分析零件图和产品装配图

1) 检查零件图的完整性

审查零件图上的尺寸标注是否完整、结构表达是否清楚。

2) 分析技术要求是否合理

(1) 加工表面的尺寸精度。

(2) 主要加工表面的形状精度。

(3) 主要加工表面的相互位置精度。

(4) 表面质量要求。

(5) 热处理要求。

零件上的尺寸公差、几何公差和表面粗糙度的标注，应根据零件的功能经济合理地确定，过高的要求会增加加工难度，过低的要求会影响零件工作性能，两者都是不允许的。

3) 审查零件材料选用是否适当

材料的选择既要满足产品的使用要求，又要考虑产品成本，尽可能采用常用材料，少用贵重金属。

销轴的毛坯选择：45 圆钢，外形尺寸 $\phi16$ mm(通用材料)。

4) 零件的结构工艺性分析

零件的结构工艺性是指所设计的零件在能满足使用要求的前提下制造的可行性。

2. 拟定加工路线

粗车→半精车→精车。

3. 机床选择

(1) 所选机床设备的尺寸规格应与工件的形体尺寸相适应。

(2) 精度等级应与本工序加工所需要相适应。

(3) 电动机功率应与本工序加工所需功率相适应。

(4) 机床设备的自动化程序与生产率应与工件生产类型相适应。

加工图 1.2-1 销轴选用机床：CA6140 卧式车床。

4. 装夹方法

采用三爪卡盘。

5. 刀具选择

(1) 根据工序和加工类型选择：外圆车刀、倒角刀、切断刀。

(2) 根据车刀结构选择：焊接车刀。

(3) 根据刀具中心高选择：25。

6. 确定加工余量

确定加工余量有三种方法：计算法、查表法和经验估算法。

(1) 计算法(较少使用)：根据实验资料和计算公式，综合确定，数据较准确，一般用于大批大量生产。

(2) 查表法(应用广泛)：以生产实践和试验研究的资料制成的表格为依据，应用时再结合加工实际情况进行修正。

(3) 经验估算法：靠经验估算确定，从实际使用情况看，余量选择都偏大，一般用于小批生产。

轴外圆和端面的加工余量分别见表 1.6-1 和表 1.6-2。

表 1.6-1 轴外圆的加工余量   mm

公称直径	表面加工方法	轴 的 长 度					
		≤120	>120~200	>260~500	>500~800	>800~1250	>1250~2000
		直径上的余量(分子系用中心孔安装,分母系用卡盘安装时)					
车削较高精度的轧钢件							
≤30	粗车和一次车	1.2/1.1	1.7/—				
	精车	0.25/0.25	0.3/—				
	细车	0.12/0.12	0.15/—				
>30~50	粗车和一次车	1，2/1.1	1.5/1.4	2.2/—			
	精车	0.3/0.25	0.3/0.25	0.35/—			
	细车	0.15/0.12	0.16/0.13	0.20/—			
>50~80	粗车和一次车	1.5/1.1	1.7/1.5	2.3/2.1	3.1/—		
	精车	0.25/0.20	0.3/0.25	0.3/0.3	0.4/—		
	细车	0.14/0.12	0.15/0.13	0.17/0.16	0.25/—		
>80~120	粗车和一次车	1.6/1.2	1.7/1.3	2.0/1.7	2.5/2.3	3.3/—	
	精车	0.25/0.25	0.3/0.25	0.3/0.3	0.3/0.3	0.35/—	
	细车	0.14/0.13	0.15/0.13	0.16/0.15	0.17/0.17	0.20/—	
车削一般精度的轧钢件							
≤30	粗车和一次车	1.3/1.1	1.7/—				
	半精车	0.45/0.45	0.50/—				
	精车	0.25/0.25	0.25/—				
	细车	0.13/0.12	0.15/—				
>30~50	粗车和一次车	1.3/1.1	1.6/1.4	2.2/—			
	半精车	0.45/0.45	0.45/0.45	0.45/—			
	精车	0.25/0.20	0.25/0.25	0.30/—			
	细车	0.13/0.12	0.14/0.13	0.16/—			
>50~80	粗车和一次车	1.5/1.1	1.7/1.5	2.3/2.1	3.1/—		
	半精车	0.45/0.45	0.50/0.45	0.50/0.50	0.55/—		
	精车	0.25/0.20	0.30/0.25	0.30/0.30	0.35/—		
	细车	0.13/0.12	0.14/0.13	0.18/0.16	0.20/—		
>80~120	粗车和一次车	1.8/1.2	1.9/1.3	2.1/1.7	2.6//2.3	3.4/—	
	半精车	0.50/0.45	0.50/0.45	0.50/0.50	0.50/0.50	0.55/—	
	精车	0.26/0.25	0.25/0.25	0.30/0.25	0.30/0.30	0.35/—	
	细车	0.15/0.12	0.16/0.13	0.16/0.14	0.18/0.17	0.20/—	
>20~180	粗车和一次车	2.0/1.3	2.1/1.4	2.3/1.8	2.7/2.3	3.5/3.2	4.8/—
	半精车	0.50/0.45	0.50/0.45	0.50/0.50	0.50/0.50	0.60/0.55	0.65/—
	精车	0.30/0.25	0.30/0.25	0.30/0.25	0.30/0.30	0.35/0.30	0.40/—
	细车	0.16/0.13	0.16/0.13	0.17/0.15	0.18/0.17	0.21/0.20	0.27/—
>180~260	粗车和一次车	2.3/1.4	2.4/1.5	2.6/1.8	2.9/2.4	3.6/3.2	5.0/4.6
	半精车	0.50/0.45	0.50/0.45	0.50/0.50	0.55/0.50	0.60/0.55	0.65/0.65
	精车	0.30/0.25	0.30/0.25	0.30/0.25	0.30/0.30	0.35/0.35	0.40/0.40
	细车	0.17/0.13	0.17/0.14	0.18/0.15	0.19/0.17	0.22/0.20	0.27/0.26

公称直径	表面加工方法	轴 的 长 度					
		≤120	>120~200	>260~500	>500~800	>800~1250	>1250~2000
		直径上的余量(分子系用中心孔安装,分母系用卡盘安装时)					
模锻毛坯的车削							
≤18	粗车和一次车	1.5/1.4	1.9/				
	精车	0.25/0.25	0.30/				
	细车	0.14/0.14	0.15/				
>18~30	粗车和一次车	1.6/1.5	2.0/1.8	2.3/			
	精车	0.25/0.25	0.30/0.25	0.3/			
	细车	0.14/0.14	0.15/0.14	0.16			
>30~50	粗车和一次车	1.8/1.7	2.3/2.0	3.0/2.7	3.5/		
	精车	0.30/0.25	0.30/0.30	0.30/0.30	0.35/		
	细车	0.15/0.15	0.16/0.15	0.19/0.17	0.21		
>50~80	粗车和一次车	2.2/2.0	2.9/2.6	3.4/2.9	4.2/3.6	5.0/	
	精车	0.30/0.30	0.30/0.30	0.35/0.30	0.40/0.35	0.45/	
	细车	0.16/0.16	0.18/0.17	0.20/0.18	0.22/0.20	0.26/	
>80~120	粗车和一次车	2.6/2.3	3.3/3.0	4.3/3.8	5.2/4.5	6.3/5.2	8.2/
	精车	0.30/0.30	0.30/0.30	0.40/0.35	0.45/0.40	0.50/0.45	0.60/
	细车	0.17/0.17	0.19/0.18	0.23/0.21	0.26/0.24	0.30/0.26	0.38/
>120~180	粗车和一次车	3.2/2.8	4.6/4.2	5.0/4.5	6.2/5.6	7.5/6.5	
	精车	0.35/0.30	0.40/0.30	0.45/0.40	0.50/0.45	0.60/0.55	
	细车	0.20/0.20	0.24/0.22	0.25/0.23	0.30/0.27	0.35/0.32	
磨削							
≤30	热处理后粗磨	0.30	0.60				
	精车后粗磨	0.10	0.10				
	粗磨后精磨	0.06	0.06				
>30~50	热处理后粗磨	0.25	0.50	0.85			
	精车后粗磨	0.10	0.10	0.10			
	粗磨后精磨	0.06	0.06	0.06			

表 1.6-2　轴端面的加工余量　　　　　mm

零件长度 (全长)	粗车后的精车端面			磨 削	
	余量(按端面最大直径取)				
	≤30	>30~120	>120~260	≤120	>120~260
≤10	0.5	0.6	1.0	0.2	0.3
>10~18	0.5	0.7	1.0	0.2	0.3
>18~50	0.6	1.0	1.2	0.2	0.3
>50~80	0.6	1.0	1.3	0.3	0.4
>80~120	1.0	1.0	1.3	0.3	0.5
>120~180	1.0	1.3	1.5	0.3	0.5

7. 填写销轴的机械加工工艺过程卡片

销轴机械加工工艺过程卡片见表 1.6-3。

表 1.6-3　销轴机械加工工艺过程卡片

机械加工工艺过程卡片		产品型号		零部件图号			
		产品名称		零部件名称	销轴	共 1 页	第 1 页
材料牌号	45	毛坯种类	热扎圆钢	毛坯外形尺寸	$\phi16 \times 210$	每毛坯可制件数	3	每台件数	1

工序号	工序名称	工序工步内容	设备名称型号	工艺装备			工时	
				夹具	刀具	量具	准终	单件
1	钳工	$\phi16 \times 210$	锯床			钢直尺		
2	车	1. 用三爪自定心卡盘夹住棒料，伸出长度约 57，平端面； 2. 粗车$\phi10$，留余量 0.45； 3. 半精车$\phi10$，留余量 0.25； 4. 粗车$\phi7$，留余量 0.45； 5. 半精车$\phi7$至尺寸； 6. 精车$\phi10$至尺寸； 7. 倒角 $0.6 \times 45°$； 8. 切断，长度上留 0.5～1 余量； 9. 调头夹住$\phi10$ 处外圆(表面包一层铜皮或专用开缝套)，粗车$\phi14$，留余量 0.45； 10. 半精车$\phi14$至尺寸； 11. 车端面和倒角 $0.6 \times 45°$	车床	自定心卡盘	端面车刀 外圆车刀 倒角刀 切断刀	游标卡尺 0～125 mm		
编制	日期	编写	日期	校对	日期	审核	日期	

习　　题

1. 轴类零件材料常用_____钢。中等精度、转速较高的轴，可选用_____钢。精度较高的轴，可选用_____钢，也可选用_____。对于高转速、重载荷条件下工作的轴，选用_____钢。

2. 图 1-1 为定位心轴，材料 50 钢，加工数量 50 件，拟定该零件的加工路线，选择合适的机床、装夹方法、刀具，确定加工余量并编写该零件的机械加工工艺过程卡片。

3. 切削加工由哪些运动组成？它们各有什么作用？

4. 名词解释：生产过程、工艺过程、工艺规程；工序、工步、走刀；生产纲领、生产类型、生产批量。

5. 不同生产类型各有什么工艺特点？

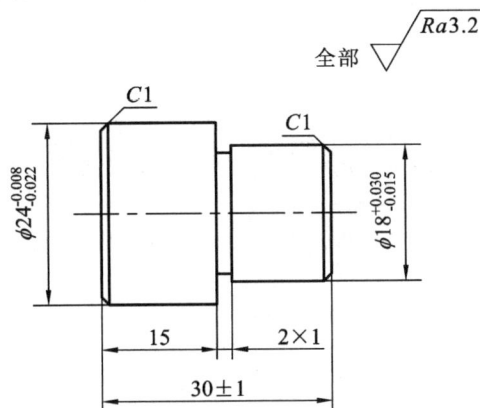

图 1-1 定位心轴

项目二　阶　梯　轴

2.1　轴类零件的热处理

从图 2.1-1 标题栏中可看出，零件为阶梯轴，材料是 45 钢，技术要求中 T250 表示调质到 23-28HRC。

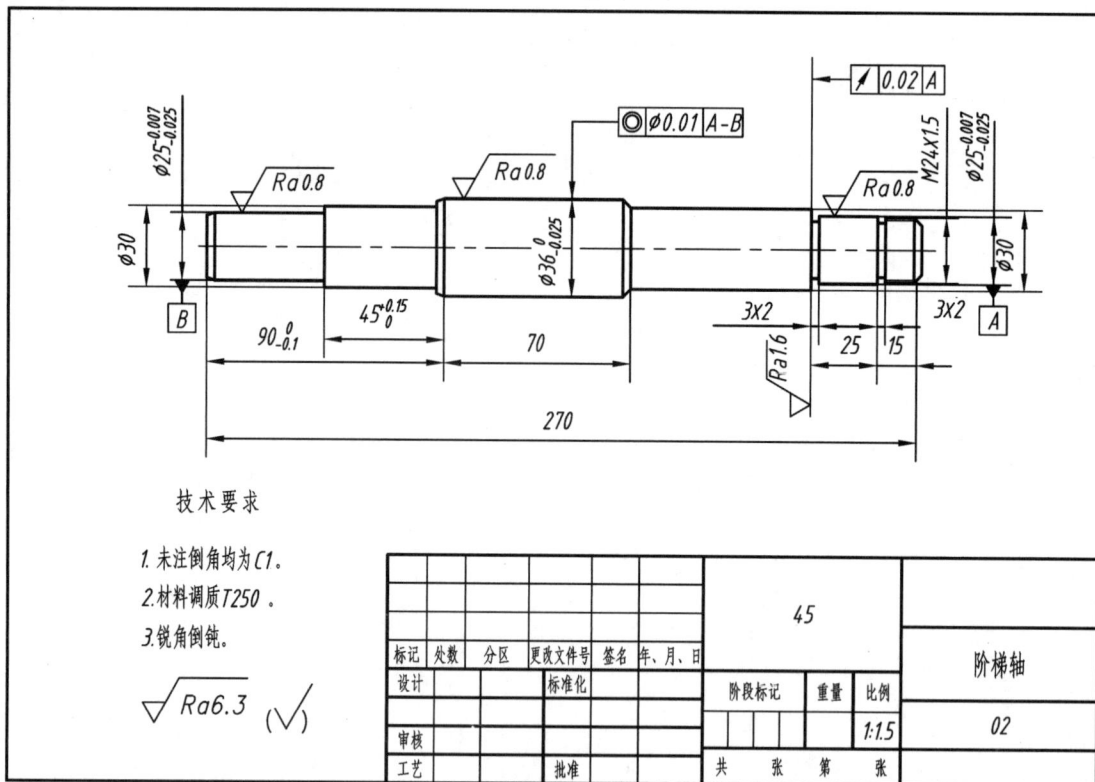

技术要求

1. 未注倒角均为C1。
2. 材料调质T250。
3. 锐角倒钝。

$\sqrt{Ra6.3}$　$(\sqrt{})$

标记	处数	分区	更改文件号	签名	年、月、日			45		
设计			标准化							阶梯轴
审核						阶段标记	重量	比例		
工艺			批准			共　张　第　张		1:1.5		02

图 2.1-1　阶梯轴

轴类零件的使用性能除与所选钢材种类有关外，还与所采用的热处理有关。锻造毛坯在加工前，均需安排正火或退火处理(碳的质量分数大于 0.5%的碳钢和合金钢)，以使钢材内部晶粒细化，消除锻造应力，降低材料硬度，改善切削加工性能。

为了获得较好的综合力学性能，轴类零件常要求进行调质处理。

金属热处理工艺介绍

毛坯余量大时，调质安排在粗车之后、半精车之前，以便消除粗车时产生的残余应力；毛坯余量小时，调质可安排在粗车之前进行。表面淬火一般安排在精加工之前，这样可纠正因淬火引起的局部变形。对精度要求高的轴，在局部淬火后或粗磨之后，还需进行低温时效处理(在 160℃油中进行长时间的低温时效)，以保证零件尺寸的稳定性。

对于渗氮钢(如 38CrMoAl)，需在渗氮之前进行调质和低温时效处理。对调质的质量要求也很严格，不仅要求调质后索氏体组织要均匀细化，而且要求离表面 8～10 mm 层内铁素体含量不超过 5%，否则会造成渗氮脆性而影响轴的质量。

2.2　加工方法和加工方案的选择

1. 加工路线的确定

阶梯轴是由外圆、螺纹组合而成的，表面粗糙度 Ra 最高为 0.8 μm，通过查表 1.2-1 外圆柱面的加工路线确定加工路线为：粗车→半精车→粗磨→精磨。

2. 机床的确定

通过加工路线确定该零件可采用数控车床或普通车床进行加工，复合轴确定采用普通车床加工。

2.3　基　　准

2.3.1　基准的定义

在零件图上或实际的零件上，用来确定其他点、线、面位置时所依据的那些点、线、面称为基准。

2.3.2　基准的分类

基准按其功用可分为设计基准和工艺基准。

1. 设计基准

零件工作图上用来确定其他点、线、面位置的基准为设计基准。它是设计图样上标注尺寸公差、位置公差的始点。

图 2.1 所示阶梯轴长度分别为 90 mm、45 mm 的端面的设计基准为直径为 30 mm、长度为 45 mm 的圆柱面的右端面，阶梯轴外圆柱表面的设计基准是轴心线。

图 2.3-1(a)所示为支承块零件，根据图样上的尺寸标注，该零件上几何要素平面 2 和平面 3 的设计基准是平面 1；平面 5 和平面 6 的设计基准是平面 4；孔 7 的设计基准是平面 1 和平面 4。

图 2.3-1(b)所示为钻套零件，各外圆和内孔的设计基准是钻套的轴心线；端面 B 是端面

A、C 的设计基准；内孔表面 D 的轴心线是 $\phi40h6$ 外圆径向跳动公差的设计基准。

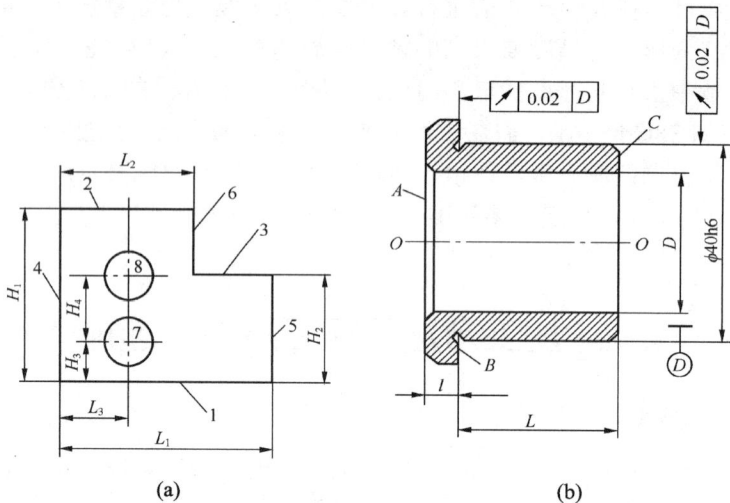

图 2.3-1 零件基准分析示例

2. 工艺基准

加工、测量和装配过程中使用的基准为工艺基准。

工艺基准按用途不同，又分为定位基准、工序基准、测量基准和装配基准。

(1) 定位基准。在加工中用作定位的基准称定位基准。它是工件上与夹具定位元件直接接触的点、线或面。图 2.3-1(a)所示的零件，加工平面 3 和 6 时是通过平面 1 和 4 放在夹具上定位的，所以，平面 1 和 4 是加工平面 3 和 6 的定位基准。

(2) 工序基准。在工序图上用来确定本工序所加工表面加工后的尺寸、形状及位置的基准，称为工序基准。图 2.3-1(a)所示的零件，加工平面 3 时按尺寸 H_2 进行加工，则平面 1 即为工序基准，此时尺寸 H_2 为工序尺寸；工序尺寸是指某工序加工应达到的尺寸。

(3) 测量基准。测量零件时所采用的基准称为测量基准。对于钻套零件，如图 2.3-1(b)所示，检测 B 面端面跳动和 $\phi40h6$ 外圆径向跳动，测量方法如图 2.3-2(b)所示。该检测过程中，钻套内孔是检验表面 B 端面跳动的测量基准，也是 $\phi40h6$ 外圆径向跳动的测量基准。采用图 2.3-2(a)所示的测量方法时，表面 B 是检验长度尺寸 L 和 l 的测量基准。

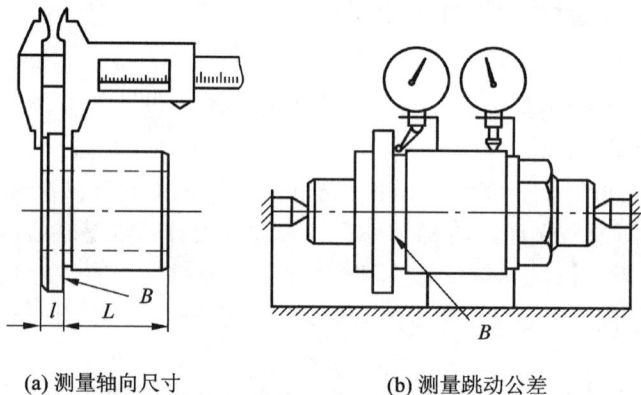

(a) 测量轴向尺寸　　　　(b) 测量跳动公差

图 2.3-2 测量基准示例

(4) 装配基准。装配时用以确定零件或部件在产品中的位置所采用的基准，称为装配基准。图 2.3-1(b)所示的钻套，其装配位置如图 2.3-3 所示，显然，钻套上的ϕ40h6 外圆柱面及台阶面 B 确定了钻套在产品中的位置，即ϕ40h6 外圆柱面及台阶面 B 是钻套的装配基准。

图 2.3-3　钻套的装配基准

需要说明的是，作为基准的点、线、面在工件上并非一定具体存在，如轴心线、对称面等，它们是由某些具体表面来体现的，用来体现基准的表面称为定位基面。例如，在车床上用三爪卡盘夹持图 1.2-1 销轴，外圆表面为定位基面，它体现的定位基准是轴的中心线。

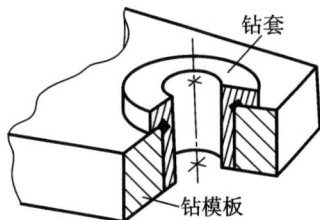

2.3.3　定位基准的分类

机械加工中，工件在机床或夹具上定位时所依据的点、线、面统称为定位基准。按工件上定位表面的不同，定位基准分为粗基准、精基准以及辅助基准。

1. 粗基准和精基准

用毛坯上未经加工的表面作为定位基准，称为粗基准。而利用工件上已加工过的表面作为定位基准，称为精基准。

2. 辅助基准

零件设计图中不要求加工的表面，有时为了工件装夹的需要而专门将其加工作为定位用；或者为了定位需要，加工时有意提高了零件表面的精度，这种表面不是零件上的工作表面，只是由于工艺需要而加工的基准面，称为辅助基准。例如加工过程中使用的中心孔、图 2.3-4 所示零件的工艺凸台、活塞的止口(见图 2.3-5)等均属于辅助基准。

在制订工艺规程时，首先确定精基准，采用粗基准定位，加工出基准；然后采用精基准定位，加工零件的其他表面。

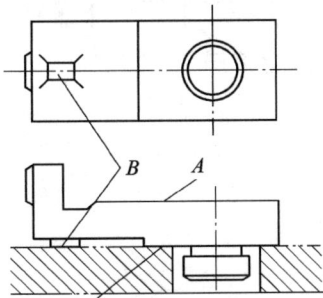

图 2.3-4　工艺凸台

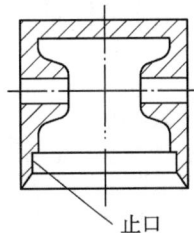

图 2.3-5　活塞的止口

2.3.4　定位基准的选择

1. 粗基准的选择

粗基准影响位置精度和各加工表面的余量大小。

粗基准的选择
原则典型案例

粗基准的选择应重点考虑如何保证各加工表面有足够的加工余量，使不加工表面和加工表面间的尺寸、位置符合零件图要求。

粗基准对加工工件的影响可以用一实例说明。图 2.3-6 中，铸件毛坯的外圆与内孔不同轴，其壁厚不均匀，比较两个粗基准定位的方案。

方案一：以 A 面(不加工表面)为粗基准定位 (用三爪卡盘夹住外圆)，车削内孔。则加工出的孔与外圆 A 面同轴，保证了内、外圆表面的同轴度的位置关系，经加工后工件壁厚均匀。

方案二：选内孔为粗基准(用四爪单动卡盘夹持外圆，然后按内孔找正，实现定位)定位，则车削的加工余量是均匀的，但是加工后的孔与外圆(不加工表面)不同轴，工件的壁厚不均匀。

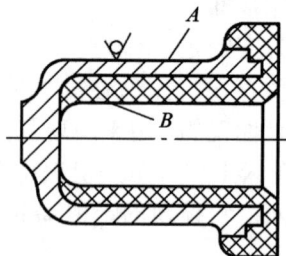

图 2.3-6　粗基准选择对加工工件的影响

所以粗基准的选择对工件主要有两个方面的影响，一是影响工件上加工表面与不加工表面的相互位置，二是影响加工余量的分配。粗基准的选择原则如下：

(1) 保证工件加工表面与不加工表面的相互位置精度，选择不加工表面作为粗基准。

对于同时具有加工和不加工表面的零件，必须保证不加工表面与加工表面的相互位置时，选择不加工表面作为粗基准。如果零件有多个不加工表面，应选择其中与加工表面相互位置要求高的表面作为粗基准。

图 2.3-7 所示拨杆上有多个不加工表面，但保证加工 $\phi20$ mm 孔与不加工表面 $\phi40$ mm 外圆的同轴度(可以保证零件的壁厚均匀)是主要的，因此加工 $\phi20$ mm 孔时应选 $\phi40$ mm 外圆为粗基准。

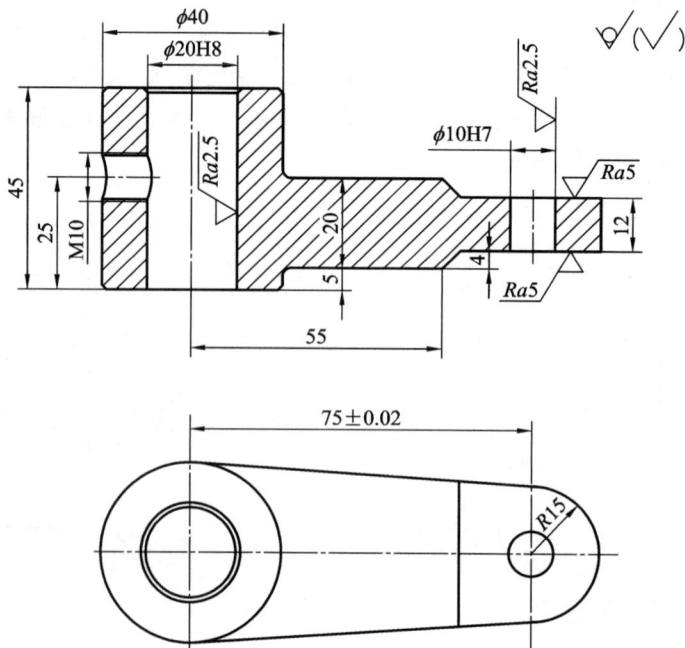

图 2.3-7　拨杆粗基准的选择

(2) 保证重要表面的余量均匀。工件必须首先保证某重要表面的余量均匀，选择该表面为粗基准。如床身的加工，床身上的导轨面是重要表面，要求导轨面的加工余量均匀。若精磨导轨时，先以床脚平面作为粗基准定位，磨削导轨面，如图2.3-8(b)所示，导轨表面上的加工余量不均匀，切去太多，会露出较疏松的、不耐磨的金属层，达不到导轨要求的精度和耐磨性。若选择导轨面为粗基准定位，先加工床脚底面，然后以床脚底面定位加工导轨面，如图2.3-8(a)所示，这就可以保证导轨面加工余量均匀。

(3) 选择余量最小的表面为粗基准。选择毛坯加工余量最小的表面作为粗基准，以保证各加工表面都有足够加工余量，不至于造成废品。如图2.3-9所示，加工铸造或锻造的轴套，通常加工余量较小，并且孔的加工余量较大，而外圈表面的加工余量较小，这时就应该以外圈表面作为粗基准来加工孔。

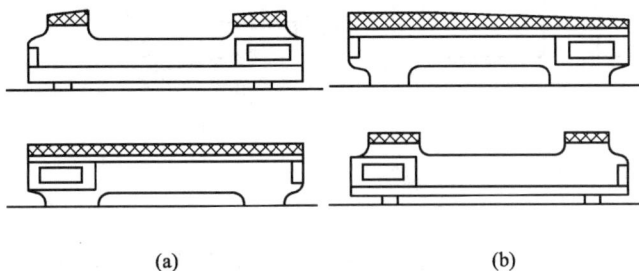

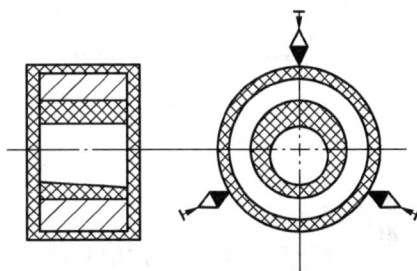

图 2.3-8　床身的加工　　　　　　图 2.3-9　轴套内孔加工基准的选择

(4) 选择平整光洁的表面作为粗基准。应该选择毛坯上尺寸和位置可靠、平整光洁的表面作为粗基准，表面不应有飞边、浇口、冒口及其他缺陷，这样可减少定位误差，并使工件夹紧可靠。

(5) 不重复使用粗基准。在同一尺寸方向上粗基准只准使用一次。因为粗基准是毛坯表面，定位误差大，两次以上使用同一粗基准装夹，加工出的各表面之间会有较大的位置误差。图2.3-10所示零件加工中，如第一次用不加工表面$\phi30$ mm 定位，分别车削$\phi18$H7 mm 和端面；第二次仍用不加工表面$\phi30$ mm 定位，钻$4 \times \phi8$ mm 孔，则会使$\phi18$H7 mm 孔的轴线与4×8 mm 孔位置即$\phi46$mm 的中心线之间产生较大的同轴度误差，有时可达2、3 mm。因此，这样的定位方案是错误的。正确的定位方法应以精基准$\phi18$ mm 孔和端面定位，钻$4 \times \phi8$ mm 孔。

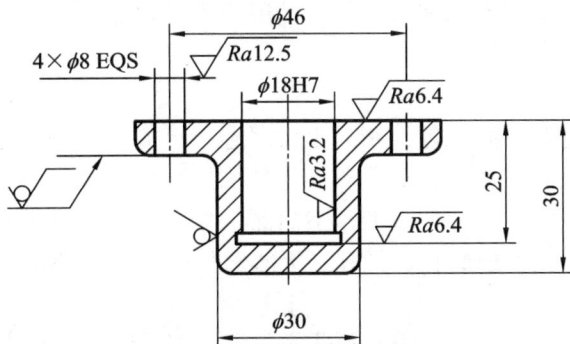

图 2.3-10　重复使用粗基准

2. 精基准的选择

选择精基准主要应从保证工件的位置精度和装夹方便这两方面来考虑。精基准的选择原则如下。

精基准的选择原则典型案例

1) 基准重合原则

应尽量选择加工表面的设计基准作为定位基准，这一原则称为基准重合原则。用设计基准作为定位基准可以避免因基准不重合而产生的定位误差。如图 2.3-11(a)、(b)、(c)所示，采用调整法铣削 C 面，则工序尺寸 c 的加工误差 T_C 不仅包含本工序的加工误差 Δj，而且还包含基准不重合带来的误差 T_a。如果采用图 2.3-11(d)所示的方式安装，则可消除基准不重合误差。

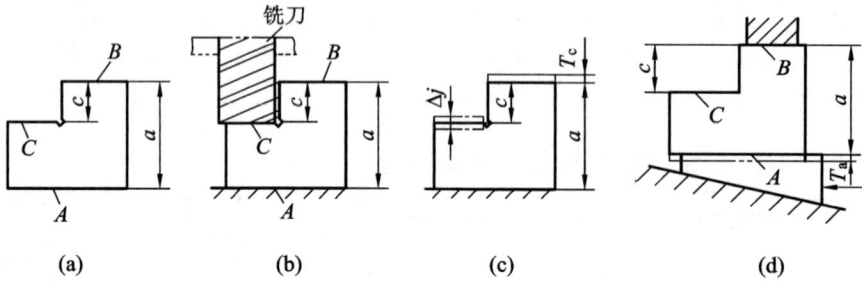

图 2.3-11　基准重合原则示意图

2) 基准统一原则

尽可能采用同一个定位基准来加工工件上的各个加工表面，这称为基准统一原则。

例如，加工轴类零件时，一般都采用两个顶尖孔作为统一精基准来加工轴上所有外圆表面和端面，这样可以保证各外圆表面间的同轴度和端面对轴线的垂直度公差。

在实际生产中，经常使用的统一基准形式有：

(1) 轴类零件常使用两顶尖孔作为统一基准。

(2) 箱体类零件常使用一面两孔(一个较大的平面和两个距离较远的销孔)作统一基准。

(3) 盘套类使用止口面(一个端面和一短圆孔)作统一基准。

(4) 套类零件用一长孔和一止推面作统一基准。

采用统一基准原则的好处：

(1) 有利于保证各加工表面之间的位置精度。

(2) 可以简化夹具设计，减少工件搬动和翻转的次数。

要注意：采用统一基准原则常常会带来基准不重合问题。此时，需针对具体问题进行具体分析，根据实际情况选择精基准。

3) 自为基准原则

某些加工表面余量较小而均匀，精加工工序选择该加工表面本身作为定位基准，称为自为基准原则。如图 2.3-12 所示，磨削车床导轨面用可调支承定位床身，在导轨磨床上用百分表找正导轨本身表面作为定位基准，然后磨削导轨，可以满足精磨导轨面的余量小且均匀。还有浮动镗刀镗孔、珩磨孔、拉孔、无心磨外圆等，也都是自为基准定位。

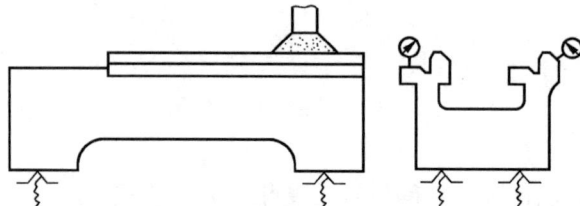

图 2.3-12　自为基准原则示意图

4) 互为基准原则

工件上有两个相互位置精度要求很高的表面，采用工件上的这两个表面互相作为定位基准，反复进行加工，称为互为基准。互为基准可使两个加工表面间获得高的相互位置精度，且加工余量小而均匀。如加工精密齿轮中的磨齿工序，先以齿面为基准定位磨孔，如图 2.3-13 所示；然后以内孔定位，磨齿面，使齿面加工余量均匀，能保证齿面与内孔之间的较高的相互位置精度。

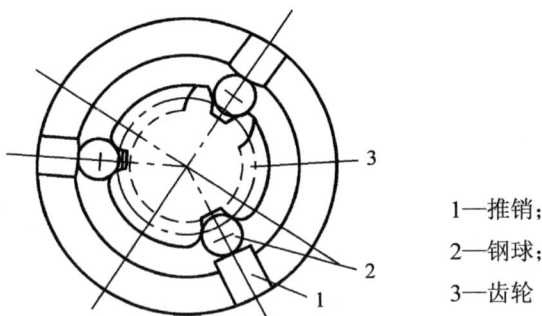

1—推销；
2—钢球；
3—齿轮

图 2.3-13　互为基准定位的磨齿轮孔

5) 准确可靠，便于装夹的原则

所选精基准应保证工件定位准确，安装可靠，装夹方便，夹具简单适用、操作方便。

2.4　机床夹具

从图 2.1-1 中可以看出，阶梯轴有同轴度、跳动要求，因此需采用一夹一顶装夹或两顶尖装夹，这就需要用到顶尖。顶尖是车床加工中必不可少的夹具附件，用于精确重复定位或有同轴度公差要求的工件车削，顶尖作为定位基准，定心正确可靠，安装方便，可提高装夹刚度，减少加工过程中的震动。

2.4.1　顶尖

顶尖主要有两种：普通顶尖和拨动顶尖。

1. 普通顶尖

普通顶尖有回转式顶尖(活顶尖)和固定式顶尖(死顶尖)两种。活顶尖装有轴承，定位精度略差，但旋转时不容易发热。活顶尖将顶尖与工件中心孔之间的滑动摩擦改成顶尖内部轴承的滚动摩擦，能在很高的转速下正常地工作；但活顶尖存在一定的装配积累误差，以及当滚动轴承磨损后，会使顶尖产生径向摆动，从而降低了加工精度，故一般用于轴的粗车或半精车。固定式顶尖是一个整体，定位精度高，但顶尖部分由于旋转摩擦生热，容易将中心孔或顶尖"烧坏"。因此，尾架上如果是死顶尖，则工件的右端中心孔应涂上黄油，以减小摩擦。死顶尖适用于低速加工、精度要求较高的工件。

顶尖的大小一般按莫氏(Morse)锥孔的大小来分，如莫氏 3 号、4 号、5 号，号数大则顶尖大。常见的顶尖如图 2.4-1 所示。

(a) 固定顶尖　　　　　(b) 镶硬质合金顶尖　　　　　(c) 半缺顶尖

(d) 镶硬质合金半缺顶尖　　(e) 带压出六角螺母顶尖　　(f) 镶硬质合金带压出六角螺母顶尖

(g) 带压圆螺母顶尖　　　　(h) 镶硬质合金带压圆螺母顶尖

(i) 精密磨削式(固定)　(j) 普通高速式　(k) 可换式回转　(l) 重载式回转　(m) 重载切削式回转

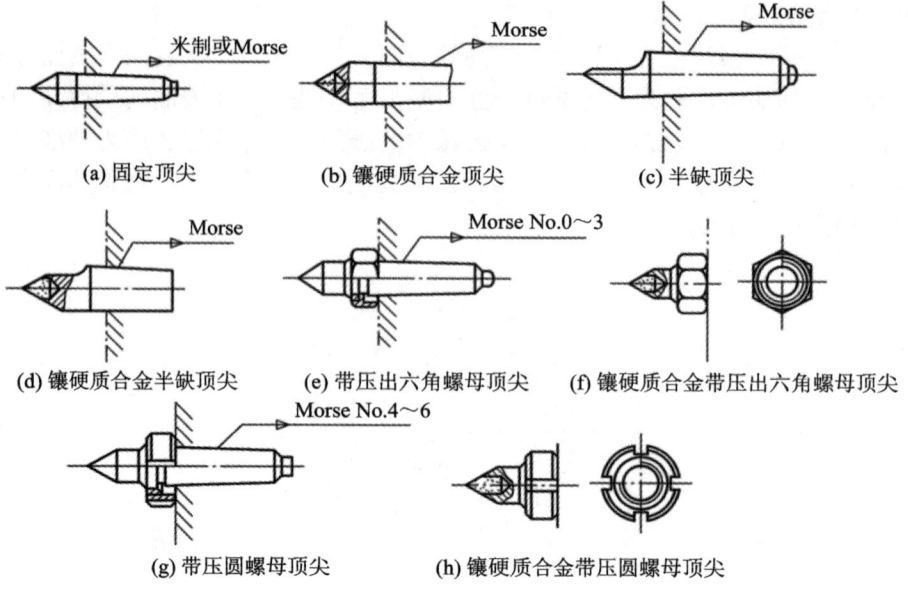

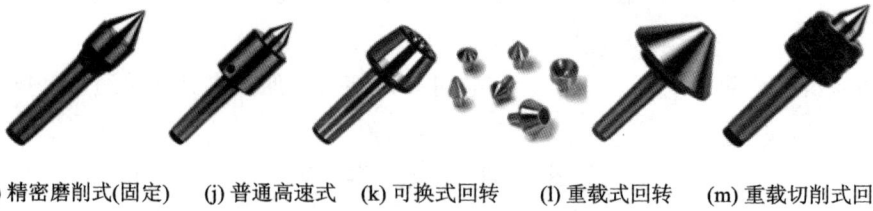

图 2.4-1　常见的固定顶尖和回转顶尖

2. 拨动顶尖

车削加工中常用的拨动顶尖有内、外拨动顶尖和端面拨动顶尖两种。

内、外拨动顶尖的锥面带齿，能嵌入工件，拨动工件旋转，如图 2.4-2 所示。端面拨动顶尖端面拨爪带动工件旋转，适合装夹的工件直径 ϕ 在 50～150 mm 之间，如图 2.4-3 所示。

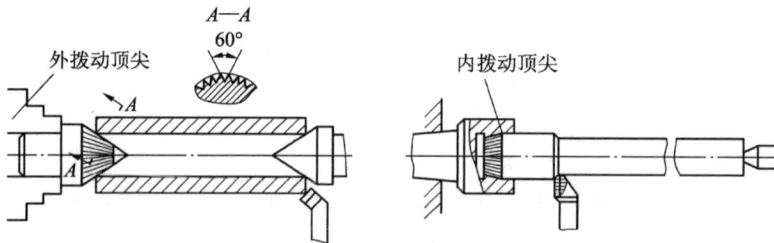

图 2.4-2　内、外拨动顶尖

图 2.4-3　端面拨动顶尖

2.4.2　中心架

车削细长轴(长径比 $L/D > 25$)时，为了防止工件受径向切削力的作用而产生弯曲变形，常用中心架或跟刀架作为辅助支承，以增加工件刚性。

中心架固定在床身导轨上使用，有 3 个独立移动的支承爪，并可用紧固螺钉予以固定。使用时，将工件安装在前、后顶尖上，先在工件支承部位精车一段光滑表面，再将中心架紧固于导轨的适当位置，最后调整 3 个支承爪，使之与工件支承面接触，松紧适宜。

中心架的应用有如下两种情况：

(1) 加工细长阶梯轴的各外圆。一般将中心架支承在轴的中间部位，先车右端各外圆，调头后再车另一端的外圆。图 2.4-4 所示为中心架装夹工件车外圆。

(2) 加工长轴或长筒的端面以及端部的孔和螺纹。可用卡盘夹持工件左端，用中心架支承工件右端。图 2.4-5 所示为中心架装夹工件车端面。

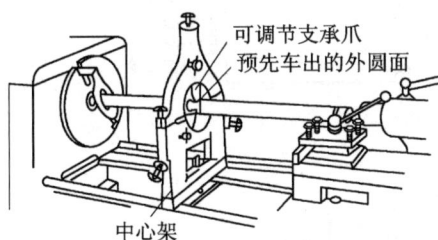

图 2.4-4　中心架装夹工件车外圆　　　　图 2.4-5　中心架装夹工件车端面

2.4.3　跟刀架

跟刀架固定在大拖板侧面上，跟随刀架纵向运动。跟刀架有 2 个或 3 个支承爪，紧跟在车刀后面起辅助支承作用。因此，跟刀架主要用于不允许接刀的细长轴的加工，如丝杠、光杠等。图 2.4-6 所示为跟刀架支承工件车外圆。使用跟刀架需先在工件右端车削一段外圆，根据外圆调整支承爪的位置和松紧，压力要适当，否则会产生震动或车削成竹节形或螺旋形。

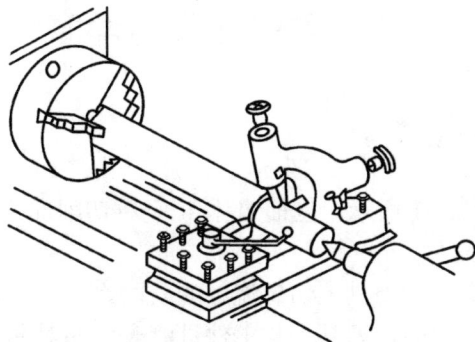

图 2.4-6　跟刀架装夹工件车外圆

2.4.4 拨盘

较长的(长径比 $L/D = 4\sim10$)或加工工序较多的轴类工件，为保证工件同轴度要求，常采用两顶尖加拨盘安装定位。工件装夹在前、后顶尖之间，由卡箍(又称鸡心夹头)、拨盘带动工件旋转，如图 2.4-7 所示。前顶尖装在主轴锥孔内，与主轴一起旋转；后顶尖装在尾架锥孔内固定不转。有时亦可用三爪卡盘代替拨盘，此时前顶尖用一段钢棒车成，夹在三爪卡盘上，卡盘的卡爪通过鸡心夹头带动工件旋转。常见拨盘结构如图 2.4-8 所示。

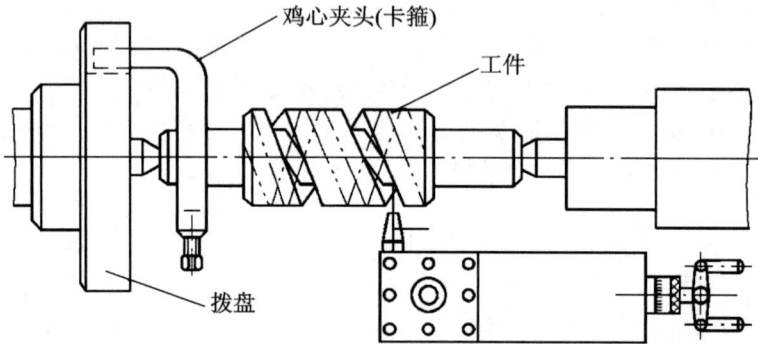

图 2.4-7　两顶尖拨盘装夹工作

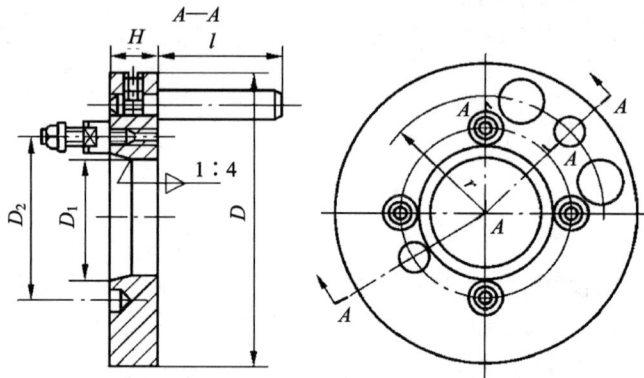

图 2.4-8　拨盘结构

2.5　刀具的几何角度

2.5.1 刀具切削部分的组成

外圆车刀的组成如图 2.5-1 所示，包括刀体和刀头(切削部分)两部分。刀柄是定位和夹持的部分，刀头用于切削工件。

(1) 前面：又叫前刀面，指刀具上切屑流过的表面。

(2) 主后面：又叫主后刀面，刀具上与工件过渡表面相对的表面。

(3) 副后面：又叫副后刀面，刀具上与工件已加工表面相对的表面。

(4) 主切削刃：刀具前面与主后面相交而得到的刃边(或棱边)，用于切出工件上的过渡表面，它承担主要的切削工作。

(5) 副切削刃：刀具前面与副后面相交而得到的刃边，它协同主切削刃完成切削工作，并最终形成已加工表面。

(6) 刀尖：是指主切削刃与副切削刃连接处相当少的一部分切削刃，如图 2.5-2 所示，刀尖有三种形式，可以是近似的点，即刀尖圆弧半径 $r_\varepsilon = 0$，见图 2.5-2(a)；修圆刀尖 $r_\varepsilon > 0$，见图 2.5-2(b)；倒角刀尖，直线过渡刃，见图 2.5-2(c)。

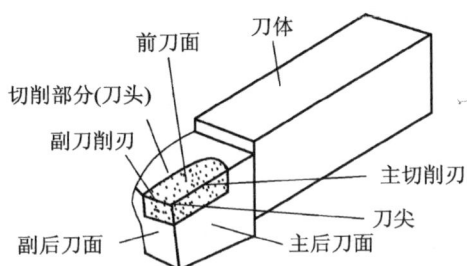

图 2.5-1　车刀的组成　　　　　图 2.5-2　刀尖类型

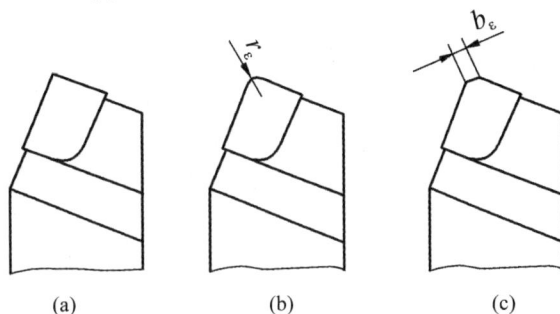

2.5.2　刀具标注角度

1. 正交平面静止参考系

正交平面参考系由 3 个互相垂直的基面、切削平面、正交平面组成，如图 2.5-3 所示。

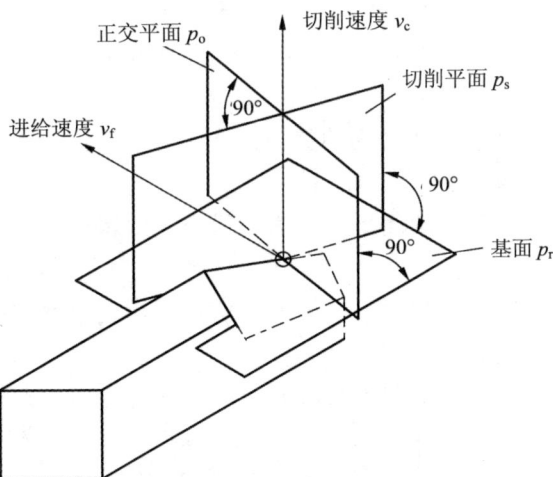

图 2.5-3　正交平面参考系

(1) 基面：通过切削刃选定点垂直于该点切削速度方向的平面。由于刀具静止参考系是在假定条件下建立的，因此对车刀、刨刀来说，其基面平行于刀具的底面，对钻头、铣刀等旋转刀具来说则为通过切削刃某选定点且包含刀具轴线的平面。基面是刀具制造、刃磨及测量时的定位基准。

(2) 切削平面：通过切削刃选定点与主切削刃相切并垂直于基面的平面。当切削刃为直线刃时，过切削刃选定点的切削平面即是包含切削刃并垂直于基面的平面。

(3) 正交平面。通过切削刃选定点并同时垂直于基面和切削平面的平面。

2．刀具标注角度

刀具标注角度是指在刀具设计图样上标注的角度，是制造、刃磨刀具的依据。车刀在正交平面参考系中独立的标注角度有 6 个，如图 2.5-4 所示。

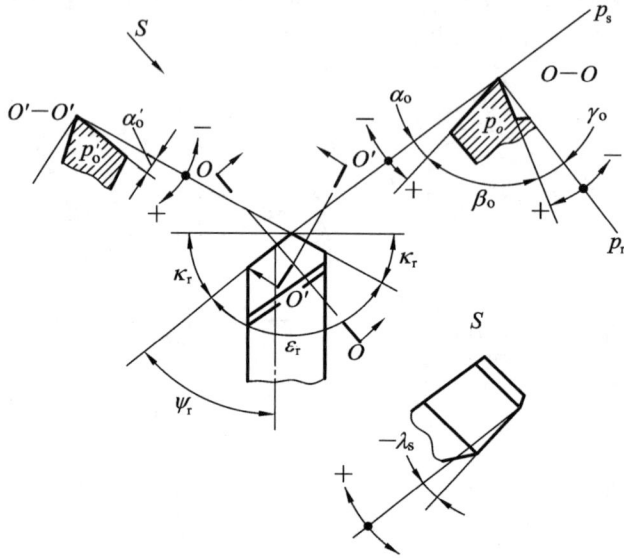

图 2.5-4　正交平面参考系的刀具标注角度

(1) 前角 γ_o。前面与基面之间的夹角，在正交平面内测量。前角有正、负和零度之分，当前面与切削平面夹角小于 90° 时前角为正值，大于 90° 时前角为负值，前面与基面重合时为零度前角。

(2) 后角 α_o：后面与切削平面之间的夹角，在正交平面内测量。当后面与基面夹角小于 90° 时后角为正值。为减小刀具和加工表面之间的摩擦，后角一般为正直。

(3) 主偏角 κ_r：主切削刃在基面上的投影与假定进给运动方向之间的夹角，在基面内测量。主偏角一般为正值。

(4) 副偏角 κ_r'：副切削刃在基面上的投影与假定进给运动反方向之间的夹角，在基面内测量。副偏角一般也为正值。

(5) 刃倾角 λ_s：主切削刃与基面之间的夹角，在切削平面内测量。当刀尖是主切削刃的最高点时刃倾角为正值，当刀尖是主切削刃的最低点时刃倾角为负值，当主切削刃与基面重合时刃倾角为零度。刃倾角的正负规定如图 2.5-5 所示。

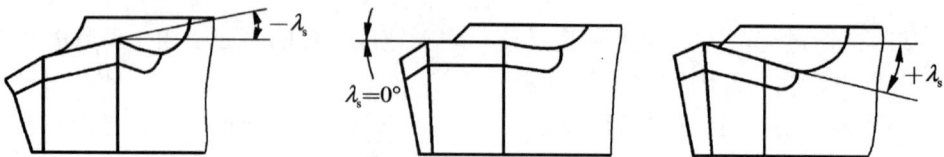

图 2.5-5　刃倾角的正负规定

(6) 副后角 $\alpha_o{}'$：过副切削刃选定点垂直于副切削刃在基面上的投影作出副切削刃的正交平面，在副切削刃的正交平面内可测量副后角，副后角是副后面与副切削刃的切削平面之间的夹角，它决定了副后面的位置。

(7) 刀尖角 ε_r：主、副切削刃在基面投影之间的夹角，在基面内测量。此角为派生角度。即：$\varepsilon_r = 180 - (\kappa_r + \kappa_{r'})$。

(8) 楔角 ε_o：前面与后面之间的夹角，在切削平面内测量。此角为派生角度。在正交平面内，前角和后角决定了前刀面和后刀面的位置，楔角可由前角和后角派生得到，即 $\varepsilon_o = 90° - (\gamma_o + \alpha_o)$。

3. 刀具的工作角度

(1) 刀具工作角度概念。在进行金属切削加工时，由于刀具安装位置和进给运动影响，刀具实际切削角度不等于车刀的标注角度，其变化的原因是切削运动使基面、切削平面和正交平面位置产生变化，不再是静止参考系的理论位置。用切削过程中实际的基面、切削平面和正交平面为参考系(即工作参考系)所确定的角度称为刀具工作角度。

(2) 横向进给运动对工作角度的影响。

以切断车刀加工为例，设切断刀主偏角 $\kappa_r = 90°$，前角 $\gamma_o > 0°$，后角 $\alpha_o > 0°$，安装时刀尖对准工件的中心高。不考虑进给运动时，前角和后角为标注角度。当考虑横向进给运动后，刀刃上选定点相对于工件的运动轨迹是主运动和横向进给运动的合成运动轨迹，为阿基米德螺旋线，如图 2.5-6 所示。其合成运动方向 v_c 为过该点的阿基米德螺旋线的切线方向。因此，工作基面和工作切削平面相对和相应地转动了一个 ψ 角，结果引起切断刀的角度的变化。

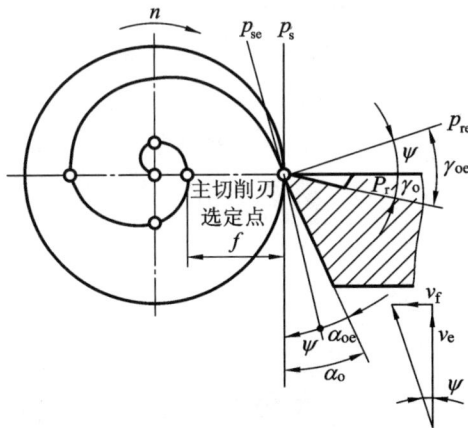

图 2.5-6　横向进给运动对工作角度的影响

在横向进给切削或切断工件时，随着进给量 f 值的增加和加工直径 d 的减小，工作后角不断减小，刀尖接近工件中心位置时，工作后角的减小特别严重，很容易因后面和工件过渡表面剧烈摩擦使刀刃崩碎或工件被挤断，切削中应引起充分重视。因此，切断工件时不宜选用过大的进给量 f，或在切断接近结束时，应适当减小进给量或适当加大标注后角。

4．纵向进给运动对刀具工作角度的影响

对纵向外圆车削，工件直径基本不变，进给量又较小，一般可忽略工作角度变化，不必进行工作角度的计算。但当进给量很大时，如车螺纹时，尤其是大导程或多头螺纹时，工作角度与标注角度相差很大，必须进行工作角度计算。

如图 2.5-7 所示，当车螺纹时，工作切削平面与螺纹切削点相切，与刀具切削平面成 μ 角，由于工作基面与工作切削平面垂直，因此工作基面也绕基面旋转 μ 角。

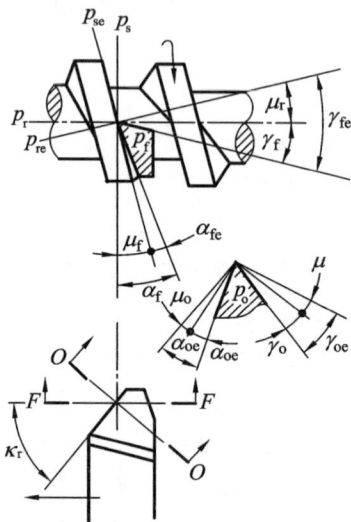

图 2.5-7　纵向进给运动对工作角度的影响

车削右螺纹时刀具工作前角增大，工作后角减小，当进给量 f 较小时，影响可忽略，因此在一般的外圆车削中，因进给量小，常不考虑其对工作角度的影响。

5．刀具安装高低对工作角度的影响

在外圆横车时，忽略进给运动的影响，并假定 $\kappa_r = 90°$，$\lambda_s = 0°$，当刀尖安装高于工件中心时，工作切削平面和工作基面将转动 θ 角，使工作前角增大、工作后角减小，如图 2.5-8 所示。

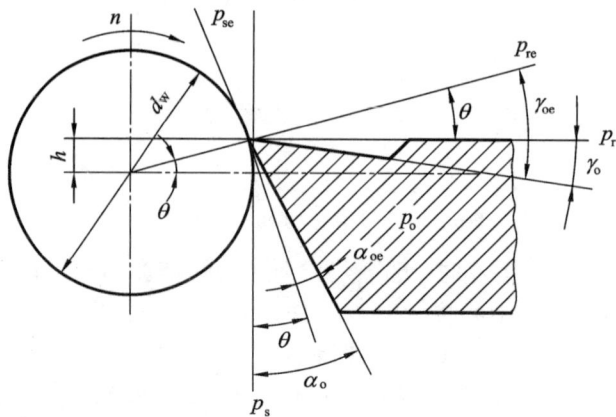

图 2.5-8　刀具安装高低的影响

当刀尖安装低于工件中心时，刀具工作角度的变化则相反。内孔镗削时的角度变化情况恰好与外圆车削时的情况相反。

2.5.3　刀具角度的功用及选择

刀具角度的功用与选择见表 2.5-1。

表 2.5-1　刀具角度的功用与选择

角度	功　用	选　择　原　则
前角 γ_o	影响切削变形和切削力的大小、刀具耐用度和加工表面的质量。增大前角能使刀刃变得锋利，使切削更为轻快，可以减小切削变形和摩擦，从而减小切削力和切削功率，切削热也少，加工表面质量高。但增大前角会使刀刃和刀尖强度下降，刀具散热体积减小，影响刀具的耐用度。前角的大小对表面粗糙度、排屑及断屑等也有一定影响 刀具前角的功用及选择	(1) 根据工件材料选择前角。加工塑性材料时，特别是硬化严重的材料(如不锈钢等)，为了减小切削变形和刀具磨损，应选用较大的前角；加工脆性材料时，由于产生的切屑为崩碎切屑，切削变形小，因此增大前角的意义不大，而这时刀屑间的作用力集中在切削刃附近，为保证切削刃具有足够的强度，应采用较小的前角。 　　工件强度和硬度低时，切削力不大，为使切削刃锋利，可选用较大的甚至很大的前角。工件材料强度高时，应选用较小的前角；加工特别硬的工件材料(如淬火钢)时，应选用很小的前角，甚至选用负前角。因为工件的强度、硬度愈高，产生的切削力愈大，切削热愈多，为了使切削刃具有足够的强度和散热能力，防止崩刃和磨损，应选用较小的前角。 　　(2) 根据刀具材料选择前角。刀具材料的抗弯强度和冲击韧性较低时应选较小的前角。通常硬质合金车刀的前角取 $-5°\sim+20°$，高速钢刀具比硬质合金刀具的合理前角约大 $5°\sim10°$，而陶瓷刀具的前角一般取 $-5°\sim-15°$。 　　(3) 根据加工性质选择前角。粗加工时，特别是断续切削或加工有硬皮的铸、锻件时，不仅切削力大，切削热多，而且承受冲击载荷，为保证切削刃有足够的强度和散热面积，应适当减小前角。精加工时，为使切削刃锋利、减小切削变形和获得较高的表面质量，前角应取得较大一些。 　　数控机床、自动机床和自动线用刀具，为保证刀具工作的稳定性，使其不易发生崩刃和破损，一般选用较小的前角

续表一

角度	功　用	选　择　原　则
后角 α_o	减小后刀面与工件的摩擦和后刀面的磨损,其大小对刀具耐用度和加工表面质量都有很大影响。后角增大,摩擦减小,刀具磨损减少,也减小了刀具刃口的钝圆弧半径,提高了刃口锋利程度,易于切下薄切屑,从而可减小表面粗糙度,但后角过大会减小刀刃强度和散热能力 刀具后角的功用及选择	(1) 根据切削厚度选择后角。后角大小主要取决于切削厚度(或进给量),切削厚度 h 愈大,则后角应愈小;反之亦然。如进给量较大的外圆车刀后角 $\alpha_o=6°\sim8°$,每齿进刀量不超过 0.01 mm 的圆盘铣刀后角 $\alpha_o=30°$。这是因为切削厚度较大时,切削力较大,切削温度也较高,为了保证刃口强度和改善散热条件,所以应取较小的后角。切削厚度愈小,切削层上被切削刃的钝圆半径挤压而留在已加工表面上并与主后刀面挤压摩擦的这一薄层金属占切削厚度的比例就越大。若增大后角,可减小刃口钝圆半径,使刃口锋利,便于切下薄切屑,可提高刀具耐用度和加工表面质量。 (2) 适当考虑被加工材料的力学性能。工件材料的硬度、强度较高时,为保证切削刃强度,宜选取较小的后角;工件材料的硬度较低、塑性较大以及易产生加工硬化时,主后刀面的摩擦对已加工表面质量和刀具磨损影响较大,此时应取较大的后角;加工脆性材料时,切削力集中在刀刃附近,为强化切削刃,宜选取较小的后角。 (3) 考虑工艺系统的刚性。工艺系统刚性差,易产生震动,为增强刀具对震动的阻尼,应选取较小的后角。 (4) 考虑加工精度。对于尺寸精度要求高的精加工刀具(如铰刀等),为减小重磨后刀具尺寸的变化,保证较高的耐用度,后角应取得较小。 车削一般钢和铸铁时,车刀后角常选用 4°~8°
主偏角 κ_r、副偏角 κ_r'	主偏角和副偏角对刀具耐用度影响很大。减小主偏角和副偏角可使刀尖角 ε_r 增大,刀尖强度提高,散热条件改善,因而刀具耐用度高。还可降低加工表面残留面积的高度,故可减小加工表面的粗糙度。主偏角和副偏角还会影响各切削分力的大小和比例。如车削外圆时,增大主偏角,可使背向力 F_p 减小,进给力 F_f 增大,因而有利于减小工艺系统的弹性变形和震动 刀具主偏角的功用　刀具副偏角的功用	工艺系统刚性较好时,主偏角宜取较小值,如 $\kappa_r=30°\sim45°$,例如选用 45° 偏刀;当工艺系统刚性较差或强力切削时,一般取 $\kappa_r=60°\sim75°$,例如选用 75° 偏刀。车削细长轴时,取 $\kappa_r=90°\sim93°$,以减小背向力 F_p。 副偏角的大小主要根据表面粗糙度的要求选取,一般为 5°~15°,粗加工时取大值,精加工时取小值。切断刀、锯片刀为保证刀头强度,只能取很小的副偏角,一般为 1°~2°

角度	功　用	选择原则
刃倾角 λ_s	刃倾角主要影响切屑流向和刀尖强度。 刃倾角为正值，切削开始时刀尖与工件先接触，切屑流向待加工表面，可避免缠绕和划伤已加工表面，对精加工和半精加工有利；刃倾角为负值时，切削中切屑流向已加工表面，容易缠绕和划伤已加工表面。负刃倾角有利于提高刀尖强度。 刃倾角为负值时，切削运动中刀具与工件接触的瞬间，刀具切削刃中部先接触工件，刀尖后接触工件，尤其是断续切削时，切削刃承受刀具与工件接触瞬间的冲击力，可避免刀尖受冲击，起保护刀尖的作用，且负刃倾角利于刀尖散热。 刃倾角为正值时，刀具与工件接触的瞬间是刀尖先接触工件，刀尖承受刀具与工件接触瞬间的冲击力，容易受冲击损坏 刀具刃倾角的功用及选择	加工一般钢料和铸铁时，无冲击的粗车取 $\lambda_s=0°\sim-5°$，精车取 $\lambda_s=0°\sim+5°$；有冲击负荷时，取 $\lambda_s=-5°\sim-15°$；当冲击特别大时，取 $\lambda_s=-30°\sim-45°$。切削高强度钢、冷硬钢时，为提高刀头强度，可取 $\lambda_s=-30°\sim-10°$

常用硬质合金车刀的合理前角如表 2.5-2 所示。

表 2.5-2　硬质合金车刀合理前角的参考值

工 件 材 料	合 理 前 角	
	粗　车	精　车
低碳钢	20°～25°	25°～30°
中碳钢	10°～15°	15°～20°
合金钢	10°～15°	15°～20°
淬火钢	−15°～−5°	
不锈钢(奥氏体)	15°～20°	20°～25°
灰铸铁	10°～15°	5°～10°
铜及铜合金	10°～15°	5°～10°
铝及铝合金	30°～35°	35°～40°
钛合金 ≤1.177 GPa	5°～10°	

常用硬质合金车刀的合理后角如表 2.5-3 所示。硬质合金车刀合理主偏角、副偏角的参考值见表 2.5-4。

刀具各角度之间是相互联系、相互影响的，孤立地选择某一角度并不能得到所希望的合理值。例如在加工硬度比较高的工件材料时，

刀具角度选用原则

为了增加切削刃的强度,一般取较小的后角;但在加工特别硬的材料如淬硬钢时,通常采用负前角,这时如适当增大后角,不仅使切削刃易于切入工件,而且还可提高刀具耐用度。

表 2.5-3　硬质合金车刀合理后角的参考值

工件材料	合理后角	
	粗车	精车
低碳钢	8°～10°	10°～12°
中碳钢	5°～7°	6°～8°
合金钢	5°～7°	6°～8°
淬火钢	8°～10°	
不锈钢(奥氏体)	6°～8°	8°～10°
灰铸铁	4°～6°	6°～8°
铜及铜合金(脆)	4°～6°	6°～8°
铝及铝合金	8°～10°	10°～12°
钛合金≤1.177 GPa	10°～15°	

表 2.5-4　硬质合金车刀合理主偏角、副偏角的参考值

加工情况		参考值/(°)	
		主偏角	副偏角
粗车	工艺系统刚性好	45°、60°、75°	5°～10°
	工艺系统刚性差	65°、75°、90°	10°～15°
车细长轴、薄壁零件		90°、93°	6°～10°
精车	工艺系统刚性好	45°	0°～5°
	工艺系统刚性差	60°,75°	0°～5°
车削冷硬铸铁、淬火钢		10°～30°	4°～10°
从工件中间切入		45°～60°	30°～45°
切断刀、切槽刀		60°～90°	1°、2°

2.6　刀具材料

2.6.1　刀具材料应具备的性能

刀具在切削加工中,要承受很大的切削力作用,在加工余量不均匀或断续切削时,刀具还要承受冲击载荷和震动,切削层金属与刀具表面相互接触、相对运动,刀具受到剧烈的摩擦作用,并产生大量的热量,使刀具受到热冲击、热应力,尤其是切削刃及相邻的前面和后面,长期工作在切削高温环境中。为了适应如此繁重的切削负荷和恶劣的工作条件,刀具材料必须具备相应的物理、化学和机械性能。

从切削加工的实际出发，刀具材料应具备如下性能：① 高硬度；② 高耐磨性；③ 足够的强度和韧性；④ 高的耐热性(热稳定性)；⑤ 良好的热物理性能和耐热冲击性能；⑥ 良好的工艺性。

2.6.2 刀具材料的种类

刀具材料有碳素工具钢、合金工具钢、高速钢、硬质合金、陶瓷、金刚石、立方氮化硼等。碳素工具钢和合金工具钢因耐热性较差，通常只用于制造手工工具和切削速度较低的刀具，陶瓷、金刚石、立方氮化硼仅用于有限场合，目前生产中使用最多的刀具材料是高速钢和硬质合金。各种刀具材料的物理力学性能如表 2.6-1 所示。

常用刀具材料简介

表 2.6-1 各种刀具材料的物理力学性能

材料种类	硬 度	密度 /(g/cm³)	抗弯强度 /GPa	冲击韧性 /(kJ/m²)	热导率 /[W/(m·k)]	耐热性 /℃
碳素工具钢	63～65 HRC	7.6～7.8	2.2	—	41.8	200～250
合金工具钢	63～66 HRC	7.7～7.9	2.4	—	41.8	300～400
高速钢	63～70 HRC	8.0～8.8	1.96～5.88	98～588	16.7～25.1	600～700
硬质合金	89～94 HRA	8.0～15	0.9～2.45	29～59	16.7～87.9	800～1 000
陶瓷	91～95 HRA	3.6～4.7	0.45～0.8	5～12	19.2～38.2	1200
立方氮化硼	8000～9000 HV	3.44～3.49	0.45～0.8	—	19.2～38.2	1400
金刚石	10000 HV	3.47～3.56	0.21～0.48	—	19.2～38.2	1200

2.6.3 数控涂层刀具

数控涂层刀具是在强度和韧性较好的硬质合金或高速钢(HSS)基体表面上(也可在陶瓷、金刚石和立方氮化硼等超硬材料刀片上)，利用气相沉积方法涂覆一薄层耐磨性好的难熔金属或非金属化合物而获得的刀具。涂层作为化学屏障和热屏障，减少了刀具与工件材料间的扩散和化学反应，从而减少了月牙槽磨损。数控涂层刀具具有表面硬度高、耐磨性好、化学性能稳定、耐热耐氧化、摩擦因数小和热导率低等特性，其切削时可比未涂层刀具的使用寿命延长 3～5 倍以上，切削速度提高 20%～70%，加工精度提高 0.5～1 级，刀具消耗费用降低 20%～50%。

因此，数控涂层刀具已成为现代切削刀具的标志，在刀具中的使用比例已超过 50%。目前，切削加工中使用的各种刀具，包括车刀、镗刀、钻头、铰刀、拉刀、丝锥、螺纹梳刀、滚压头、铣刀、成形刀具、齿轮滚刀和插齿刀等都可采用涂层工艺来提高它们的使用性能。

数控涂层刀具有四种：高速钢涂层刀具、硬质合金涂层刀具，以及用于陶瓷和超硬材料(金刚石或立方氮化硼)刀片的涂层刀具。其中前两种涂层刀具使用最广泛。用于陶瓷和超硬材料刀片的涂层刀具以硬度较基体低的材料作为涂层，目的是提高刀片表面的断裂韧度(可提高 10%以上)，减少刀片的崩刃及破损，从而扩大刀具的应用范围。

2.7　切　削　液

切削液应根据工件材料、刀具材料、加工方法和技术要求等具体情况进行选择。

2.7.1　加工时切削液的选择

因为粗加工的加工余量、切削用量较大，所以产生大量的切削热。在采用高速钢刀具切削时，由于高速钢刀具耐热性较差，需要采用切削液，这时使用切削液的主要目的是降温冷却，减少刀具磨损，因此应采用 3%～5%的乳化液；硬质合金刀具由于耐热性较高，一般不用切削液，若要使用切削液，则必须连续、充分地浇注，以免处在高温状态的硬质合金刀片产生巨大的内应力而出现裂纹。

2.7.2　精加工时切削液的选择

精加工要求表面粗糙度值较小，一般应采用润滑性能较好的切削液，如高浓度的乳化液或含极压添加剂的切削油。采用高速钢刀具精加工时可用 15%～20%的乳化液，以降低刀具磨损，改善加工表面质量。

2.7.3　根据工件材料的性质选用切削液

切削塑性材料时需用切削液。切削铸铁等脆性材料时，一般不加切削液，以免崩碎状切屑黏附在机床的运动部件上。

切削铜合金和有色金属时，一般不得使用含硫化添加剂的切削液，以免腐蚀工件表面。切削铝、镁及其合金时，不得使用水溶液或水溶性乳化液。在贵重精密机床上加工工件时，不得使用水溶性切削液及含硫、氯添加剂的切削油。

磨削的特点是温度高，会产生大量的细屑和砂粒，因此磨削液应有较好的冷却性和清洗性，并应有一定的润滑性和防锈性。

2.8　阶梯轴的工艺规程设计

(1) 毛坯的选择：45 圆钢。
(2) 机床选择：CA6140 卧式车床。
(3) 装夹方法：三爪卡盘、一夹一顶和两顶尖装夹。
(4) 刀具选择：45°车刀、90°车刀、切槽刀、三角形螺纹车刀、中心钻等。　　阶梯轴单件生产工艺　　　阶梯轴大批量生产工艺
(5) 填写机械加工工艺过程卡片：工艺过程卡片见表 2.8-1。

表 2.8-1　阶梯轴的机械加工工艺过程卡片

机械加工工艺过程卡片		产品型号		零部件图号			
		产品名称		零部件名称	阶梯轴	共 1 页	第 1 页
材料牌号	45	毛坯种类	热扎圆钢	毛坯外形尺寸 $\phi 40 \times 275$	每毛坯可制件数	1	每台件数 1
工序号	工序名称	工序工步内容		设备名称型号	工 艺 装 备		工 时
					夹具 / 刀具 / 量具		准终 / 单件

工序号	工序名称	工序工步内容	设备名称型号	夹具	刀具	量具	准终	单件
1	钳工	$\phi 40 \times 275$	锯床			钢直尺		
2	热处理	调质 T250						
3	车	1. 用三爪卡盘夹住棒料，平端面 2. 钻中心孔 $\phi 3$ mm	CA6140 车床	三爪卡盘	端面车刀，$\phi 3$ mm 中心钻			
4	车	3. 调头夹毛坯外圆，车端面截总长 270 mm			端面车刀，切断刀	0～300 mm 游标卡尺		
5	车	4. 车 $\phi 36_{-0.025}^{0}$ mm 外圆至 $\phi 36_{+0.5}^{+0.6}$ mm，长度为 240mm 5. 车 $\phi 30$ mm 外圆至 $\phi 30$ mm，长度为 90 mm 6. 车 $25_{-0.025}^{-0.007}$ mm 至 $25_{+0.4}^{+0.5}$ mm，长度为 45 mm 7. 倒角 1 × 45°	CA6140 车床	一夹一顶	90° 车刀，45° 车刀	0～300 mm 游标卡尺		
6	车	8. 一端夹牢，一端搭中心架，钻 $\phi 3$ mm 中心孔			$\phi 3$ mm 中心钻			
7	车	9. 车 $\phi 30$ mm 外圆至 $\phi 30$ mm，长度为 110mm，保证 70 mm 尺寸 10. 车 $25_{-0.025}^{-0.007}$ mm 至 $25_{+0.4}^{+0.5}$ mm（留磨削余量），长度为 40 mm 11. 车 M24 × 1.5 外圆至 $24_{-0.027}^{-0.03}$ mm，长度为 15 mm 12. 两个轴肩槽至尺寸要求 13. 车退刀槽 3 × 1.1 至尺寸要求 14. 倒角 1 × 45° 15. 粗车、精车 M24 × 1.5 成型			90° 车刀，45° 车刀，螺纹刀，切槽刀	0～300 mm 游标卡尺		
8	磨	略						

编制	日期	编写	日期	校对	日期	审核	日期

习　题

1. 为了获得较好的综合力学性能，轴类零件常要求调质处理。毛坯余量大时，调质安排在_____之后、_____之前，以便消除粗车时产生的残余应力；毛坯余量小时，调质可安排在_____之前进行。表面淬火一般安排在_____之前，这样可纠正因淬火引起的局部变形。

2. 名词解释：基准、粗基准、精基准。

3. 粗基准的选择原则是什么？举例说明。

4. 精基准的选择原则是什么？举例说明。

5. 标出图 2-1 中工件上的三个表面及外圆车刀的几何角度、名称及符号。

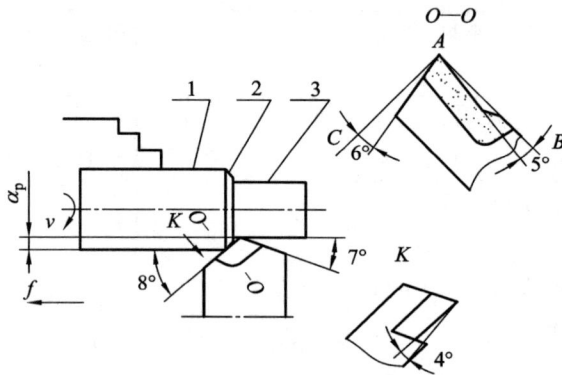

图 2-1

1　_____。

2　_____。

3　_____。

4°是_____在_____面上度量，5°是_____在_____面上度量，

6°是_____在_____面上度量，7°是_____在_____面上度量，

8°是_____在_____面上度量。

6.　如图 2-1 所示，AB 是_____面，AC 是_____面，O—O 是_____面。

7. 如图 2-1 所示，切削速度 v =_____，单位_____；f 表示_____，单位_____；α_p 表示_____，单位_____。v、f、α_p 总称为_____；切削加工对其三者选择次序是_____、_____、_____。

8. 写出图 2-2 所示刀具的名称及用途。

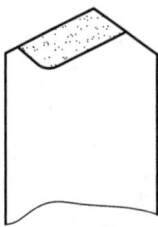

(a)　　　　　　　　　　　　　　　　　(b)

名称＿＿＿＿＿＿＿＿＿＿　　　　　　　　名称＿＿＿＿＿＿＿＿＿＿

用途＿＿＿＿＿＿＿＿＿＿　　　　　　　　用途＿＿＿＿＿＿＿＿＿＿

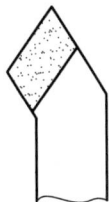

(c)　　　　　　　　　　　(d)　　　　　　　　　　　(e)

名称＿＿＿＿＿＿＿＿　　　　名称＿＿＿＿＿＿＿＿　　　　名称＿＿＿＿＿＿＿＿

用途＿＿＿＿＿＿＿＿　　　　用途＿＿＿＿＿＿＿＿　　　　用途＿＿＿＿＿＿＿＿

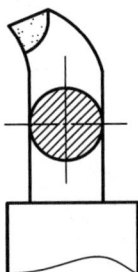

(f)　　　　　　　　　　　　　　(g)

名称＿＿＿＿＿＿＿＿＿　　　　　　　名称＿＿＿＿＿＿＿＿＿

用途＿＿＿＿＿＿＿＿＿　　　　　　　用途＿＿＿＿＿＿＿＿＿

图 2-2

9. 问答题。

(1) 粗车和精车的加工要求是什么？刀具角度的选用有何不同？切削用量的选择有何不同？

(2) 加工钢材和铸铁时，各应选用哪类硬质合金车刀？对于粗车和精车各用什么牌号？为什么？

10. 常用切削液有哪几种？选择切削液的一般原则有哪些？

11. 车床上的通用夹具有＿＿＿＿、＿＿＿＿、＿＿＿＿、＿＿＿＿、＿＿＿＿、＿＿＿＿和＿＿＿＿。轴类零件常用＿＿＿＿安装。＿＿＿＿卡盘能自动定心，适宜于夹持＿＿＿＿工件，＿＿＿＿卡盘的卡爪只能分别调整，不但可以装夹圆形截面工件，还可以装夹截面是＿＿＿＿、＿＿＿＿、＿＿＿＿或其他＿＿＿＿的工件。

12. 加工细长轴时，为了防止轴受切削力的作用而产生弯曲，往往需要加用＿＿＿＿和＿＿＿＿、＿＿＿＿；加工阶梯轴一般多用＿＿＿＿，加工细长光轴多用＿＿＿＿。

项目三　传　动　轴

3.1　轴类零件的机械加工工艺过程分析

轴类零件是机械设备中最常见的零件之一。图 3.1-1 为传动轴零件图。

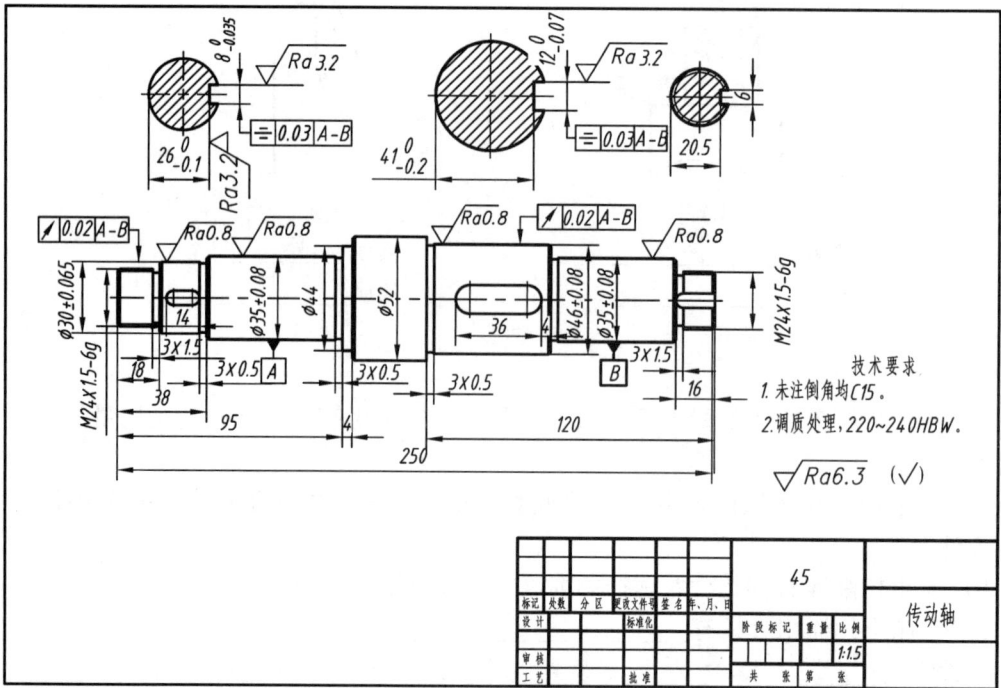

图 3.1-1　传动轴

通过对轴类零件的技术要求和结构特点进行深入分析，根据生产批量、设备条件、工人技术水平等因素，就可以拟定其机械加工工艺过程。

轴类零件的机械加工工艺过程分析

3.1.1　轴类零件的典型机械加工工艺路线

轴类零件的主要加工表面是内外圆柱表面、螺纹及键槽等，因此加工方法主要是车削、铣削、磨削以及热处理等。

对于 IT7 级公差等级、表面粗糙度 Ra 为 0.8～0.4 μm 的一般传动轴，其典型机械加工工艺路线是：正火→车端面、钻中心孔→粗车各表面→精车各表面→铣花键、键槽→热处理→修研中心孔→粗磨外圆→检验。

中心孔是轴类零件加工全过程中使用的定位基准，其质量对加工精度有着重大影响。所以必须安排修研中心孔工序。修研中心孔一般在车床上用金刚石或硬质合金顶尖加压进行。

轴上的花键、键槽等次要表面的加工，一般安排在外圆精车之后，磨削之前进行。因为如果在精车之前就铣出键槽，在精车时由于断续切削而产生振动，影响加工质量，又容易损坏刀具，也难以控制键槽的尺寸。但键槽的加工也不应安排在外圆精磨之后进行，以免破坏外圆表面的加工精度和表面质量。

在轴类零件的加工过程中，应当安排必需的热处理工序，以保证其力学性能和加工精度，并改善工件的切削加工性。一般毛坯锻造后安排正火工序，而调质处理则安排在粗加工后进行，以便消除粗加工产生的应力及获得良好的综合力学性能。淬火工序则安排在磨削工序之前。

3.1.2　轴类零件加工的定位基准和装夹

1．以工件的两中心孔定位

轴类零件的各外圆表面、锥孔、螺纹表面的同轴度，端面对轴线的垂直度是其相互位置精度的主要项目，而这些表面的设计基准一般都是轴的轴线。因此，若采用两中心孔定位，则符合基准重合的原则。另外，中心孔不仅是车削时的定位基准，也是其他加工工序的定位基准和检验基准，这又符合基准统一的原则。当采用两中心孔定位时，还能够最大限度地在一次装夹中加工出多个外圆表面和端面。

2．以外圆和中心孔作为定位基准(一夹一顶)

用两中心孔定位虽然定心精度高，但刚性差，尤其是加工较重的工件时不够稳固，切削用量也不能太大。粗加工时，为了提高工艺系统的刚度，可采用轴的外圆表面和一个中心孔作为定位基准来加工。这种定位方法能承受较大的切削力矩，是轴类零件最常见的一种定位方法。

3．以两外圆表面作为定位基准

在加工空心轴的内孔时，不能采用中心孔作为定位基准，可用轴的两外圆表面作为定位基准。当工件是机床主轴时，常以两支承轴颈(装配基准)为定位基准，可保证锥孔相对支承轴颈的同轴度要求，消除基准不重合而引起的误差。

4．以带有中心孔的锥堵作为定位基准

在加工空心轴的外圆表面时，往往还采用锥堵或锥套心轴作为定位基准(如图 3.1-2 所示)。锥堵或锥套心轴应具有较高的精度，锥堵和锥套心轴的锥面与中心孔既是其本身制造的定位基准，又是空心轴外圆精加工的基准，因此必须保证锥堵或锥套心轴上锥面与中心孔有较高的同轴度。在装夹中应尽量减少锥堵的安装环节，减少重复安装误差。实际生产中，锥堵安装后，加工过程中一般不得拆下和更换，直至加工完毕。若外圆和锥孔需反复多次、互为基准进行加工，则在重装锥堵或心轴时，必须按外圆找正或重新修磨中心孔。

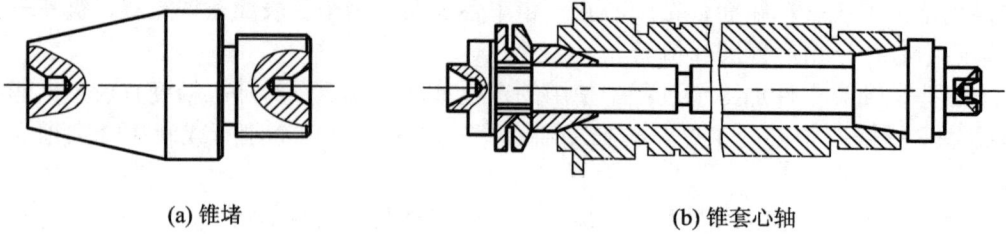

(a) 锥堵　　　　　　　　　　　　　(b) 锥套心轴

图 3.1-2　锥堵和锥套心轴

3.2　铣　　削

3.2.1　铣床

铣床是利用铣刀在工件上加工各种表面的机床。常见的铣床有卧式铣床、立式铣床和龙门铣床。铣刀旋转为主运动加工各种表面，工件或铣刀的移动为进给运动。铣刀是多齿刀具，每个刀齿间歇工作，冷却条件好，切削速度可以提高。卧式升降台铣床如图 3.2-1 所示。

铣床视频

铣削加工

铣床结构

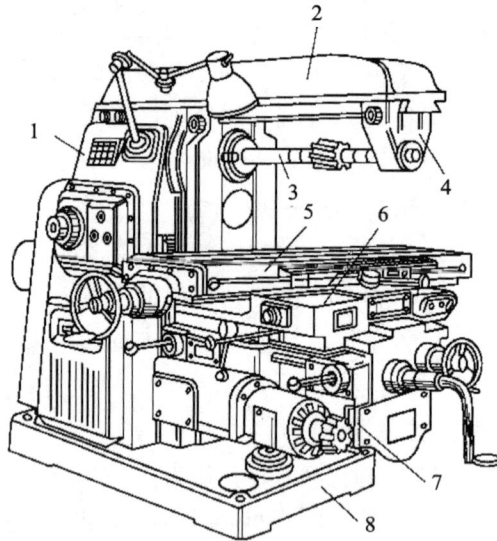

1—床身；2—悬臂；3—铣刀心轴；4—挂架；5—工作台；6—床鞍；7—升降台；8—底座

图 3.2-1　卧式升降台铣床

立式升降台铣床与卧式铣床的主要区别是立式铣床的主轴与工作台垂直。如图 3.2-2(a)所示。有些立式铣床为了加工需要，可以把立铣头旋转一定的角度，形成万能回转头铣床，如图 3.2-2(b)所示。

立式铣床

龙门铣床

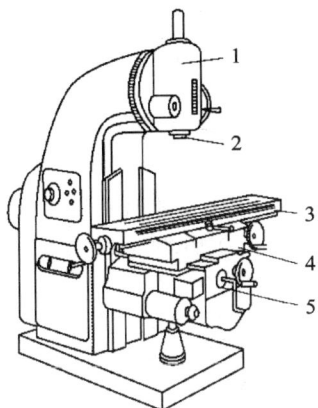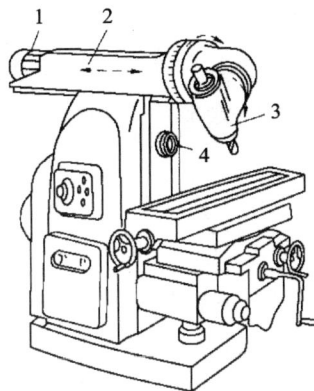

1—立铣头；2—主轴；3—工作台；
4—床鞍；5—升降台

(a) 立式升降台铣床

1—电动机；2—滑座；
3—万能立铣头；4—水平主轴

(b) 万能回转头铣床

图 3.2-2　立式升降台铣床和万能回转头铣床

3.2.2　铣削刀具

　　铣刀是多刃刀具，它的每一个刀齿相当于一把车刀，其切削基本规律与车削相似，但铣削是断续切削，切削厚度和切削面积随时在变化，因此，铣削具有一些特殊性。铣刀在旋转表面上或端面上具有刀齿，铣削时，铣刀的旋转运动是主运动，工件的直线运动是进给运动。其运动和加工形式如图 3.2-3 所示。

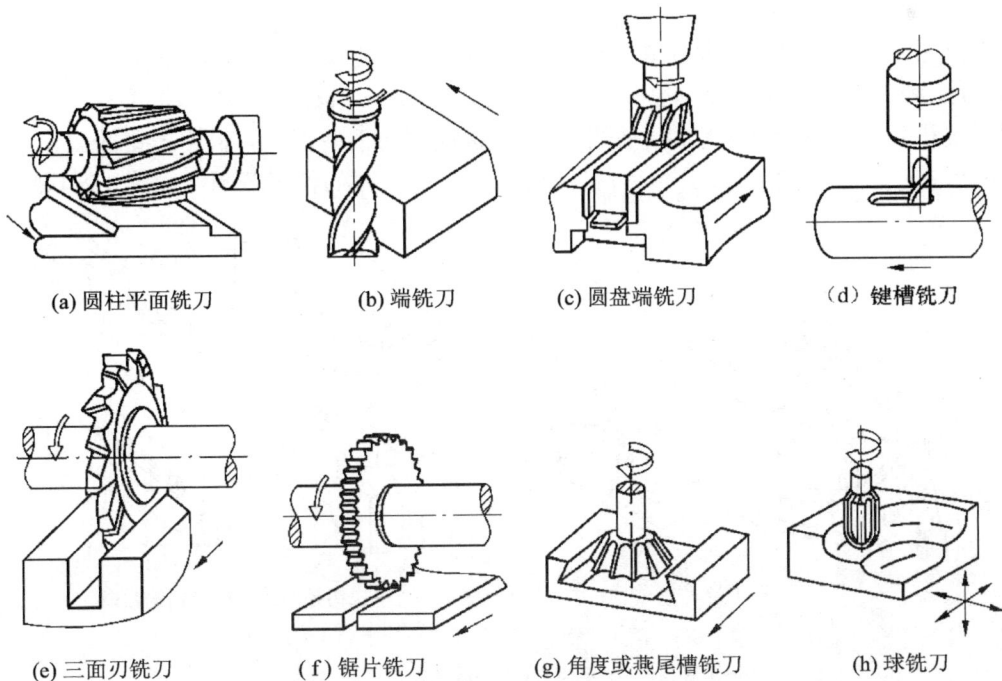

(a) 圆柱平面铣刀　　(b) 端铣刀　　(c) 圆盘端铣刀　　（d）键槽铣刀

(e) 三面刃铣刀　　（f）锯片铣刀　　(g) 角度或燕尾槽铣刀　　(h) 球铣刀

图 3.2-3　普通铣削加工形式及用途

1．圆柱平面铣刀

圆柱平面铣刀用于在卧式铣床上加工平面。可用高速钢制造，也可镶焊硬质合金，为提高铣削加工时的平衡性，以螺旋形刀齿居多。

2．端铣刀

端铣刀用于在立铣床上加工平面。端铣刀的主切削刃分布在圆锥表面或圆柱表面上，端部切削刃为副切削刃。端铣刀主要采用硬质合金刀齿，所以有较高的生产率。

3．加工沟槽用的铣刀

(1) 盘形铣刀。盘形铣刀包括：用于加工浅槽的槽铣刀；用于加工台阶面的两面刃铣刀；用于切槽和加工台阶面的三面刃铣刀以及为改善这种铣刀侧面的工作条件而将刀齿交错成左斜或右斜的错齿三面刃铣刀。

(2) 立铣刀。立铣刀用于加工平面、台阶、槽和相互垂直的平面。圆柱表面上的切削刃是主切削刃。铣槽时，槽宽有扩张，应取直径比槽宽略小(0.1 mm 以内)的铣刀。

(3) 键槽铣刀。键槽铣刀仅有两个刀瓣，既像立铣刀又像钻头，它可以用轴向进给钻孔，然后沿键槽方向运动铣出键槽全长。重磨时只磨端刃。

(4) T 型槽铣刀。T 型槽铣刀用于铣 T 型槽。

(5) 角度铣刀。角度铣刀用于铣削沟槽和斜面，有单角铣刀和双角铣刀两种。

3.2.3　铣床夹具

1．平口虎钳

1) 平口虎钳的结构

平口虎钳是铣床常用夹具，其规格以钳口的宽度来表示，常用的有 100 mm、125 mm、150 mm 三种。平口虎钳的种类很多，有固定式、回转式、自定心、V 型、手动液压等。其中固定式和回转式应用最为广泛，适于装夹形状规则的小型工件。机用虎钳的钳口可以制成多种形式，更换不同形式的钳口可扩大机床用平口虎钳的使用范围，如图 3.2-4 所示。

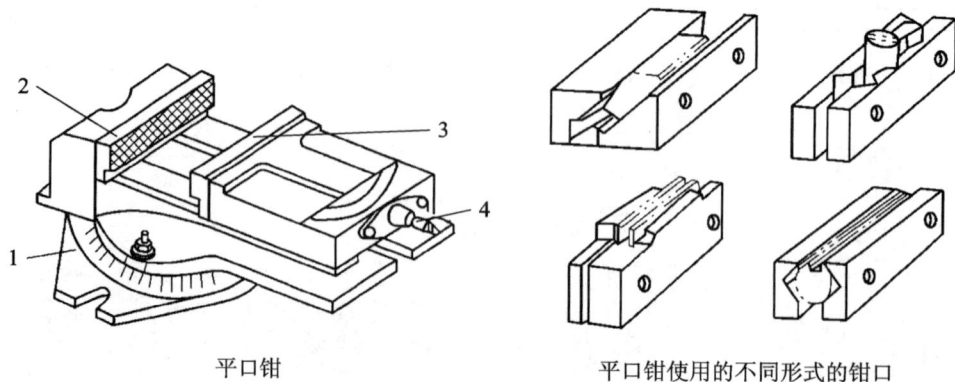

平口钳　　　　　　　　　平口钳使用的不同形式的钳口

1—座底；2—固定钳口；3—活动钳口；4—螺杆

图 3.2-4　平口钳及不同钳口

2) 平口虎钳的应用

机用虎钳装夹的最大优点是快捷方便，但夹持范围不大。使用机用虎钳时，应注意以下几点：

(1) 随时清理切屑及油污，保持虎钳导轨面的润滑与清洁。

(2) 维护好固定钳口并以其为基准，要保证机用虎钳的正确位置。当机用虎钳底面没有定位键时，应该使用百分表找正固定钳口面。

(3) 为使夹紧可靠，尽量增大工件与钳口工作面的接触面积，应用中间均等部位。

(4) 装夹工件不宜高出钳口过多，必要时可在两钳口处加适当厚度的垫板。

(5) 要确定适当的夹紧力，不可过小，也不能过大。不允许任意加长虎钳手柄。

(6) 在铣削时，应尽量使切削中的水平分力的方向指向固定钳口。

(7) 避免在夹紧时虎钳单边受力，必要时辅加支承垫铁。

(8) 夹持工件时，应在工件与钳口间加垫片，以防止划伤工件表面或钳口。垫片可用铜或铝等软质材料制作。

(9) 为提高万能(回转式)虎钳的刚性，增加切削稳定性，可将虎钳底座取下，把虎钳直接固定在工作台上。

2. 分度头

分度头是铣床，特别是万能铣床的重要附件。分度头安装在铣床工作台上，被加工工件支承在分度头主轴顶尖与尾座顶尖之间或夹持在卡盘上。分度头可以完成下列工作。

使工件周期地绕自身轴线回转一定角度，完成等分或不等分的圆周分度工作，如加工方头、六角头、齿轮、花键等。

通过配换挂轮，由分度头带动工件连续转动，并与工作台的纵向进给运动相配合，以加工螺旋齿轮、螺旋槽、阿基米德螺旋线凸轮等。

用卡盘夹持工件，使工件轴线相对于铣床工作台倾斜一定角度，以加工与工件轴线相交成一定角度的平面、沟槽等。

因此，分度头在单件、小批生产中得到了普遍应用。

分度头有直接分度头、万能分度头、光学分度头等类型，其中以万能分度头最为常用。常见的万能分度头有 FW125、FW200、FW250、FW300 等几种，代号中 F 代表分度头，W 代表万能型，后面的数字代表最大回转直径，单位为 mm。

1) 万能分度头的主要结构

万能分度头自带有挂轮架、交换齿轮、尾架、顶尖、拨叉、千斤顶、分度盘、三爪卡盘、法兰盘等附件。其主轴可在垂直平面内旋转(−5°～95°)以满足多种工作的需要。万能分度头主要结构如图 3.2-5 所示。

(1) 主轴。主轴前端可安装三爪自定心卡盘(或顶尖)及其他装卡附件，用以夹持工件。主轴后端可安装锥柄挂轮轴用作差动分度。

(2) 本体。本体内安装主轴及蜗轮、蜗杆。本体在支座内，可使主轴在垂直平面内由水平位置向上转动≤90°，向下转动≤5°。

(3) 支座。支座支承本体部件，通过底面的定位键与铣床工作台中间 T 型槽连接。用 T 型螺栓紧固在铣床工作台上。

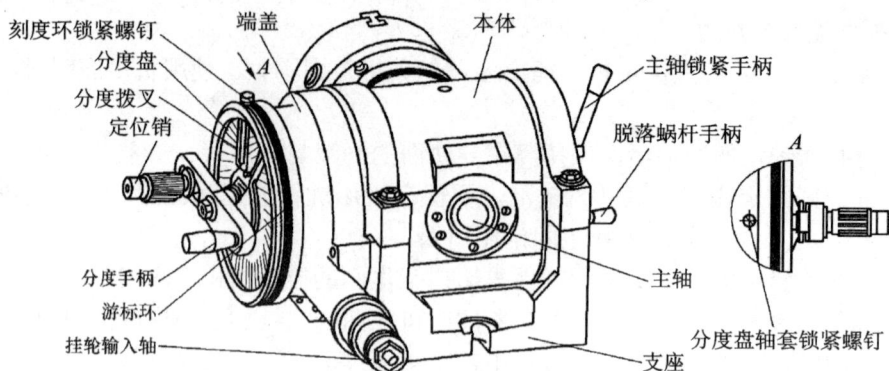

图 3.2-5 万能分度头的主要结构

(4) 端盖。端盖内装有两对啮合齿轮及挂轮输入轴，可以使动力输入本体内。

(5) 分度盘。分度盘两面都有多圈沿圆周均布的小孔，用于满足不同的分度要求。分度头带有两块分度盘。

第 1 块正面孔数依次为：24、25、28、30、34、37；反面孔数依次为：38、39、41、42、43。

第 2 块正面孔数依次为：46、47、49、51、53、54；反面孔数依次为：57、58、59、62、66。

(6) 蜗轮副间隙调整及蜗杆脱落机构。拧松蜗杆偏心套压紧螺母，操纵脱落蜗杆手柄使蜗轮与蜗杆脱开，可直接转动主轴，利用调整间隙螺母，可对蜗轮副间隙进行微调。

(7) 主轴锁紧机构。用分度头对工件进行切削时，为防止震动，在每次分度后可通过主轴锁紧机构对主轴进行锁紧。

2) 万能分度头的使用

使用分度头进行分度的方法有：直接分度、角度分度、简单分度、差动分度等。

(1) 直接分度。当分度精度要求较低或分度数较少时，可根据主轴上的刻度和本体上的游标直接读数进行分度。分度前须将分度盘轴套锁紧螺钉锁紧脱开脱落蜗杆手柄，松开主轴锁紧手柄。切削时必须锁紧主轴锁紧手柄后方可进行切削。

(2) 角度分度。当需分度的零件在图样上以角度值表示时，可直接利用分度盘或角度表按所需角度进行分度。分度手柄带动分度盘每旋转一周，分度头主轴转过 1/40 转，即分度值为 9°。分度前须将分度盘轴套锁紧螺钉锁紧。

(3) 简单分度。简单分度是最常用的分度方法，它利用分度盘上不同的孔数和定位销，通过计算来实现工件所需的等分数。简单分度法分度表见表 3.2-1。计算方法如下：

$$n = \frac{40}{z}$$

式中：n —— 定位销(即分度手柄)的转数；

z —— 工件所需等分数。

若计算值含分数，则在分度盘中选择具有该分母整数倍的孔圈数。

例：用分度头铣齿数 z 为 36 的直齿轮。

$$n = \frac{40}{36} = \frac{10}{9} = 1\frac{1}{9}$$

在分度盘中找到孔数为 $9 \times 6 = 54$ 的孔圈，代入上式：

$$n = \frac{40}{36} = \frac{10}{9} = 1\frac{1 \times 6}{9 \times 6} = 1\frac{6}{54}$$

操作方法：

先将分度盘轴套锁紧螺钉锁紧，再将定位销调整到 54 孔数的孔圈上，调整扇形拨叉含有 6 个孔距。此时，转动手柄使定位销旋转一圈再转过 6 个孔距。

例：等分数为 12 的分度头操作方法。

$$n = \frac{40}{12} = \frac{10}{3} = 3\frac{1 \times 8}{3 \times 8} = 3\frac{8}{24}$$

即分度头手柄转 3 圈，再在 24 的孔圈上转过 8 个孔距。

表 3.2-1　简单分度法分度表

工件等分数	分度盘孔数	手柄回转数	转过的孔距数	工件等分数	分度盘孔数	手柄回转数	转过的孔距数
2	任意	20	—	12	24	3	8
3	24	13	8	13	39	3	3
4	任意	10	—	14	28	2	24
5	任意	8	—	15	24	2	16
6	24	6	16	16	24	2	12
7	28	5	20	17	34	2	12
8	任意	5	—	18	54	2	12
9	54	4	24	19	38	2	4
10	任意	4	—	20	任意	2	—
11	66	3	42				

(4) 使用分度头时的注意事项：

① 分度时注意分度头的间隙问题。

② 校正分度头的端面与 Y 轴的平行，即分度头的轴线与 X 轴平行。

③ 校正尾座与分度头在同一直线上。

④ 工件装夹时注意卡爪是否会与刀具干涉。

3. 回转工作台

回转工作台是铣床上的主要装夹具之一，它可以辅助铣床完成各种曲面零件，如各种齿轮的曲线、零件上的圆弧等，以及需要分度零件，如齿轮、多边形等的铣削和分度刻线等零件的加工，又可以应用于插床和刨床以及其他机床。

数控回转工作台以水平方式安装于铣床或加工中心工作台面上，工作时利用主机的控制系统或专门配套的控制系统，完成与主机相协调的各种加工的分度回转运动。现在也将其安装在机床工作台上配置第四轴伺服电机，通过与 X、Y、Z 三轴的联动来完成被加工零件上的孔、槽及特殊曲线的加工。常见普通机床和数控机床用回转工作台如图 3.2-6 所示。

(a) 普通机床用回转工作台　　　　　　(b) 数控机床用回转工作台

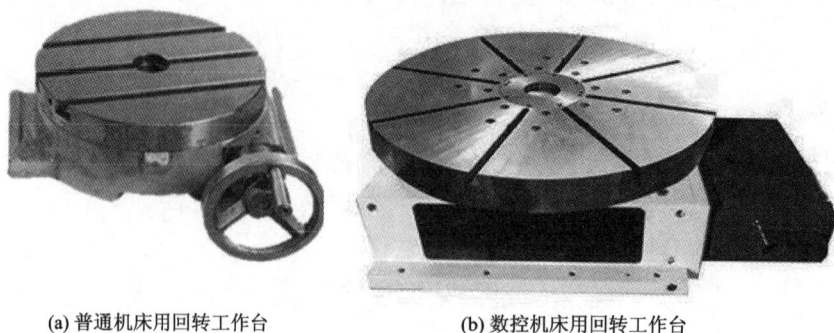

图 3.2-6　普通机床和数控机床用回转工作台

3.2.4　铣削参数的选择

1. 顺铣和逆铣的选择

顺铣法切入时的切削厚度最大，然后逐渐减小到零，如图 3.2-7(a)所示，因而避免了在已加工表面的冷硬层上滑走。实践表明，顺铣法可以提高铣刀耐用度 2 到 3 倍，工件的表面粗糙度值可以降低，尤其在铣削难加工材料时，效果更为显著。逆铣时，每齿所产生的水平分力均与进给方向相反，如图 3.2-7(b)所示，使铣刀工作台的丝杠与螺母在左侧始终接触。而顺铣时，由于水平分力与进给方向相同，铣削过程中切削面积又是变化的，因此水平分力也是忽大忽小。由于进给丝杠和螺母之间不可避免地有一定间隙，故当水平分力超过铣床工作台摩擦力时，使工作台带动丝杠向左窜动，丝杠与螺母传动右侧出现间隙，造成工作台颤动和进给不均匀，严重时会使铣刀崩刃。

顺铣与逆铣

每齿进给量　　　进给方向　　　　　　　　　进给方向

(a) 顺铣　　　　　　　　　　　　　(b) 逆铣

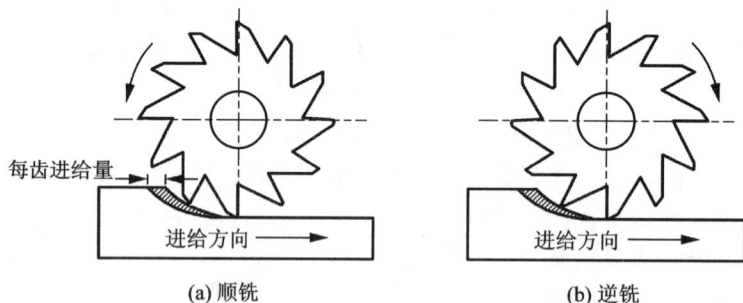

图 3.2-7　顺铣和逆铣

此外，在顺铣时遇到加工表面有硬皮，也会加速刀齿磨损。在逆铣时工作台不会发生窜动现象，铣削较平稳，但刀齿在已加工表面上挤压、滑行，不易下屑，使已加工表面产生严重冷硬层。

一般情况下，尤其是粗加工或是加工有硬皮的毛坯时，多采用逆铣。精加工时，加工余量小，铣削力小，不易引起工作台窜动，可采用顺铣。

2. 铣削用量的选择

铣削用量的选择应当根据工件的加工精度，铣刀的耐用度及机床的刚性而定，首先选定铣削深度，其次是每齿进给量，最后确定铣削速度。

粗加工时，因粗加工余量较大，精度要求不高，此时应当根据工艺系统刚性及刀具耐用度来选择铣削用量。一般选取较大的背吃刀量和侧吃刀量，使一次进给尽可能多地切除毛坯余量。在刀具性能允许条件下应以较大的每齿进给量进行切削，以提高生产率。

半精加工时，工件的加工余量一般在 0.5~2 mm，并且无硬皮，加工时主要降低表面粗糙度值，因此应选择较小的每齿进给量，而取较大的切削速度。

精加工时，加工余量很小，应当着重考虑刀具的磨损对加工精度的影响，因此宜选择较小的每齿进给量和较大的铣削速度进行铣削。

(1) 铣削加工余量的推荐值。铣平面的加工余量见表 3.2-2。

表 3.2-2　铣平面的加工余量　　　　　　　　mm

零件厚度	荒铣后粗铣						粗铣后半精铣					
	宽度≤200			200<宽度<400			宽度≤200			200<宽度<400		
	加工表面不同长度下的加工余量											
	≤100	>100~250	>250~400	≤100	>100~250	>250~400	≤100	>100~250	>250~400	≤100	>100~250	>250~400
6~30	1.0	1.2	1.5	1.2	1.5	1.7	0.7	1.0	1.0	1.0	1.0	1.0
30~50	1.0	1.5	1.7	1.5	1.5	2.0	1.0	1.0	1.2	1.0	1.2	1.2
>50	1.5	1.7	2.0	1.7	2.0	2.5	1.0	1.3	1.5	1.3	1.5	1.5

(2) 铣削加工进给量(f)。

$$f = f_z z$$

式中：f_z——每齿进给量，铣削加工每齿进给量推荐值见表 3.2-3；

z——铣刀齿数。

表 3.2-3　铣削加工每齿进给量推荐值　　　　　　　　mm/z

工件材料	工件材料硬度/HB	硬 质 合 金		高 速 钢			
		端铣刀	三面刃铣刀	圆柱铣刀	立铣刀	端铣刀	三面刃铣刀
低碳钢	~150	0.20~0.4	0.15~0.30	0.12~0.20	0.04~0.20	0.15~0.30	0.12~0.2
	150~200	0.20~0.35	0.12~0.25	0.12~0.20	0.03~0.18	0.15~0.30	0.10~0.15
中、高碳钢	120~180	0.15~0.5	0.15~0.3	0.12~0.2	0.05~0.2	0.15~0.30	0.12~0.2
	180~220	0.15~0.4	0.12~0.25	0.12~0.2	0.04~0.2	0.15~0.25	0.07~0.15
	220~300	0.12~0.25	0.07~0.20	0.07~0.15	0.03~0.15	0.1~0.20	0.05~0.12
灰铸铁	150~180	0.2~0.5	0.12~0.3	0.2~0.3	0.07~0.18	0.2~0.35	0.15~0.25
	180~220	0.2~0.4	0.12~0.25	0.15~0.25	0.05~0.15	0.15~0.3	0.12~0.20
	220~300	0.15~0.3	0.10~0.20	0.1~0.2	0.03~0.10	0.10~0.15	0.07~0.12

工件 材　料	工件材料硬 度/HB	硬 质 合 金		高 速 钢			
		端铣刀	三面刃 铣刀	圆柱铣刀	立铣刀	端铣刀	三面刃 铣刀
可锻铸铁	110～160	0.2～0.5	0.1～0.3	0.2～0.35	0.08～0.2	0.2～0.4	0.15～0.25
	160～200	0.2～0.4	0.1～0.25	0.2～0.3	0.07～0.2	0.2～0.35	0.15～0.2
	200～240	0.15～0.3	0.1～0.2	0.12～0.25	0.05～0.15	0.15～0.3	0.12～0.2
	240～280	0.1～0.3	0.1～0.15	0.1～0.2	0.02～0.08	0.1～0.2	0.07～0.12
含 C＜3% 合金钢	125～170	0.15～0.5	0.12～0.3	0.12～0.2	0.05～0.2	0.15～0.3	0.12～0.2
	170～220	0.15～0.4	0.12～0.25	0.1～0.2	0.01～0.1	0.15～0.25	0.07～0.15
	220～280	0.1～0.3	0.08～0.2	0.07～0.12	0.03～0.08	0.12～0.2	0.07～0.12
	280～320	0.03～0.2	0.05～0.15	0.05～0.1	0.025～0.05	0.07～0.12	0.05～0.1
含 C＞3% 合金钢	170～220	0.125～0.4	0.12～0.3	0.12～0.2	0.12～0.2	0.15～0.25	0.07～0.15
	220～280	0.1～0.3	0.08～0.2	0.07～0.15	0.07～0.15	0.12～0.2	0.07～0.12
	280～320	0.08～0.2	0.05～0.15	0.05～0.12	0.05～0.12	0.07～0.12	0.05～0.1
	320～380	0.06～0.15	0.05～0.12	0.05～0.1	0.05～0.1	0.05～0.1	0.05～0.1
工具钢	退火状态	0.15～0.5	0.12～0.3	0.07～0.15	0.05～0.1	0.12～0.2	0.07～0.15
	36HRC	0.12～0.25	0.08～0.15	0.05～0.1	0.03～0.08	0.07～0.12	0.05～0.1
	46HRC	0.1～0.2	0.06～0.12	—	—	—	—
	56HRC	0.07～0.1	0.05～0.1	—	—	—	—
镁合金钢	95～100	0.15～0.38	0.125～0.3	0.15～0.2	0.05～0.15	0.2～0.3	0.07～0.2

(3) 铣削加工切削速度(v_c)的推荐值见表 3.2-4 和表 3.2-5。

表 3.2-4　铣削时的切削速度

工件材料	硬度/HB	切削速度/(m/min)	
		高速钢铣刀	硬质合金铣刀
低、中碳钢	＜220	20～40	75～150
高碳钢	225～290	15～35	70～125
	300～425	10～15	60～115
	＜220	20～35	54～90
	225～325	15～25	45～75
	325～375	10～12	36～60
	375～425	5～10	60～130
合金钢	＜220	15～35	50～105
	225～325	10～25	35～50
	325～425	5～10	35～45
工具钢	220～250	12～25	45～68
铸钢	—	15～25	36～54

续表

工件材料	硬度/HB	切削速度/(m/min)	
		高速钢铣刀	硬质合金铣刀
灰铸铁	100～140	25～35	75～130
	150～225	15～20	60～120
	230～290	10～18	55～100
	300～320	5～10	37～80
可锻铸铁	110～160	40～50	30～60
	150～200	25～35	45～83
	200～240	15～25	110～150
	240～280	10～20	68～120
铝合金	—	180～300	60～105
黄铜	—	60～90	45～90
青铜	—	30～50	21～30

表 3.2-5 铣削加工常用切削速度经验值   m/min

工件材料		铸铁		钢及其合金		铝及其合金	
刀具材料		高速钢	硬质合金	高速钢	硬质合金	高速钢	硬质合金
铣	粗铣	10～20	40～60	15～25	50～80	150～200	350～500
	精铣	20～30	60～120	20～40	80～150	200～300	500～800
镗	粗镗	20～25	35～50	15～30	50～70	80～150	100～200
	精镗	30～40	60～80	40～50	90～120	150～300	200～400
钻 孔		15～25	—	10～20	—	50～70	—
扩孔	通孔	10～15	30～40	10～20	35～60	30～40	—
	沉孔	8～12	25～30	8～11	30～50	20～30	—
铰孔		6～10	30～50	6～20	20～50	50～75	—
攻螺纹		2.5～5	—	1.5～5	—	5～15	—

3.3 磨 削

3.3.1 磨床

　　磨床是用磨具(砂轮、砂带、油石、研磨料)为工具进行切削加工的机床，主要用于精加工和硬表面的加工。磨床的类型有外圆磨床、内圆磨床、平面磨床、工具磨

平面磨削

内圆磨削

床、刀具磨床和其他各种专门磨床。

1．外圆磨床

M1432A 型万能外圆磨床主要用于磨削圆形或圆锥形的外圆和内孔，通用性较大，自动化程度不高，适用于单件小批量生产，外形结构如图 3.3-1 所示。

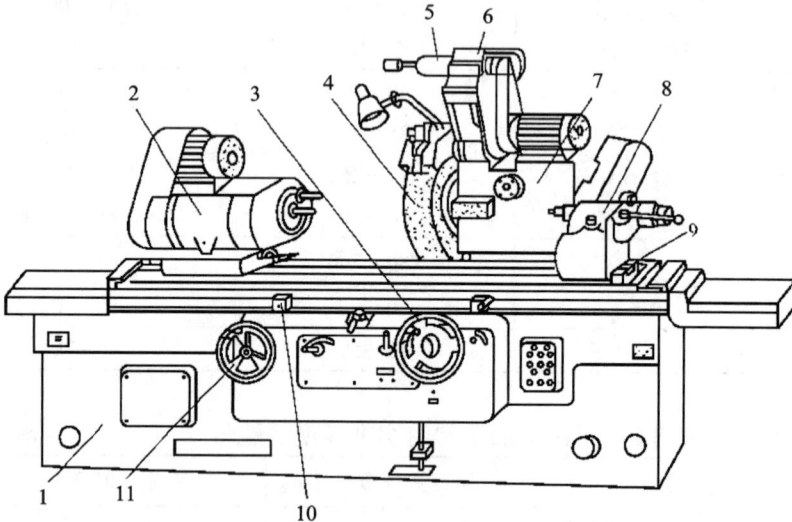

1—床身；
2—头架；
3—横向进给手轮；
4—砂轮；
5—内圆磨具；
6—内圆磨头；
7—砂轮架；
8—尾座；
9—工作台；
10—挡块；
11—纵向进给手轮

图 3.3-1　M1432A 型万能外圆磨床

2．平面磨床

(1) 平面磨床的类型。平面磨床有：卧轴矩台平面磨床(应用最广)、立轴矩台平面磨床、卧轴圆台平面磨床、立轴圆台平面磨床，如图 3.3-2 所示。

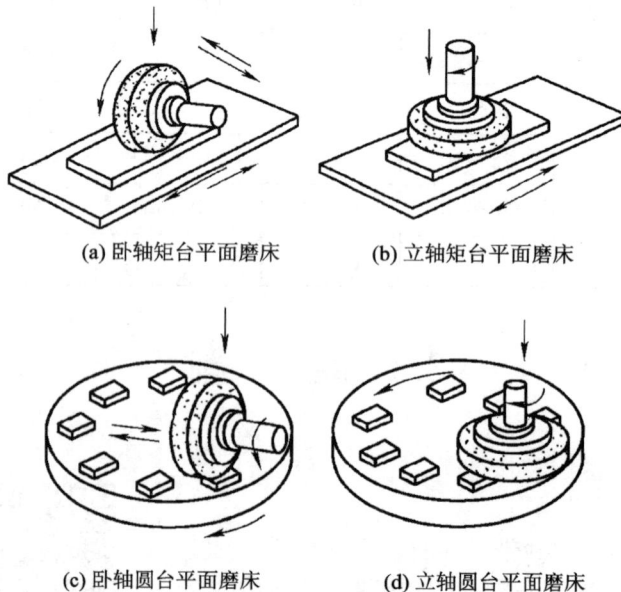

(a) 卧轴矩台平面磨床　　(b) 立轴矩台平面磨床

(c) 卧轴圆台平面磨床　　(d) 立轴圆台平面磨床

图 3.3-2　平面磨床的类型

(2) M7120 型平面磨床组成见图 3.3-3。

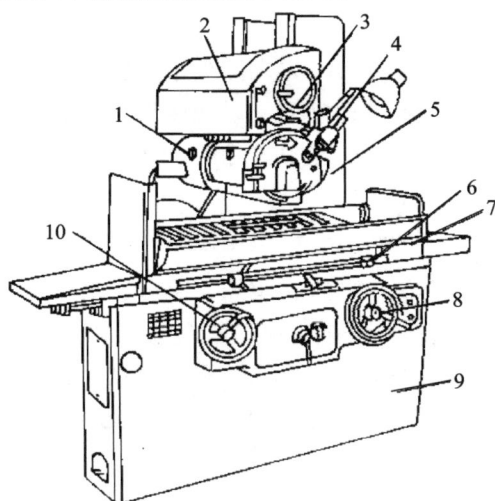

1—磨头;
2—床鞍;
3—横向手轮;
4—修整器;
5—立柱;
6—挡块;
7—工作台;
8—升降手轮;
9—床身;
10—纵向手轮

M7120 型平面磨床

图 3.3-3　M7120 型平面磨床

3.3.2　砂轮及其用途

磨削是目前半精加工和精加工的主要加工方法之一,砂轮则是磨削加工中的重要刀具,砂轮是由结合剂将磨料颗粒黏结而成的多孔体。砂轮一般安装在平面磨床、外圆磨床和内圆磨床上使用,也可安装在砂轮机上刃磨刀具。故磨削的方式有外圆磨削、内孔磨削、平面磨削、成形磨削、螺纹磨削、齿轮磨削等,如图 3.3-4 所示。

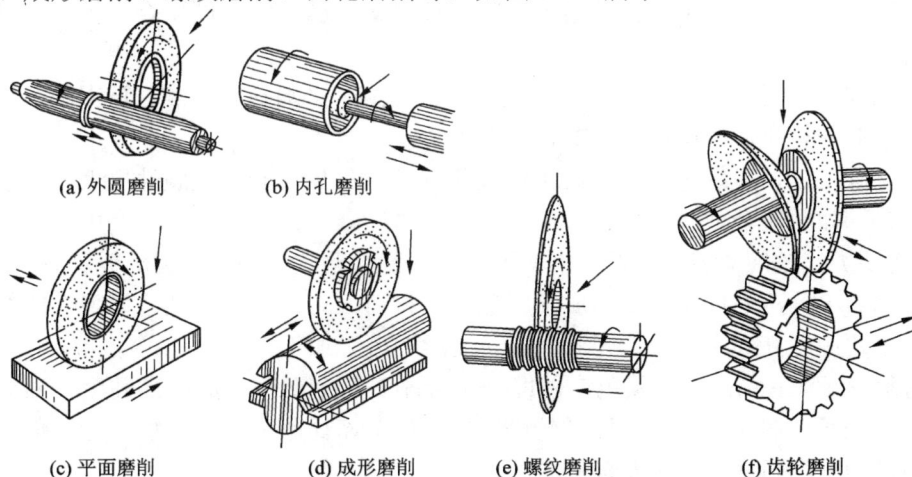

(a) 外圆磨削　　(b) 内孔磨削

(c) 平面磨削　　(d) 成形磨削　　(e) 螺纹磨削　　(f) 齿轮磨削

图 3.3-4　磨削加工方式

根据不同的用途、磨削方式和磨床的类型,砂轮被制成各种形状和尺寸,常用的砂轮有平形砂轮、筒形砂轮、双斜边砂轮、杯形砂轮、碗形砂轮、碟形砂轮等,如图 3.3-4 所示。

3.3.3　磨削加工的选择与应用

1. 磨削加工与其他加工的区别

(1) 加工精度高。数控车、铣加工精度可达 IT5 到 IT6,表面粗糙度 Ra 为 0.32～1.25 μm;

高精度外圆磨床的精密磨削尺寸精度可达 0.2 μm，圆度可达 0.1 μm，表面粗糙度 Ra 可控制到 0.01 μm。

(2) 加工范围广。磨削不但可以加工软材料，如未淬火钢、铸铁和有色金属等，而且还可以加工硬度很高的材料，如淬火钢、各种切削刀具以及硬质合金等。

(3) 磨削层深度小。磨削时，在一次走刀过程中去除的金属层较薄，切削深度小，特别适合精度要求高、加工余量小的零件加工。

2. 砂轮的特性

砂轮的特性包括：磨料、粒度、结合剂、硬度、组织、强度、形状和尺寸等。

(1) 磨料：砂轮中磨粒的材料称为磨料。磨削中磨粒担负着切削工作，接受剧烈挤压、摩擦以及高温作用，因此磨料必须具备高硬度、高耐热性和一定韧性。

磨料分为天然和人造两类，天然磨料有刚玉类、金刚石等。刚玉类含杂质多且不稳定，天然金刚石又价格昂贵，加工中较少使用。目前应用较多的是人造磨料。常用磨料种类和特性如下：

① 刚玉类：主要成分是三氧化二铝(Al_2O_3)，适合磨削抗拉强度高的材料，如各种钢材。常见的刚玉类磨料有：

棕刚玉(A)，棕褐色，用它制造的陶瓷结合剂砂轮呈蓝色。硬度和韧性好，适于磨削碳钢、合金钢、硬青铜等材料，且价格便宜。

白刚玉(WA)，呈白色，较棕刚玉硬而脆，磨粒锋利，适于精磨淬硬钢、高速钢以及易变形的工件。

② 碳化硅类：主要成分是碳化硅(SiC)，磨料的硬度和脆性比刚玉类高，磨粒也更锋利，不宜磨削钢类等韧性金属，适用于磨削脆性材料，如铸铁、硬质合金等。常见的碳化硅类磨料有：

黑碳化硅(C)，磨料呈黑色，有金属光泽，硬度高，磨料棱角锋利，但很脆，较适于磨削抗拉强度低的材料，如铸铁、黄铜、青铜等。

绿碳化硅(GC)，呈绿色，硬度比黑色碳化硅高，刃口锋利，但脆性更大，适于磨削硬而脆的材料，如硬质合金等。

③ 超硬类：超硬类磨料是近年来使用的新型磨料。常见的超硬类磨料有：

造金刚石(SD)，是目前已知物质硬度最高的材料，刃口异常锋利，切削性能好，但价格昂贵。主要用于高硬度材料如硬质合金、光学玻璃等加工。

立方氮化硼(CBN)，呈棕黑色，硬度低于金刚石，主要用于磨削高硬度、高韧性的难加工材料。经验证明，立方氮化硼砂轮磨削钢料的效率比刚玉类砂轮要高近百倍，比金刚石高 5 倍，但磨削脆性材料不及金刚石。

(2) 粒度：粒度是表示磨粒尺寸大小的参数，对磨削表面的粗糙度和磨削效率有很大影响。粒度粗，即磨粒大，磨削深度大，效率高，但加工质量差；反之粒度小，加工表面质量好，但效率低。另外粒度细，砂轮与工件接触面摩擦大，发热量大，易灼伤工件。

(3) 结合剂：结合剂是将磨粒黏结成各种砂轮的材料，其种类及性能决定了砂轮的硬度、强度以及耐腐蚀的能力。

(4) 硬度：砂轮的硬度是指结合剂黏结磨粒的牢固程序，即磨粒从砂轮表面上脱落下来的难易程度。磨粒不易脱落的，称为硬砂轮，反之称软砂轮。

(5) 组织：组织是表示砂轮内部结构松紧程序的参数。砂轮的松紧程序与磨粒、结合剂和气孔三者的体积比例有关。砂轮组织号从 0 到 14 共分 15 级，表示磨粒占砂轮体积百分比依次减小，磨粒与磨粒之间的空隙依次增大。

3．砂轮的选择

(1) 磨削硬材料应选择软的、粒度号大的砂轮，磨削软材料应选择硬的、粒度号小的、组织号大的砂轮。这样砂轮损耗小，也不易堵塞。

(2) 粗磨时为了提高生产率要选择粒度号小、软的砂轮。精磨时为了提高工件表面质量要选择粒度号大、硬的砂轮。

(3) 大面积磨削或薄壁件磨削时应选择粒度号小、组织号大、软的砂轮。这样砂轮不易堵塞，工件表面不易烧伤，工件也不易变形。

(4) 成形磨削选择粒度号大、组织号小、硬的砂轮，以保持砂轮的廓形。

3.3.4 吸盘

吸盘主要适用于磨床、车床、钳工划线等吸持工件加工。常用的永磁吸盘和电磁吸盘分别如图 3.3-5 和图 3.3-6 所示。各类吸盘的共同特点是磁盘在结构上有收集磁盘空间和机床床身弥散磁力线的功能，从而使磁盘的侧面、端面、顶面都有吸持工件的能力，利用导磁元件实现异形工件定位，特别适合加工模具使用。

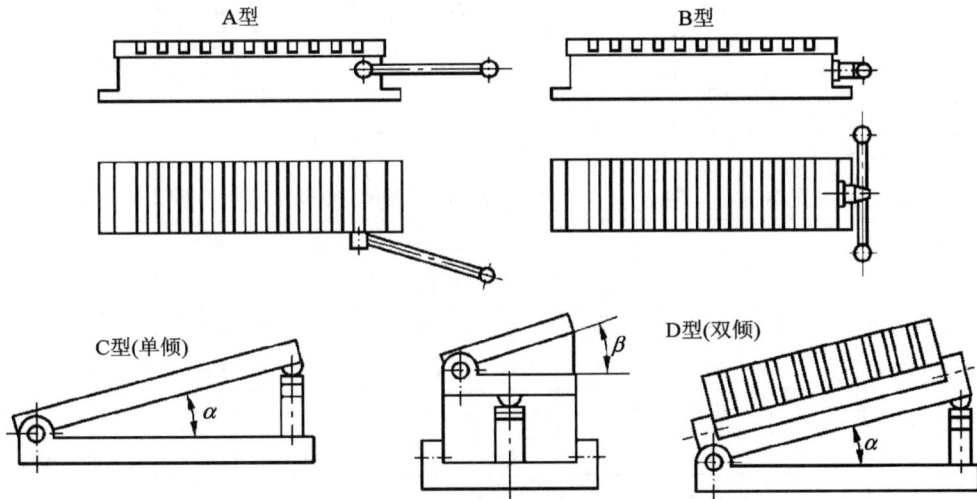

图 3.3-5　矩形永磁吸盘类型

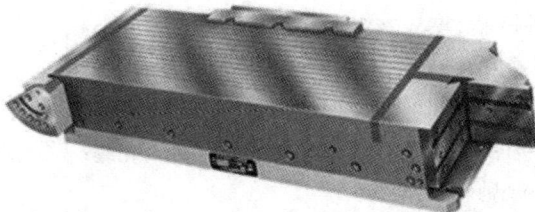

图 3.3-6　磨床用多功能强力电磁吸盘

3.3.5 磨削加工余量

磨削加工余量见表 3.3-1～表 3.3-4。

表 3.3-1 磨平面的加工余量　　　　mm

零件厚度	第一种					
	未热处理零件的终磨					
	宽度≤200			宽度>200～400		
	加工表面不同长度下的加工余量					
	≤100	>100～250	>250～400	≤100	>100～250	>250～400
>6～30	0.3	0.3	0.5	0.3	0.5	0.5
>30～50	0.5	0.5	0.5	0.5	0.5	0.5
>50	0.5	0.5	0.5	0.5	0.5	0.5

零件厚度	第二种											
	热处理后											
	粗磨						半精磨					
	宽度≤200			宽度>200～400			宽度≤200			宽度>200～400		
	加工表面不同长度下的加工余量											
	≤100	>100～250	>250～400	≤100	>100～250	>250～400	≤100	>100～250	>250～400	≤100	>100～250	>250～400
>6～30	0.2	0.2	0.3	0.2	0.3	0.3	0.1	0.1	0.2	0.1	0.2	0.2
>30～50	0.3	0.3	0.3	0.3	0.3	0.3	0.2	0.2	0.2	0.2	0.2	0.2
>50	0.3	0.3	0.3	0.3	0.3	0.3	0.2	0.2	0.2	0.2	0.2	0.2

表 3.3-2 轴、套、环类零件内孔热处理后的磨削余量　　　　mm

孔径公称尺寸	<10	11~18	19~30	31~50	51~80	81~120	121~180	181~200	201~360	361~500
一般孔余量	0.20~0.30	0.25~0.35	0.30~0.45	0.35~0.50	0.40~0.60	0.50~0.75	0.60~0.90	0.65~1.00	0.80~1.00	0.85~1.30
复杂孔余量	0.25~0.40	0.35~0.45	0.40~0.50	0.50~0.65	0.60~0.80	0.70~1.00	0.80~1.20	0.90~1.35	1.05~1.50	1.15~1.75

注：(1) 碳素钢工件一般均用水或水—油淬，孔变形较大，应选用上限；薄壁零件(外径/内径<2)应取上限。

(2) 合金钢薄壁零件(外径/内径<1.25)应取上限。

(3) 合金钢零件渗碳后采用二次淬火工件应取上限。

(4) 同一工件上有大小不同的孔时，应以大孔计算。

(5) "一般孔"指零件形状简单、对称，孔是光滑圆孔或内花键；"复杂孔"指零件形状复杂，不对称、薄壁、孔形不规则。

(6) 外径/内径<1.5 的高频感应淬火件，内孔留余量应减少 40%～50%，外圆留余量加大 30%～40%。

表 3.3-3　渗碳零件磨削余量　　　　　　　　　　mm

公称渗碳深度	0.3	0.5	0.9	1.3	1.7
放磨量	0.15~0.20	0.20~0.25	0.25~0.30	0.35~0.40	0.45~0.50
实际渗碳深度	0.4~0.6	0.7~1.0	1.0~1.4	1.5~1.9	2.0~2.5

表 3.3-4　轴、杆类零件外圆热处理后的磨削余量　　　　　　　　　　mm

直径或厚度	长 度										
	≤50	51~100	101~200	201~300	301~450	451~600	601~800	801~1000	1001~1300	1301~1600	1601~2000
≤5	0.25~0.45	0.45~0.55	0.55~0.65								
6~10	0.30~0.40	0.40~0.50	0.50~0.60	0.55~0.65							
11~20	0.25~0.35	0.35~0.45	0.45~0.55	0.50~0.60	0.55~0.65						
21~30	0.30~0.40	0.30~0.40	0.35~0.45	0.40~0.50	0.45~0.55	0.50~0.60	0.55~0.65				
31~50	0.35~0.45	0.35~0.45	0.35~0.45	0.40~0.50	0.40~0.50	0.40~0.5	0.50~0.60	0.6~0.7			
51~80	0.40~0.50	0.40~0.50	0.40~0.50	0.40~0.50	0.40~0.50	0.40~0.50	0.50~0.60	0.55~0.65	0.60~0.70	0.70~0.80	0.85~1.00
81~120	0.50~0.60	0.50~0.60	0.50~0.60	0.50~0.60	0.50~0.60	0.50~0.60	0.60~0.70	0.65~0.70	0.65~0.80	0.75~0.90	0.85~1.00
121~180	0.60~0.70	0.60~0.70	0.60~0.70	0.60~0.70	0.60~0.70						
181~260	0.70~0.90	0.70~0.90	0.70~0.90	0.70~0.90							

注：(1) 粗磨后需人工时效的零件，余量应较上表增加 50%。

　　(2) 此表为断面均匀/全部淬火的零件的余量，特别零件另行解决。

　　(3) 全长 1/3 以下局部淬火者可取下限，淬火长度大于 1/3 按全长处理。

　　(4) φ80mm 以上短实心轴可取下限。

　　(5) 高频感应淬火可取下限。

3.4　传动轴的工艺规程设计

1. 分析传动轴图纸

减速机中的传动轴属于台阶轴类零件，由圆柱面、轴肩、螺纹、螺尾退刀槽、砂轮越程槽和键槽等组成。轴肩一般用来确定安装在轴上零件的轴向位置，各环槽的作用是使零件装配时有一个正确的位置，并使加工中磨削外圆或车螺纹时退刀方便；键槽用于安装键，以传递转矩；螺纹用于安装各种锁紧螺母和调整螺母。

根据工作性能与条件，该传动轴零件图中规定了主要轴颈$\phi30 \pm 0.065$(单位：mm)、$\phi45 \pm 0.08$、外圆$\phi35 \pm 0.08$ 有较高的尺寸、位置精度和较小的表面粗糙度值，并有热处理要求。这些技术要求必须在加工中给予保证。因此，该传动轴的关键工序是轴颈$\phi30 \pm 0.065$、$\phi45 \pm 0.08$ 和外圆$\phi35 \pm 0.08$ 的加工。

2. 确定毛坯

该传动轴材料为 45 钢，因其属于一般传动轴，故选 45 钢可满足要求。本例传动轴属于中、小传动轴，并且各外圆直径尺寸相差不大，故选择$\phi60$ mm 的热轧圆钢作毛坯。

3. 确定主要表面的加工方法

传动轴大都是回转表面，主要采用车削与外圆磨削加工。由于该传动轴的主要表面$\phi30 \pm 0.065$、$\phi45 \pm 0.08$ 和$\phi35 \pm 0.08$ 的公差等级较高(IT6)，表面粗糙度值较小(Ra 为 0.8 μm)，故车削后还需磨削。外圆的加工总体方案可定为：粗车→半精车→磨削。

4. 确定定位基准

合理选择定位基准，对于保证零件的尺寸和位置精度有着决定性的作用。由于该传动轴的两个主要配合表面($\phi35 \pm 0.08$)对基准线均有径向圆跳动的要求，它又是实心轴，所以应选择两端中心孔为基准，采用双顶尖装夹方法，以保证零件的技术要求。

粗基准采用热轧圆钢的毛坯外圆。中心孔加工采用自定心卡盘装夹毛坯外圆，车端面、钻中心孔。必须注意，一般不能用毛坯外圆装夹两次钻两端中心孔，而应该以毛坯外圆作粗基准，先加工一个端面，钻中心孔，车出一端外圆；然后以已车过的外圆作基准，用自定心卡盘装夹(有时在上工步已车外圆处搭中心架)，车另一端面，钻中心孔。如此加工中心孔，才能保证两端中心孔同轴。

5. 划分加工阶段

对精度要求较高的零件，其粗、精加工应分开，以保证零件的质量。

该传动轴的加工划分为三个阶段：粗车(粗车外圆、钻中心孔等)，半精车(半精车各处外圆、台阶和修研中心孔及次要表面等)，粗、精磨(粗、精磨各处外圆)。各阶段划分大致以热处理为界。

6. 热处理工序安排

轴的热处理要根据其材料和使用要求确定。对于传动轴，正火、调质和表面淬火用得较多。该轴要求调质处理，应安排在粗车各外圆之后，半精车各外圆之前。

综合上述分析，传动轴的工艺路线如下：

下料→车两端面，钻中心孔→粗车各外圆→调质→修研中心孔→半精车各外圆，车槽，倒角→车螺纹→划键槽加工线→铣键槽→修研中心孔→磨削→检验。

7. 加工尺寸和切削用量

传动轴磨削余量可取 0.5 mm，半精车余量可选用 1.5 mm。加工尺寸可由此而定，见该轴加工工艺过程卡片(见表 3.4-1)的工序工步内容。

单件、小批量生产时，车削用量的选择可根据加工情况由机床操作者确定，一般可从《机械加工工艺手册》或《切削用量手册》中选取。

8. 拟定工艺过程

定位精基准中心孔应在粗加工之前加工，在调质之后和磨削之前各需安排一次修研中心孔的工序。调质之后修研中心孔可消除中心孔的热处理变形和氧化皮，磨削之前修研中心孔是为提高定位精基准的精度和减小定位锥面的表面粗糙度值。拟定传动轴的工艺过程时，在考虑主要表面加工的同时，还要考虑次要表面的加工。在半精加工 $\phi52$ mm、$\phi44$ mm 及 M24 时，应车到图样规定的尺寸，同时加工出各退刀槽、倒角和螺纹；三个键槽应在半精车后磨削之前铣出，这样可保证铣键槽时有较精确的定位基准，又可避免在精磨后铣键槽破坏已精加工的外圆表面。

在拟定工艺过程时，应考虑检验工序的安排、检查项目及检验方法的确定。综合所述，所确定的该传动轴的加工工艺过程见表 3.4-1。

这里要注意的是，这种轴类件的生产批量都不大，加工工艺是按中、小批量编制的，车削工序较集中。如果是大批量生产，则可考虑采用专用机床和专业夹具等，工序也可根据生产批量的增加适当分散。

传动轴工序 9 的机械加工工序卡片见表 3.4-2。

表 3.4-1 传动轴机械加工工艺过程卡片

机械加工工艺过程卡片		产品型号	JSX	零部件图号	JSX-006		
		产品名称	减速机	零部件名称	传动轴	共 2 页	第 1 页
材料牌号	45	毛坯种类	热轧圆钢	毛坯外形尺寸	$\phi60\times265$	每毛坯可制件数	1	每台件数	1

工序号	工序名称	工序工步内容	设备	工艺装备			工时	
				夹具	刀具	量具	准终	单件
1	钳	$\phi600\times265$	锯床			钢直尺		

工序号	工序名称	工序工步内容	设备	工艺装备			工时	
				夹具	刀具	量具	准终	单件
2	车	1. 夹外圆,伸出长度 30 mm,车右端面见平,钻中心孔 2. 拉出,一夹一顶,粗车ϕ45 mm、ϕ35 mm、右端 M24 处外圆,留余量 2 mm 3. 调头,夹ϕ45 mm 并靠台肩,车另一端面,保证总长 250 mm,钻中心孔 4. 一夹一顶,粗车左端ϕ52、ϕ35 mm、ϕ30 mm、M24 mm 处外圆,各外圆留余量 2 mm	车床	自定心卡盘	端面车刀,外圆车刀,中心钻	0～300 mm 游标卡尺		
3	热处理	调质处理 220～240HBW						
4	钳	修研两端中心孔	车床					
5	车	1. 两顶尖装夹,半精车ϕ45 mm、ϕ35 mm、M24mm 外圆,留余量 0.5 mm;半精车环槽 3 处,倒外角 3 处,车螺纹 M24 × 1.5-6 g 2. 调头,两顶尖装夹,半精车ϕ35 mm、ϕ30 mm、M24 mm 外圆,留余量 0.5 mm;半精车环槽 3 处,倒外角 4 处;车螺纹 M24 × 1.5-6g	车床	双顶尖	端面车刀,外圆车刀,螺纹车刀	0～300 mm 游标卡尺,螺纹环规		
6	钳	划 2 个键槽及 1 个止动垫圈槽加工线	钳工台		V 形铁,划针	钢直尺		
7	铣	1. 铣键槽 12 mm × 36 mm,8 mm × 14 mm,键槽深度要考虑磨削余量 2. 铣止动垫圈槽 6 mm × 16 mm,保证尺寸 20.5 mm	铣床	分度头顶尖	铣刀	百分表,0～125 mm 游标卡尺		
8	钳	修研两端中心孔	车床	油石				
9	磨	1. 磨外圆ϕ45 ± 0.08、ϕ35 ± 0.08 至尺寸 2. 调头,磨外圆ϕ35 ± 0.08、ϕ30 ± 0.065 至尺寸 3. 检验	外圆磨床	双顶尖	砂轮	25～50 mm 外径千分尺,百分表		

编制	日期	编写	日期	校对	日期	审核	日期

表 3.4-2 传动轴的机械加工工序卡片

机械加工工序卡片	产品型号及规格	图号	名称	工序名称	工艺文件编号
	JSX 减速机	JSX-006	传动轴	磨外圆	

材料牌号及名称	毛坯外形尺寸
45	
零件毛重	零件净重	硬度
设备型号	设备名称
MW1420C	外圆磨床
专用工艺装备	
名称	代号
机动时间	单件工时定额	每台件数
15 min	90 min	
技术等级	切削液
	乳化液

工序号	工步号	工序工步内容	刀具名称规格	量检具名称规格	切削用量			
					切削速度/(m/s)	切削深度/mm	工件速度/(m/min)	转速/(r/min)
9	1	磨外圆面$\phi45\pm0.08$、$\phi35\pm0.08$(右侧)至尺寸	砂轮	25~50 mm 外径千分尺	30	0.03	25	
	2	调头，磨外圆面$\phi35\pm0.08$(左侧)、$\phi30\pm0.065$	砂轮		30	0.03	25	
				编制	校对	会签	复制

修改标记	处数	文件号	签字	日期	修改标记	处数	文件号	签字	日期

3.5 轴类零件的检验方法

轴类零件的检验方法见表 3.5-1。

表 3.5-1　轴类零件的检验

检验项目	示　图	检验工具	检验方法和计算
轴 的 直 径	(一) 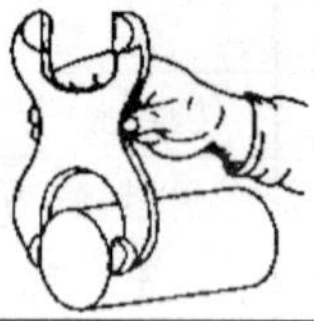	量规	先用量规的过端检验，再用另一端的不过端检验。如果过端能通过，不过端不能通过，则表示该轴径合格
	(二) 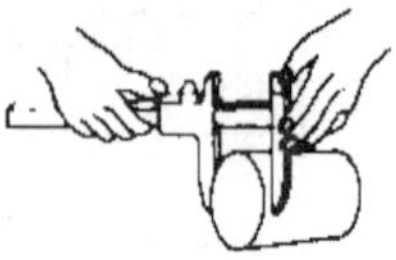	游标卡尺	右手握住尺身，左手扶住固定卡脚，卡爪自上向下放在被测件上
	(三) 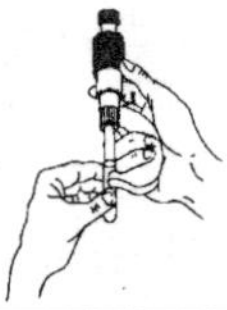	0～25 mm 千分尺	右手的两个手指将尺架压在手心中，拇指和食指调整活动套管。左手捏住被测件(小尺寸)，将被测件千分尺的两个测量面之间
	(四) 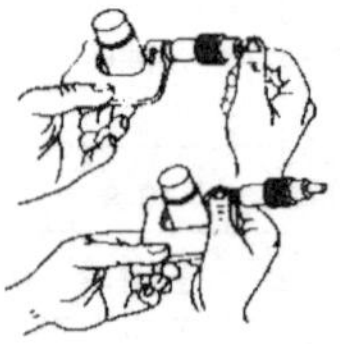	25～50 mm 千分尺	检验中等尺寸轴径，左手握尺架，右手调整活动套管的尺寸
	(五) 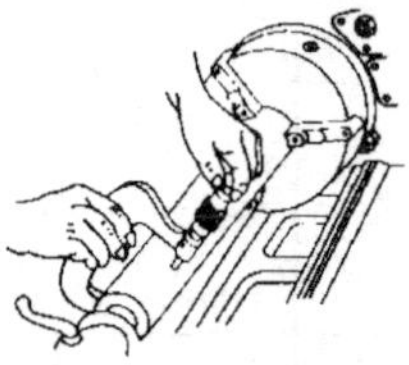	大型千分尺	检验大尺寸轴径。右手握尺架，左手调整活动套管的尺寸
大 直 径 轴 类 直 径	(一) 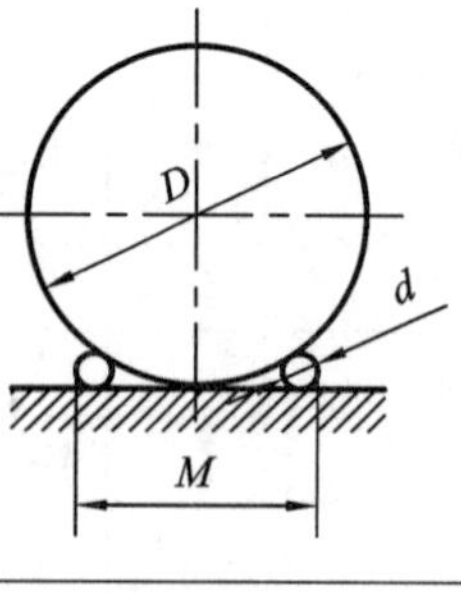	圆棒，千分尺，游标卡尺	$D = \dfrac{(M-d)^2}{4d}$ D——被测件直径(mm)； d——圆棒直径(mm)； M——两圆棒外测距离(mm)
	(二) 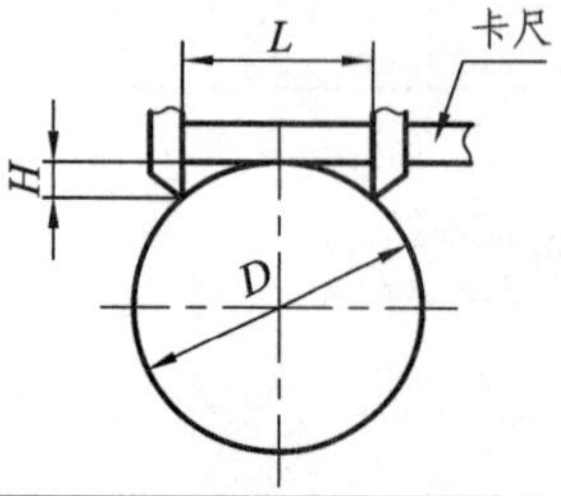	游标卡尺	$D = \dfrac{L^2}{4H} + H$ D——被测件直径(mm)； H——卡尺上卡爪高度(mm)； L——卡尺上的尺寸(mm)

检验项目	示 图	检验工具	检验方法和计算
直线度	(一) 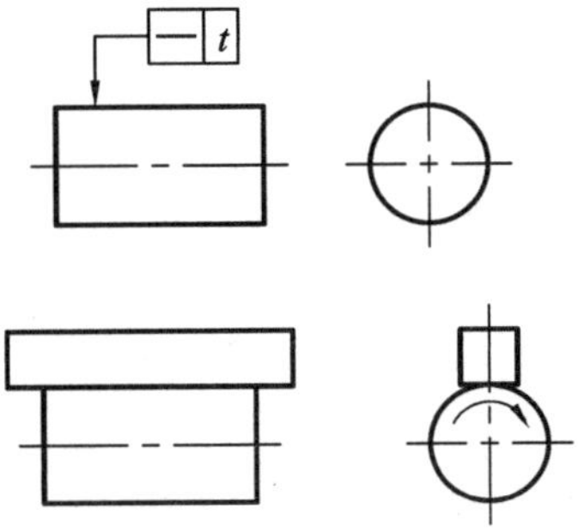	平尺,刀口尺	1. 将平尺(或刀口尺)与被测素线直接接触,并使两者之间的最大间隙为最小,此时的最大间隙即为该条被测素线的直线度误差。误差的大小应根据光隙测定。当光隙较大时可用厚薄规测量; 2. 按上述方法测量若干条素线,取其中最大的误差值作为该被测零件的直线度误差
	(二) 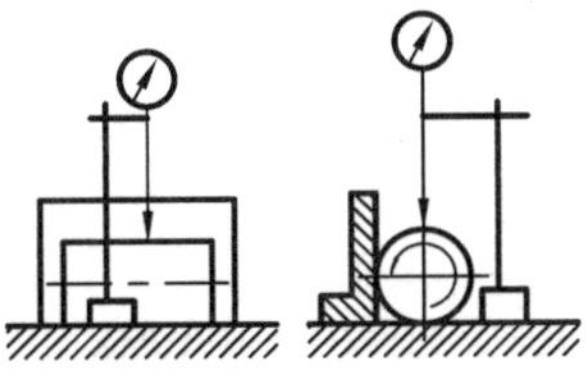	百分表	1. 将被测零件放在平板上,并使其紧靠在直角铁上。用百分表在被测素线的全长范围内测量; 2. 按上述方法测量若干条素线,取其中最大的误差值作为该被测零件的直线度误差
	(三) 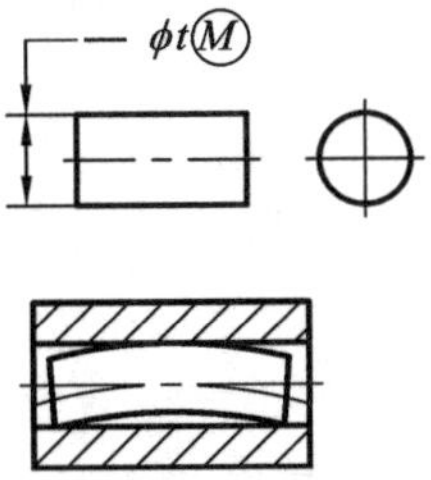	量规	用综合量规检验,综合量规的直径等于被测零件的实效尺寸。综合量规必须通过被测零件
圆度	(一) 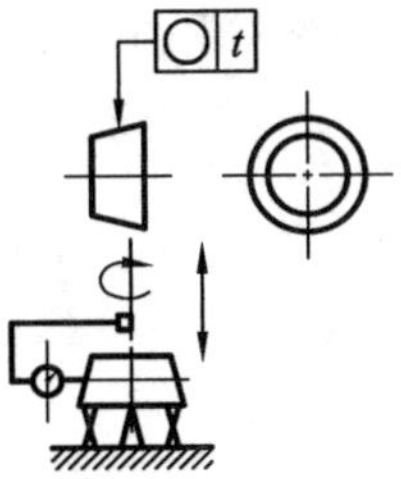	固定支座,活动支座,百分表,圆度仪	将被测零件放置在量仪上,同时调整被测零件的轴线,使它与量仪的回转轴线同轴。 1. 记录被测零件在回转一周过程中测量截面上各点的半径差; 2. 按上述方法测量若干截面,取其中最大的误差值作为该零件的圆度误差
	(二) 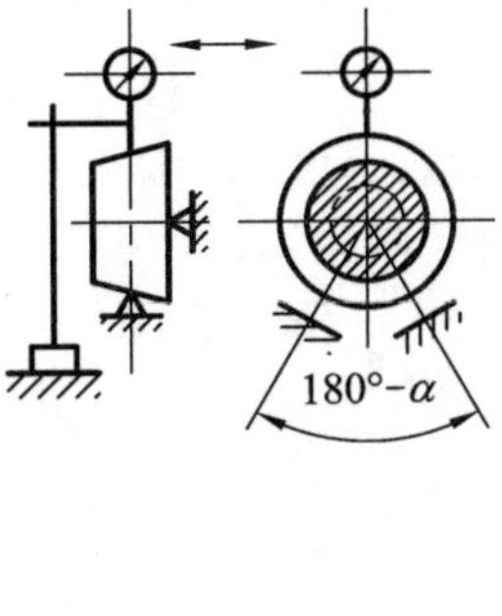	V 形铁,百分表	将零件放在 V 形铁上,使其轴线垂直于测量截面,同时固定轴向位置。 1. 在被测零件回转一周过程中,指示器读数的最大差值之半作为单个截面的圆度误差; 2. 按上述方法测量若干截面,取其中最大的误差值作为该零件的圆度误差。 这种方法的可靠性取决于截面形状和 V 形铁夹角的综合效果。常以夹角 $\alpha = 90°$ 和 $120°$ 或 $72°$ 和 $108°$ 两块 V 形铁分别测量

检验项目	示　图	检验工具	检验方法和计算
圆柱度	(一) 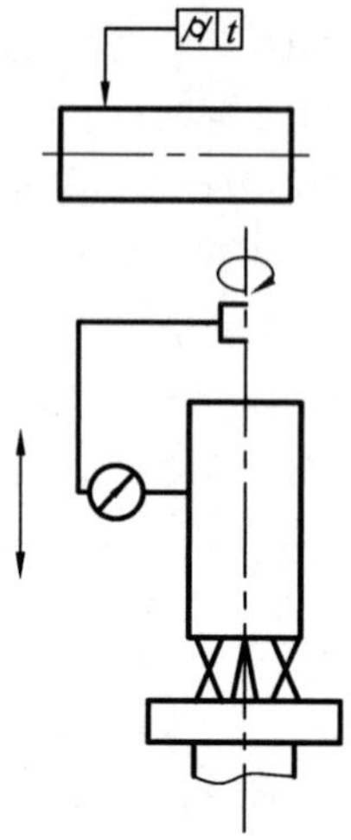 	专用检查仪	将被测零件的轴线调整到与检查仪的轴线同轴。 　　1. 记录被测零件回转一周过程中测量截面上各点的半径差; 　　2. 在测头没有径向偏移的情况下,可按上述方法测量若干个横截面(测头也可沿螺旋线移动)
	(二) 180°-a 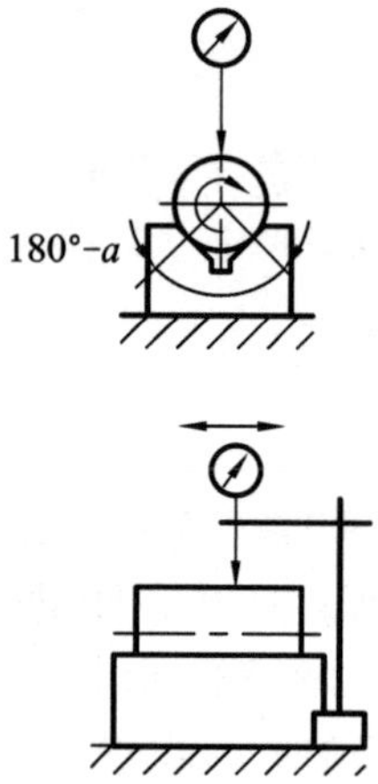	V形铁, 百分表	将被测零件放在平板上的V形铁内(V形铁的长度应大于被测零件的长度)。 　　1. 在被测零件回转一周过程中,测量一个横截面上的最大与最小读数; 　　2. 按上述方法连续测量若干个横截面,然后取各截面内所测得的所有读数中最大与最小读数的差值之半作为该零件的圆柱度误差
垂直度	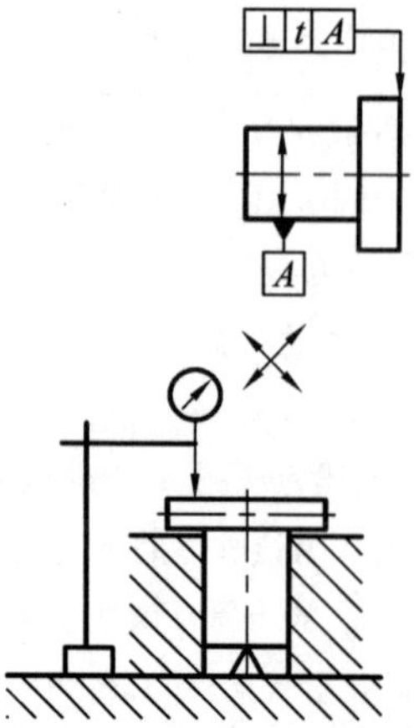	导向块, 百分表	将被测零件放在导向块内(基准轴线由导向块模拟),然后测量整个被测表面,并记录读数,取其中的最大读数差值作为该零件的垂直度误差

检验项目	示　　图	检验工具	检验方法和计算
同轴度	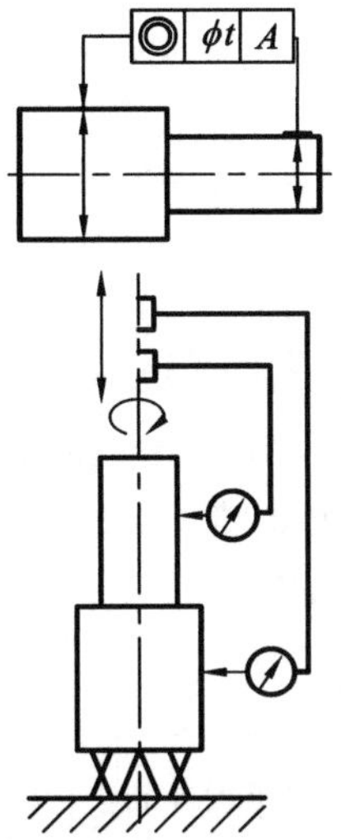	固定支座，活动支座，百分表，圆度仪(或专用设备)	调整被测零件，使其基准轴线与仪器主轴的回转线同轴。在被测零件的基准要素和被测要素上测量若干截面，得出该零件的同轴度误差
圆跳动	(一) 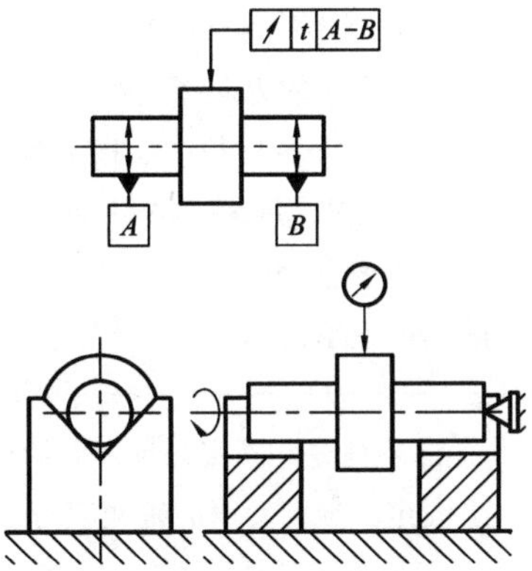 	V形铁，百分表	基准轴线由一对相同的V形铁模拟，被测零件支承在V形铁上，并在轴向定位。 1. 在被测零件回转一周过程中，指示器最大读数差值即为单个测量平面上的径向跳动； 2. 按上述方法测量若干个截面，取各个截面上测得的跳动量中的最大值作为该零件的径向跳动。 该测量方法受 V 形铁角度和实际基准要素形状误差的综合影响
	(二) 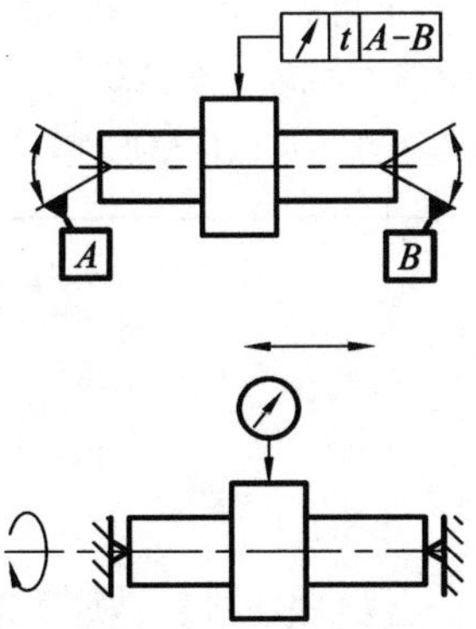 	两顶尖座，百分表	将被测零件安装在两顶尖之间： 1. 在被测零件回转一周过程中，指示器最大读数差值即为单个测量平面上的径向跳动； 2. 按上述方法测量若干个截面，取各截面上测得的跳动量中的最大值作为该零件的径向跳动

续表四

检验项目	示　　图	检验工具	检验方法和计算
圆跳动	(三) 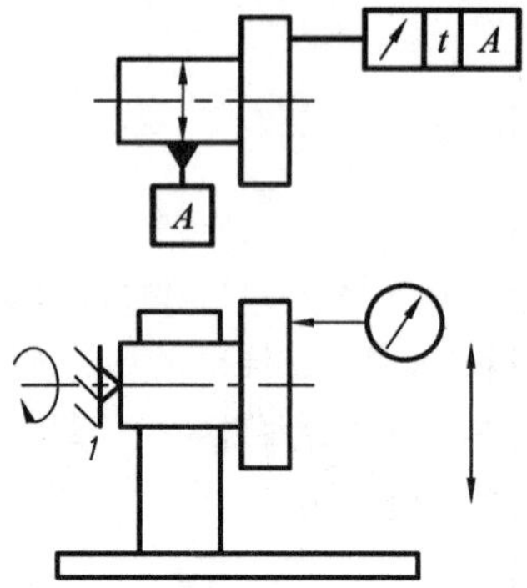 1—V形铁	V形铁， 百分表	将被测零件支承在V形铁上，并在轴向上固定。 　　1. 在被测零件回转一周过程中，指示器最大读数差值即为单个测量圆柱面上的端面跳动； 　　2. 按上述方法测量若干个圆柱面，取各个测量圆柱面上测得的跳动量中的最大值，作为该零件的端面跳动。 　　该测量方法受V形铁角度和实际基准要素形状误差的综合影响
全跳动	(一) 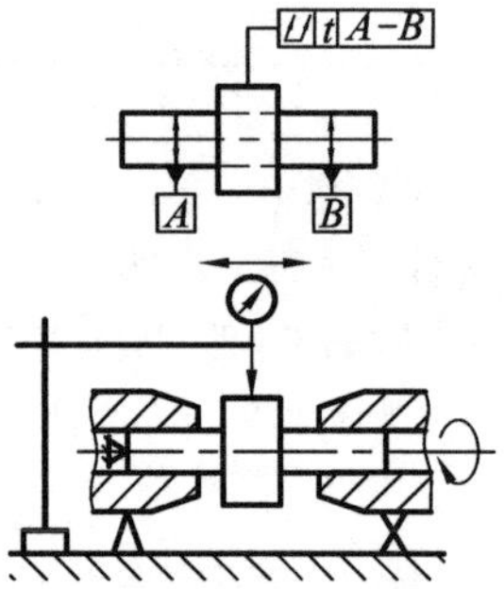 	导向套， 百分表	将被测量零件固定在两同轴导向套内，同时在轴向上固定并调整该对套筒，使其同轴并与平板平行。 　　在被测零件连续回转过程中，同时让指示器沿基准轴的方向作直线运动。 　　在整个测量过程中，指示器的最大读数差值即为该零件的径向全跳动。 　　基准轴线也可以用一对V形铁或一对顶尖的简单方法来体现
	(二) 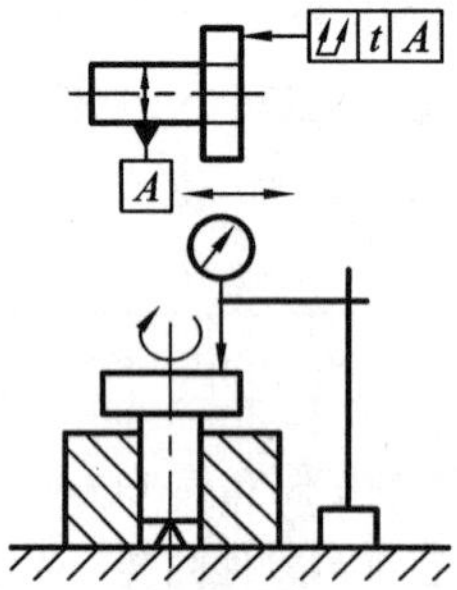 	导向套， 百分表	将被测零件固定在导向套筒内，并在轴向上固定。导向套筒的轴线应与平板垂直。 　　在被测零件连续回转过程中，指示器沿其径向作直线移动。 　　在整个测量过程中，指示器最大读数差值即为该零件的端面全跳动。 　　基准轴线也可以用V形铁等简单方法来体现

习　　题

1. 什么是顺铣？什么是逆铣？各用于什么情况？
2. 铣削如图 3-1 所示端盖，材料为 HT 200，应选择什么机床、刀具、夹具及切削参数？

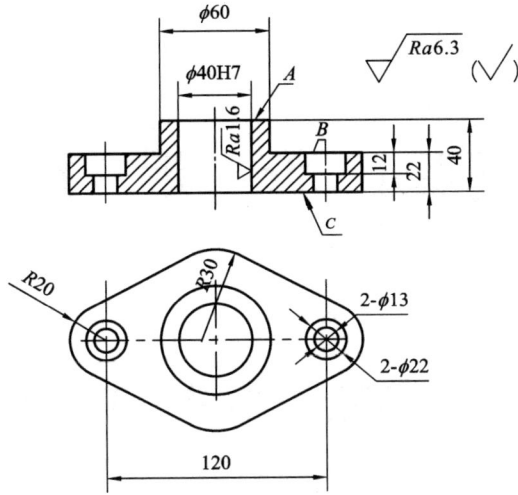

图 3-1 端盖

3. 用分度头配合画出工件上 11 个等分孔，试问每画出一个等分孔后，手柄转过多少转数和孔距数，能划出下一个等分孔？(孔板数为 53、54、58、59、62、66)

4. 磨床主要用于_____和_____的加工。磨床的类型有_____、_____、_____、_____和其他各种专门磨床。

5. 编写图 3-2 所示输出轴的机械加工工艺过程卡片。(材料：45 钢)

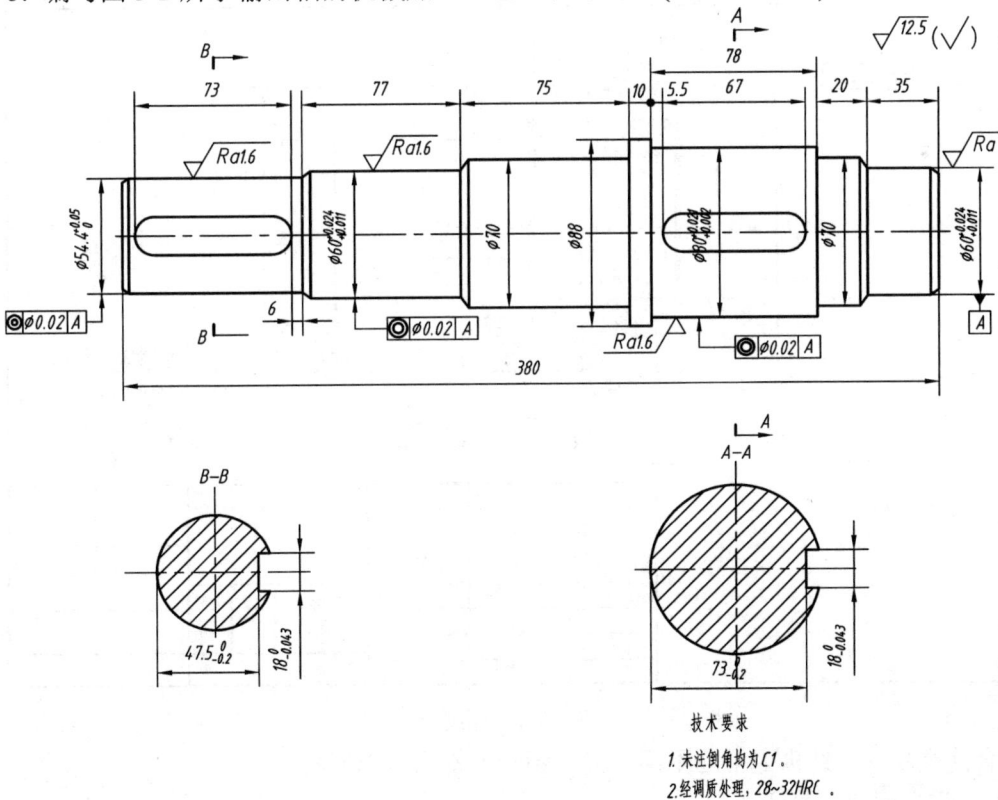

技术要求

1. 未注倒角均为C1。
2. 经调质处理，28~32HRC。

图 3-2 输出轴

项目四　连　接　套

4.1　套筒类零件的加工工艺

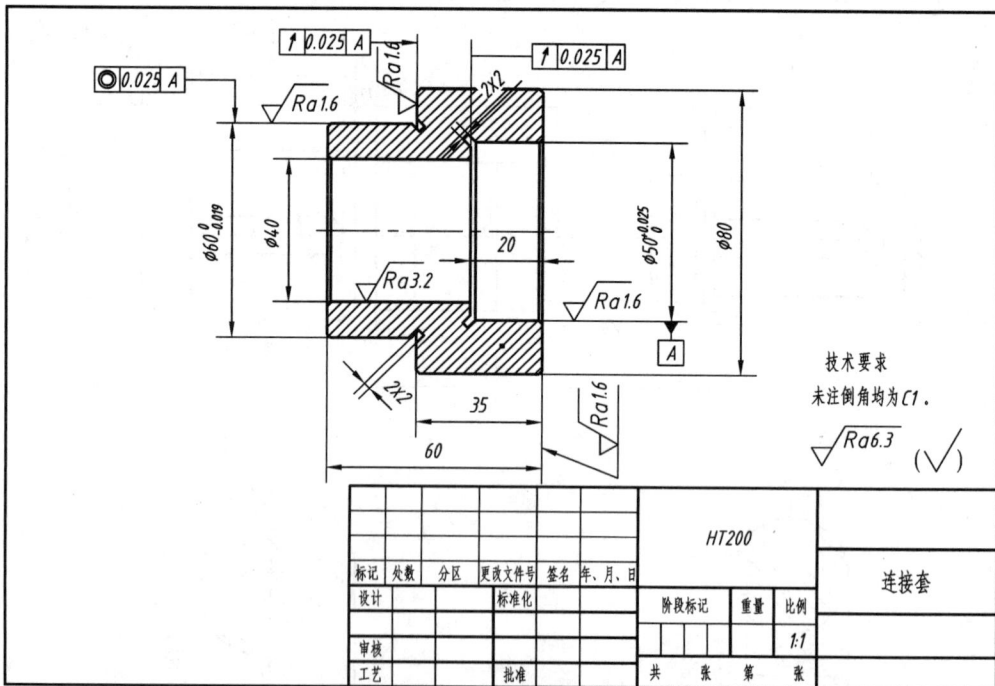

4.1.1　套筒类零件的结构特点

　　机械中套筒类零件的应用非常广泛，主要起着支承和导向作用，如支承回转轴的各种形式的滑动轴承。夹具中的钻套，内燃机上的气缸套，液压系统的液压缸及一般用途的套筒等都属于套筒类零件。图 4.1-1 为连接套零件图，套筒类零件的结构形式如图 4.1-2 所示。

套筒类零件的加工工艺

图 4.1-1　连接套

　　套筒类零件的结构因用途不同而异，但一般都具有以下特点：
(1) 零件壁薄，易变形。
(2) 零件结构简单，主要表面为同轴度要求较高的内外圆表面。

(3) 外圆直径一般小于零件的长度。长径比大于 5 为长套筒。

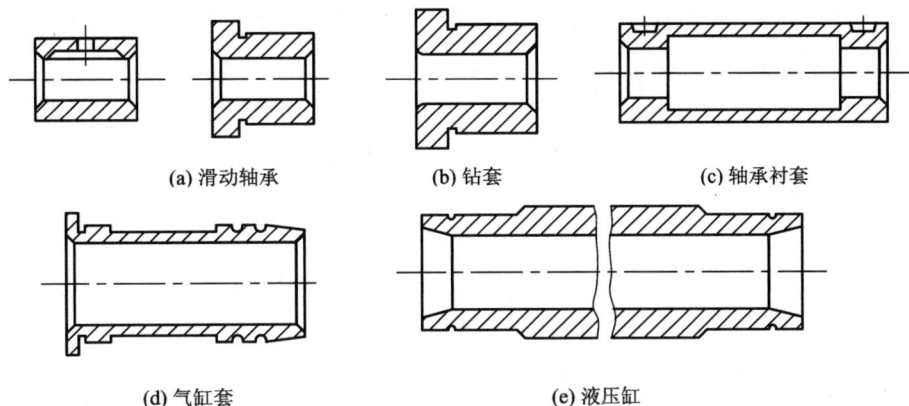

(a) 滑动轴承　　　(b) 钻套　　　(c) 轴承衬套

(d) 气缸套　　　　　(e) 液压缸

图 4.1-2　套筒类零件的结构形式

4.1.2　套筒类零件的材料与毛坯

1. 材料

套筒类零件一般是用钢、铸铁、青铜或黄铜等材料制成。有些滑动轴承为了节省贵重金属，提高轴承的使用寿命，常采用双金属结构，以离心铸造法在钢或铸铁套内壁上浇注巴氏合金等轴承合金材料。有些强度和硬度要求较高的套筒类零件，如镗床主轴套等，可选用优质合金钢，如 18Cr2Ni4WA、38CrMoAlA 等。

2. 毛坯

套筒类零件的毛坯选择与其材料和结构尺寸有关。孔径较大($d > 20$ mm)时，一般选用带孔的铸铁、锻件或无缝钢管；孔径较小($d \leq 20$ mm)时，可采用铸铁或热轧、冷拉棒料。大批量生产时可采用冷挤压和粉末冶金等先进的毛坯制造工艺，既提高了生产率又节约了金属材料。

某些油缸常用 35 钢焊接缸头、耳轴、法兰盘等；不需焊时用 45 钢。

4.1.3　套筒类零件的主要技术要求

套筒类零件的主要表面是内孔和外圆，它们在机器中起的作用不同，技术要求差别也较大。

1. 内孔的技术要求

套筒内孔主要起支承或导向作用，通常与运动的轴、刀具或活塞配合。

(1) 尺寸精度。内孔的直径公差等级一般为 IT7，精密轴承套为 IT6。气缸和液压缸由于与其相配的活塞上有密封圈，要求较低，通常为 IT9。

(2) 形状精度。内孔的形状误差应控制在孔径公差以内，一些精密套筒控制在孔径公差的 1/2～1/3，甚至更严。对于较长的套筒除了有圆度要求外，还应有孔的圆柱度要求。

(3) 表面质量。为了保证零件的功用和提高其耐磨性，孔的表面粗糙度 Ra 要求为 2.5～0.16 μm，某些精密套筒要求更高，Ra 可达 0.04 μm。

2．外圆的技术要求

套筒类零件的外圆表面多以过盈或过渡配合与机架或箱体孔相配合起支承作用。

(1) 外径尺寸公差等级通常为 IT7、IT6。

(2) 形状精度控制在外径公差以内。

(3) 表面粗糙度 *Ra* 为 3.2～0.63 μm。

3．各主要表面间的位置精度要求

(1) 内外圆之间的同轴度。内外圆的同轴度大小一般要根据加工与装配要求而定。若套筒内孔是装入机座之后再进行最终加工的，对套筒内外圆间的同轴度要求较低；若内孔是在装配前进行最终加工的，则同轴度要求较高，一般为 0.01～0.05 mm。

(2) 孔中心线与端面的垂直度。套筒端面(或凸缘端面)如果在工作中承受轴向载荷，或是作为定位基准和装配基准时，端面与孔中心线有较高的垂直度或端面圆跳动要求。一般为 0.02～0.05 mm。

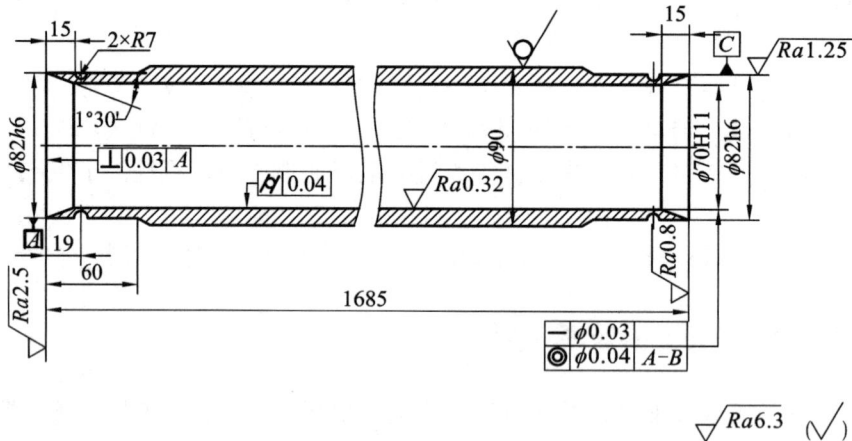

图 4.1-3 所示为一液压缸缸体，根据使用和装配要求，其主要技术要求如下：

(1) 若为铸铁，组织应紧密，不得有砂眼、针孔及疏松，必要时用泵验漏。

(2) 内孔光洁无纵向刻痕。

(3) 两端面对内孔中心线的垂直度公差为 0.03 mm。

(4) 内孔圆柱度公差为 0.04 mm。

(5) 内孔中心线的直线度公差为 0.03 mm。

(6) 内孔对两端支承外圆(ϕ82h6)的同轴度公差为 0.04 mm。

图 4.1-3　液压缸缸体

4.1.4　防止套筒产生变形的工艺措施

套筒零件的工艺特点是壁薄，切削加工时常因夹紧力、切削力、内应力和切削热等因素的影响而产生变形，为此应注意以下几点。

1．减少夹紧力对变形的影响

(1) 应使夹紧力分布均匀，如用弹性套或专用(宽)卡爪，如图 4.1-4 所示。

压紧力变形

(2) (结构允许时)用轴向夹紧，避开薄壁件径向刚性差的弱点，如图 4.1-5 所示。

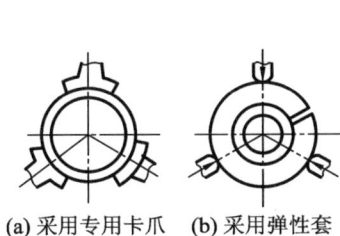

(3) 使用胀力心轴。

(a) 采用专用卡爪　(b) 采用弹性套

图 4.1-4　套筒的径向夹紧方式

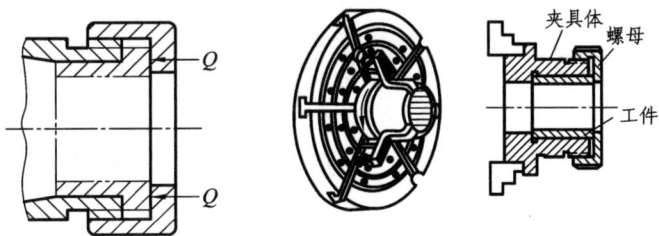

图 4.1-5　套筒的轴向夹紧方式

2. 减少切削力的对变形的影响

(1) 利用数控系统的循环功能，减小每次进刀的切削深度或切削速度，减小切削力。

(2) 增大刀具主偏角 κ_r，减少径向切削力。

(3) 采用内外圆同时加工，使径向切削分力抵消。

3. 减少切削热对变形的影响

(1) 减少切削热的产生，合理选择刀具几何角度($\uparrow \gamma$，$\downarrow \alpha$)和切削用量。

(2) 加快切削热的传散，使用切削液。

(3) 采用弹性顶尖，使工件因受热后在轴向有自由延伸的可能。

4. 减小热处理变形的影响

粗精加工分开，将热处理工序安排在粗加工后、精加工前进行，并适当放大精加工余量，以便使热处理引起的变形在精加工中得到纠正。

4.1.5　套筒类零件的机械加工工艺过程

1. 加工方法的选择

大多数套筒类零件加工的关键是如何保证内孔与外圆表面的同轴度，端面与中心线的垂直度，相应的尺寸精度、形状精度和解决套筒零件易变形的问题。在零件的加工顺序上，常采用两种方案。

方案一：粗加工外圆→粗、精加工内孔→精加工外圆。这种方案适用于外圆表面是最重要表面的套筒类零件的加工。

方案二：粗加工内孔→粗、精加工外圆→精加工内孔。这种方案适用于内孔表面是最重要表面的套筒类零件的加工。

2. 保证套筒类零件表面位置精度的方法

套筒类零件内外表面的同轴度以及端面与孔中心线的垂直度一般均有较高的要求，为保证这些要求通常采用下列方法加工：

(1) 在一次装夹中完成内外表面及其端面的全部加工，如图 4.1-6 所示。这种安装方式可消除由于多次安装而带来的安装误差，获得较高的位置精度。但由于工序集中，对尺寸较大的长套筒装夹不方便，故多用于尺寸较小的轴套的车削加工。

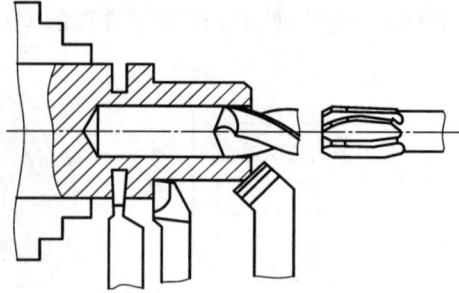

图 4.1-6 一次装夹中加工工件

(2) 主要表面的加工在几次装夹中完成。内孔与外圆互为基准，反复加工，每一个工序都为下一工序准备了精度更高的定位基准，因而可得到较高的位置精度。以精加工好的内孔作为定位基准时，往往选用心轴作定位元件，如图 4.1-7 所示。心轴结构简单，制造安装误差较小，可保证内外表面较高的同轴度要求，是套筒加工中常见的装夹方法。若以外圆为精基准加工内孔，因卡盘定心精度不高，且易使套筒产生夹紧变形，故常采用经过修磨的自定心卡盘或弹性膜片卡盘等以获得较高的同轴度要求。

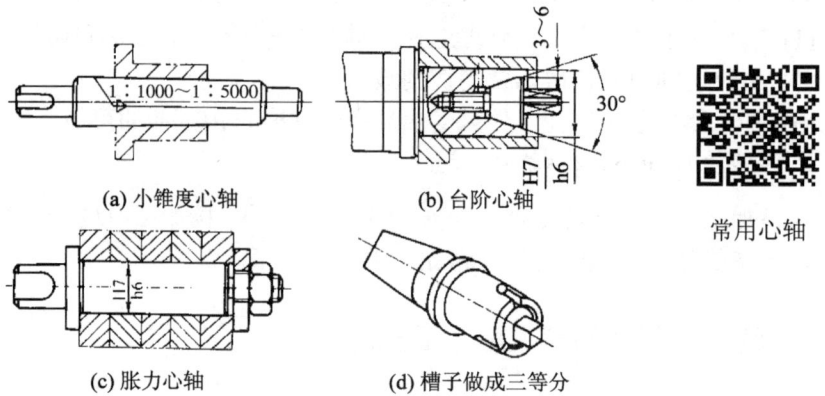

(a) 小锥度心轴   (b) 台阶心轴   常用心轴

(c) 胀力心轴   (d) 槽子做成三等分

图 4.1-7 各种常用心轴

4.2 孔 加 工

孔加工方式主要有钻削加工(包括扩孔、锪孔、钻中心孔)、车孔加工、镗削加工、铰孔加工、攻内螺纹、锪埋头孔及端面等，如图 4.2-1 所示。

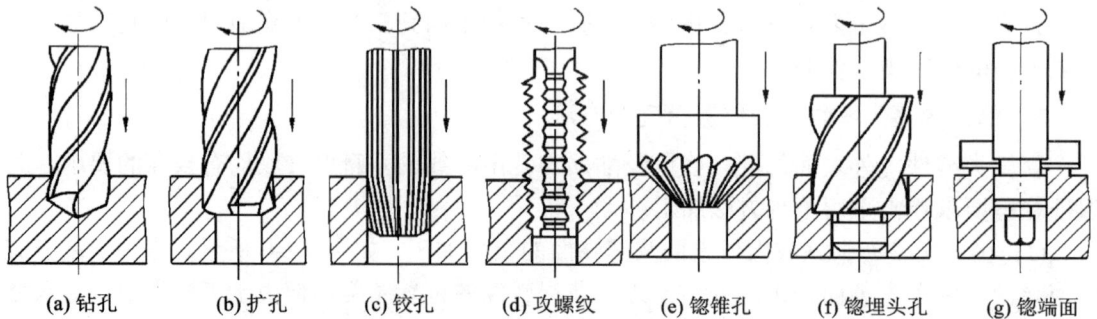

(a) 钻孔   (b) 扩孔   (c) 铰孔   (d) 攻螺纹   (e) 锪锥孔   (f) 锪埋头孔   (g) 锪端面

图 4.2-1 孔加工方式及用途

根据孔的精度和粗糙度要求确定孔的加工方案，见表 4.2-1。

表 4.2-1 孔的加工方案

序号	加 工 方 案	公差等级(IT)	表面粗糙度 $Ra/\mu m$	适 用 范 围
1	钻	11、12	12.5	加工未淬火钢及铸铁的实心毛坯，也可用于加工非铁金属(但表面粗糙度值稍高)，孔径 < 20 mm
2	钻→铰	9	3.2～1.6	
3	钻→粗铰→精铰	7、8	1.6～0.8	
4	钻→扩	10、11	12.5～6.3	加工未淬火钢及铸铁的实心毛坯，也可用于加工非铁金属(但表面粗糙度值稍高)，孔径 > 20 mm
5	钻→扩→铰	8、9	3.2～1.6	
6	钻→扩→粗铰→精铰	7	1.6～0.8	
7	钻→扩→机铰→手铰	6、7	0.4～0.1	
8	钻→扩→拉	7～9	1.6～0.1	大批量生产中小零件的通孔
9	粗镗(或扩孔)	11、12	12.5～6.3	除淬火钢外各种材料，毛坯有铸出孔或锻出孔
10	粗镗(粗扩)→半精镗(精扩)	8、9	3.2～1.6	
11	粗镗(粗扩)→半精镗(精扩)→精镗(铰)	7、8	1.6～0.8	
12	粗镗(扩)→半精镗(精扩)→精镗→浮动镗刀块精镗	6、7	0.8～0.4	
13	粗镗(扩)→半精镗→磨孔	7、8	0.8～0.2	主要用于加工淬火钢，也可用于不淬火钢，但不宜用于非铁金属
14	粗镗(扩)→半精镗→粗磨→精磨	6、7	0.2～0.1	
15	粗镗→半精镗→精镗→金刚镗	6、7	0.4～0.05	主要用于精度要求较高的非铁金属加工
16	钻→(扩)→粗铰→精铰→珩磨 钻→(扩)→拉→珩磨 粗镗→半精镗→精镗→珩磨	6、7	0.2～0.025	精度要求很高的孔
17	以研磨代替上述方案中的珩磨	6 以上		
18	钻(或粗镗)→扩(半精镗)→精镗→金刚镗→脉冲滚挤	6、7	0.1	成批大量生产的非铁金属零件中的小孔，铸铁箱体上的孔

4.2.1 钻床和镗床

1. 钻床

钻床是孔加工的主要机床，主要用钻头进行钻孔。加工时工件不动，刀具转动(主运动)、刀具沿轴向移动(进给运动)来加工孔。除钻孔外，在钻床上还可以完成扩孔、铰孔、锪平面以及攻螺纹等工作。

(1) 台式钻床。钻孔直径 $d \leqslant 13$ mm 的小型钻床。主轴变速通过改变三角带在塔形带轮上的位置来实现，如图 4.2-2 所示。

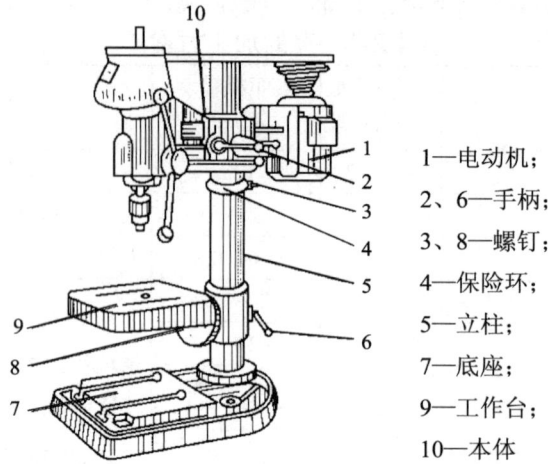

1—电动机；

2、6—手柄；

3、8—螺钉；

4—保险环；

5—立柱；

7—底座；

9—工作台；

10—本体

图 4.2-2　台式钻床

(2) 立式钻床和摇臂钻床。立式钻床主轴固定不动，加工前需调整工件在工作台上的位置，进给箱和工作台的位置可沿立柱上的导轨上下调整，以适应加工不同高度的工件需要。立式钻床仅适用于加工中、小型工件。摇臂钻床可将主轴调整到加工范围内的任意位置，适用于加工大型和多孔工件，如图 4.2-3 所示。

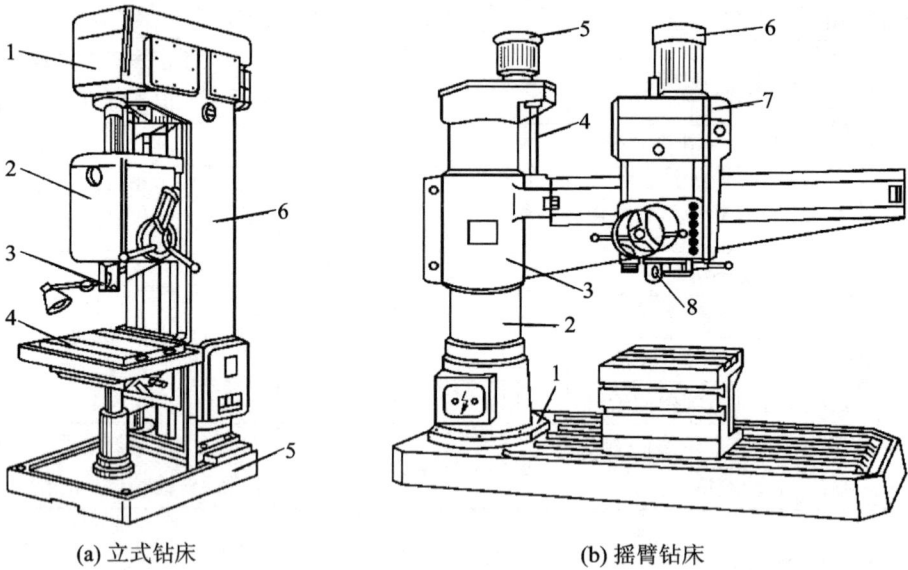

(a) 立式钻床

(b) 摇臂钻床

1—变速箱；2—进给箱；3—主轴；
4—工作台；5—底座；6—立柱

1—底座；2—立柱；3—摇臂；4—丝杠；
5、6—电动机；7—主轴箱；8—主轴

图 4.2-3　立式钻床和摇臂钻床

2. 镗床

镗床是一种主要用镗刀加工有预制孔的工件的机床。通常，镗刀旋转为主运动，镗刀或工件的移动为进给运动。镗床适合加工各种复杂和大型工件上的孔，尤其适合于加工直径较大的孔以及内成形表面或孔内环槽。镗孔的尺寸精度及位置精度均比钻孔高。根据用途，镗床可分为卧式铣镗床(如图 4.2-4 所示)、坐标镗床、金刚镗床、落地镗床以及数控铣镗床等。

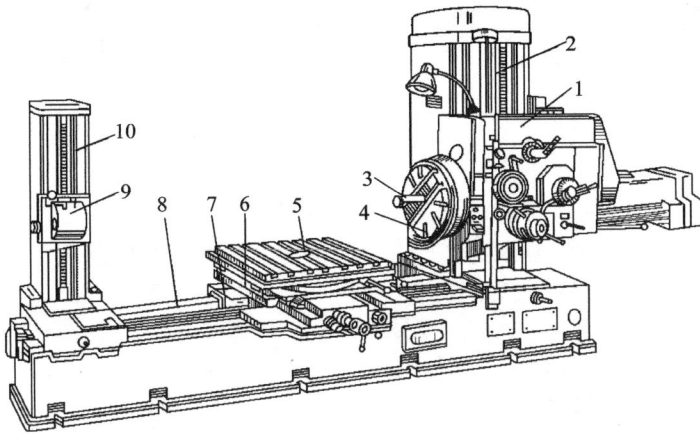

卧式镗床

1—主轴箱；2—前立柱；3—主轴；4—平旋盘；5—工作台；
6—上滑座；7—下滑座；8—床身导轨；9—后支撑；10—后立柱

图 4.2-4 卧式铣镗床

坐标镗床是具有精密坐标定位装置的镗床，对零件的孔及孔系进行高精密切削加工，还能进行钻、扩、铰、锪端面、切槽、铣削等工作。如图 4.2-5 所示为立式和卧式坐标镗床。

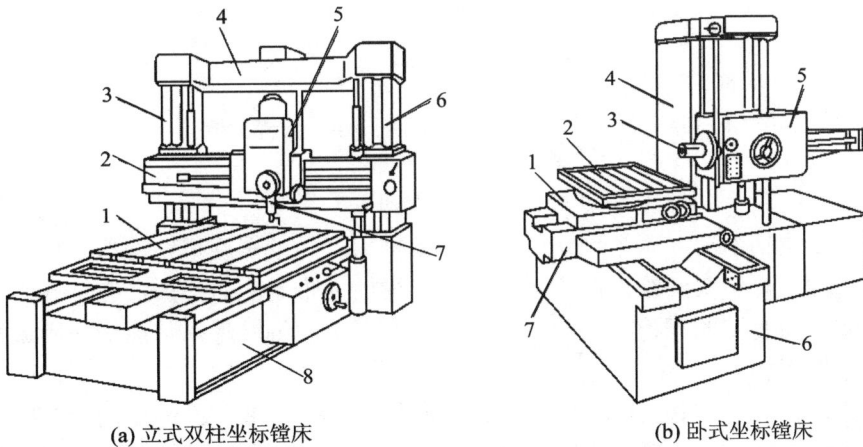

(a) 立式双柱坐标镗床

1—工作台；2—横梁；3、6—立柱；4—顶梁；
5—主轴箱；7—主轴；8—床身

(b) 卧式坐标镗床

1—上滑座；2—回转工作台；3—主轴；4—立柱；
5—主轴箱；6—床身；7—下滑座

图 4.2-5 坐标镗床

4.2.2 孔加工工艺

孔加工工艺路线的确定

1. 钻孔

1) 在实体材料上加工孔的刀具

(1) 中心钻。中心钻用来加工各种轴类工件的中心孔，起定心作用，经常用在孔加工的第一道工序。但有的麻花钻具有自定心钻头，无须打预孔，可省略中心钻打孔。中心钻分为无护锥复合中心钻(A 型)和有护锥复合中心钻(B 型)，如图 4.2-6 所示。

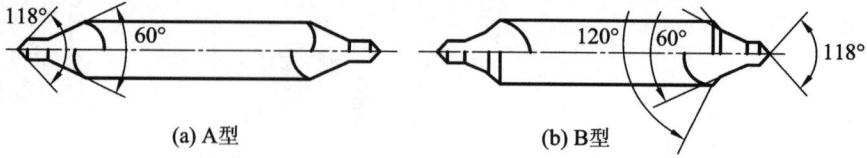

(a) A型　　　　(b) B型

图 4.2-6　中心钻

(2) 麻花钻。麻花钻是最常用的孔加工刀具，多用于粗加工钻孔。麻花钻的刀体结构如图 4.2-7(a)所示。标准高速钢麻花钻主要由工作部分、颈部和柄部三部分组成。工作部分担负切削与导向工作，柄部是钻头的夹持部分，用于传递扭矩。

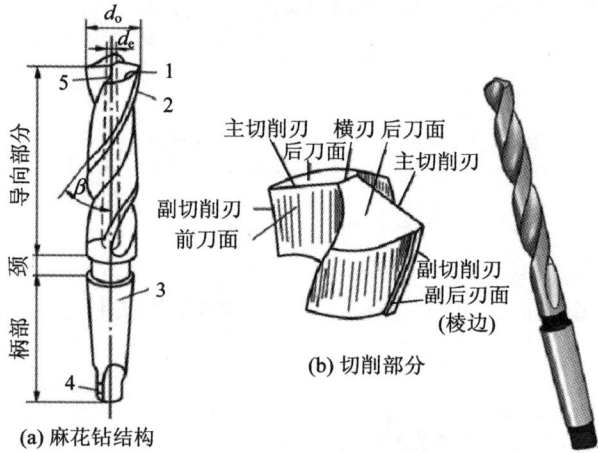

(a) 麻花钻结构　　　(b) 切削部分

1—刃瓣；2—棱边；3—莫氏锥柄；4—扁尾；5—螺旋槽
d_o—钻头直径；d_c—钻芯直径

图 4.2-7　麻花钻的组成

麻花钻有两条主切削刃、两条副切削刃和一条横刃。两条螺旋槽钻沟形成前刀面，主后刀面在钻头端面上。钻头外缘上两小段窄棱边形成的刃带是副后刀面，在钻孔时刃带起导向作用，为减小与孔壁的摩擦，刃带向柄部方向有减小的倒锥形，从而形成副偏角。两条主切削刃通过横刃相连接。

根据柄部不同，麻花钻有莫氏锥柄和圆柱柄两种。直径为 8～80 mm 的麻花钻多为莫氏锥柄，可直接装在带有莫氏锥孔的刀柄内。直径为 0.1～20 mm 的麻花钻多为圆柱柄，可装在钻夹头上。中等尺寸麻花钻两种形式均可选用。

2) 钻孔加工特点、方法

在实体材料上加工孔时，钻头是在半封闭的状态下进行切削的，散热困难，切削温度较高，排屑又很困难。同时切削量大，需要较大的钻削力，钻孔容易产生振动，容易造成钻头磨损。孔加工精度较低。

在工件实体上钻孔，一般先加工孔口平面，再加工孔，刀具在加工过的平面上定位，稳定可靠，孔加工的编程数据容易确定，并能减小钻孔时轴线歪斜程度。

在加工中心上，用麻花钻钻削前，要先打引正孔，避免两切削刃上切削力不对称的影响，防止钻孔偏斜。

对钻削直径较大的孔和精度要求较高的孔，宜先用较小的钻头钻孔至所需深度，再用较大的钻头进行钻孔，最后用所需直径的钻头进行加工，以保证孔的精度。

在进行较深的孔加工时，特别要注意钻头的冷却和排屑问题，可以在钻进一段后，钻头快速退出进行排屑和冷却，再钻孔，再退出冷却，断续进行加工。

3) 选择钻削用量的原则

在实体上钻孔时，背吃刀量由钻头直径所定，只需选择切削速度和进给量。

对钻孔生产率的影响，切削速度和进给量是相同的；对钻头寿命的影响，切削速度比进给量大；对孔的粗糙度的影响，进给量比切削速度大。综合以上的影响因素，钻孔时选择切削用量的基本原则是：在保证表面粗糙度前提下，在工艺系统强度和刚度的承受范围内，尽量先选较大的进给量，然后考虑刀具耐用度、机床功率等因素选用较大的切削速度。

4) 钻孔时的切削用量和切削液

(1) 背吃刀量(a_p)。钻孔时背吃刀量是钻头直径的一半。

(2) 进给量(f)。孔的精度要求较高和粗糙度值要求较小时，应取较小的进给量；钻孔较深、钻头较长、刚度和强度较差时，也应取较小的进给量。高速钢麻花钻的推荐进给量见表 4.2-1。

表 4.2-1　高速钢麻花钻的推荐进给量

钻头直径 /mm	钢　σ_b/MPa			铸　铁/HB	
	900 以下	900~1100	1100 以上	<170	>170
	进给量/(mm/r)			进给量/(mm/r)	
2	0.025~0.05	0.02~0.04	0.015~0.03		
4	0.045~0.09	0.04~0.07	0.025~0.05		
6	0.080~0.16	0.055~0.11	0.045~0.09		
8	0.10~0.20	0.07~0.14	0.06~0.12		
10	0.12~0.25	0.10~0.19	0.08~0.15	0.25~0.45	0.20~0.35
12	0.14~0.28	0.11~0.21	0.09~0.17	0.30~0.50	0.20~0.35
16	0.17~0.34	0.13~0.25	0.10~0.20	0.35~0.60	0.25~0.40
20	0.20~0.39	0.15~0.29	0.12~0.23	0.40~0.70	0.25~0.40
23				0.45~0.80	0.30~0.45
24	0.22~0.43	0.16~0.32	0.13~0.26		
26				0.50~0.85	0.35~0.50
28	0.24~0.49	0.17~0.34	0.14~0.28		
29				0.50~0.90	0.40~0.60
30	0.25~0.50	0.18~0.36	0.15~0.30		
35	0.27~0.54	0.20~0.40	0.16~0.32		

(3) 切削速度(v_c)。当钻头的直径和进给量确定后，钻削速度应按钻头的寿命选取合理的数值，孔较深时，钻削条件差，应取较小的切削速度。高速钢麻花钻的推荐切削速度见表 4.2-2。

表 4.2-2 高速钢麻花钻的推荐切削速度

加工材料	硬 度/HB	切削速度 v_c/m·s^{-1}(m·min^{-1})
低碳钢	100～125	0.45(27)
	125～175	0.40(24)
	175～225	0.35(21)
中、高碳钢	125～175	0.37(22)
	175～225	0.33(20)
	225～275	0.25(15)
	275～325	0.20(12)
合金钢	175～225	0.30(18)
	225～275	0.25(15)
	275～325	0.20(12)
	325～375	0.17(10)
高速钢	200～250	0.22(13)
灰铸铁	100～140	0.55(33)
	140～190	0.45(27)
	190～220	0.35(21)
	220～260	0.25(15)
	260～320	0.15(9)
铝合金、镁合金		1.25～1.50(75～90)
铜合金		0.33～0.80 (20～48)

(4) 钻孔时的冷却和润滑。钻孔时，由于加工材料和加工要求不一，所用切削液的种类和作用也不一样。

钻孔一般属于粗加工，又是半封闭状态加工，摩擦严重，散热困难，加切削液的目的应以冷却为主。

在高强度材料上钻孔时，因钻头前刀面要承受较大的压力，要求润滑膜有足够的强度，以减少摩擦和钻削阻力。因此，可在切削液中增加硫、二硫化钼等成分，如硫化切削油。

在塑性、韧性较大的材料上钻孔，要求加强润滑作用，在切削液中可加入适当的动物油和矿物油。

孔的精度要求较高和表面粗糙度值要求很小时，应选用主要起润滑作用的切削液。

2. 扩孔

用扩孔工具(如扩孔钻)扩大工件铸造孔和预钻孔孔径的加工方法称为扩孔。用扩孔钻扩孔，可以是为铰孔作准备，也可以是精度要求不高孔加工的最终工序。钻孔后进行扩孔，可以校正孔的轴线偏差，使其获得较正确的几何形状与较小的表面粗糙度值。

1) 用麻花钻扩孔

如果孔径较大或孔面有一定的表面质量要求，孔不能用麻花钻在实体上一次钻出，常用直径较小的麻花钻钻预孔，然后用修磨的大直径麻花钻进行扩孔。由于避免了麻花钻横刃切削的不良影响，扩孔时可适当提高切削用量，同时，由于吃刀量的减小，使切屑容易排出，孔的粗糙度可减小。

用麻花钻扩孔时，扩孔前的钻孔直径为所扩孔径的 50%～70%，扩孔时的切削速度约为钻孔的 1/2，进给量为钻孔的 1.5～2 倍。

2) 用扩孔钻扩孔

为提高扩孔的加工精度，预钻孔后，在不改变工件与机床主轴相互位置的情况下，换上专用扩孔钻进行扩孔。这样可使扩孔钻的轴心线与已钻孔的中心线重合，使切削平稳，保证加工质量。扩孔钻对已有的孔进行再加工时，其加工质量及效率优于麻花钻。

专用扩孔钻通常有 3～4 个切削刃，主切削刃短，刀体的强度和刚度好，导向性好，切削平稳。扩孔钻刀体上的容屑空间可通畅地排屑，因此可以扩盲孔。

在原铸孔、锻孔上进行扩孔时，为提高质量，可先用镗刀镗出一段直径与扩孔钻相同的导向孔，然后再进行扩孔。这样可使扩孔钻在一开始进行扩孔时就有较好的导向，而不会随原有不正确的孔偏斜。

扩孔钻的结构如图 4.2-8 所示。

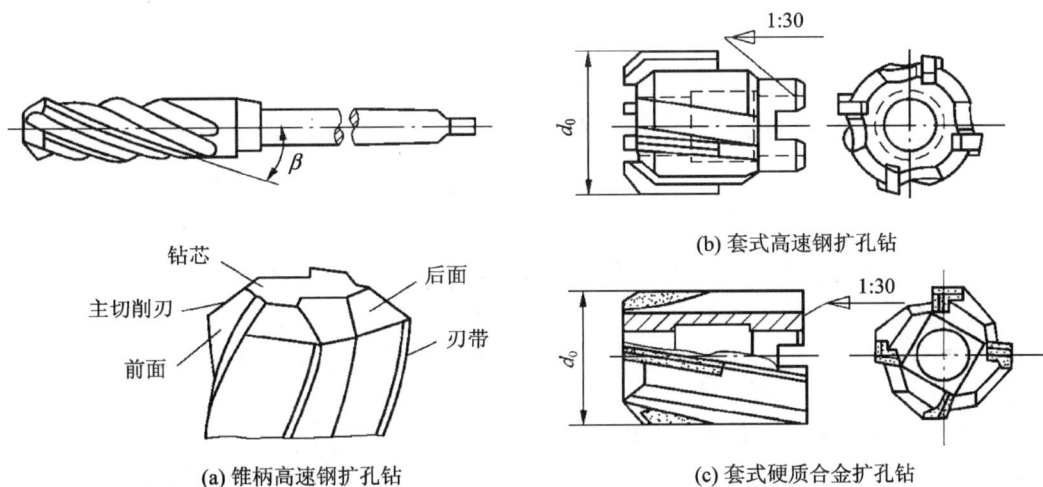

图 4.2-8　扩孔钻

3) 扩孔的余量与切削用量

扩孔的余量一般为孔径的 1/8 左右，对于小于 $\phi25\,\text{mm}$ 的孔，扩孔余量为 1～3 mm、较大的孔为 3～9 mm。

扩孔时的进给量大小主要受表面质量要求限制，切削速度受刀具耐用度的限制。

3. 锪孔

锪孔是在已加工的孔上加工各种沉头孔和锪平孔口端面的加工方法。使用的工具为锪钻，锪钻通常通过其定位导向结构(如导向柱)来保证被锪的孔或端面与原有孔的同轴度或垂直度要求。

1) 锪钻

锪钻一般分柱形锪钻、锥形锪钻和端面锪钻三种。

(1) 柱形锪钻。锪圆柱形埋头孔的锪钻为柱形锪钻，其结构如图 4.2-9(a)所示。柱形锪钻起主要切削作用的是端面刀刃，螺旋槽的斜角就是它的前角($\gamma_o=\beta_o=15°$)，后角 $\alpha_o=8°$。锪钻前端有导柱，导柱直径与工件已有孔为紧密的间隙配合，以保证良好的定心和导向。一般导柱是可拆的，也可以把导柱和锪钻做成一体。

(2) 锥形锪钻。锪锥形埋头孔的锪钻称为锥形锪钻，其结构如图 4.2-9(b)所示。锥形锪钻的锥角按工件锥形埋头孔的要求不同，有 60°、75°、90°、120°四种，其中 90°的用得最多。锥形锪钻直径在 12~60 mm 之间，齿数为 4~12 个，前角 $\gamma_o = 0$，后角 $\alpha_o = 6°~8°$。为了改善钻尖处的容屑条件，每隔一齿将刀刃切去一块。

(3) 端面锪钻。专门用来锪平孔口端面的锪钻称为端面锪钻，如图 4.2-9(c)所示。其端面刀齿为切削刃，前端导柱用来导向定心，以保证孔端面与孔中心线的垂直度。

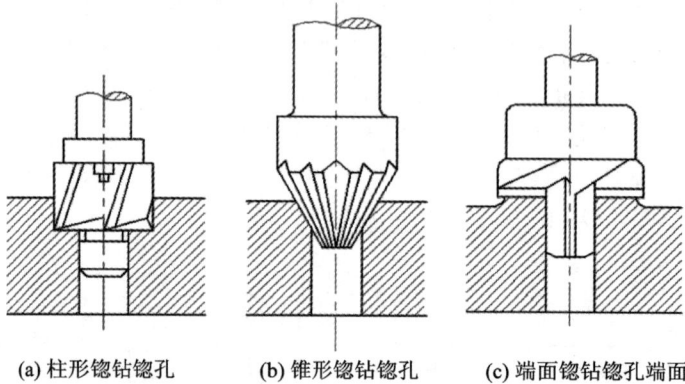

(a) 柱形锪钻锪孔　　(b) 锥形锪钻锪孔　　(c) 端面锪钻锪孔端面

图 4.2-9　锪孔的加工

2) 锪孔工作要点

锪孔存在的主要问题是所锪的端面或锥面出现振痕。锪孔应注意以下事项：

(1) 锪孔时，进给量为钻孔的 2~3 倍，切削速度为钻孔的 1/3~1/2。

(2) 尽量选用较短的钻头来改磨锪钻，并注意修磨前面，减小前角，以防止扎刀和振动。还应选用较小后角，防止多角形。

(3) 锪钢件时，因切削热量大，应在导柱和切削表面加切削液。

(4) 精锪时，往往用较小的主轴转速来锪孔，以减少振动而获得光滑表面。

高速钢、硬质合金锪钻切削用量选用可参考表 4.2-3。

表 4.2-3　高速钢、硬质合金锪钻切削用量

工件材料	高速钢锪钻		硬质合金锪钻	
	进给量/(mm/r)	切削速度/(m/s)	进给量/(mm/r)	切削速度/(m/s)
铝	0.13~0.38	2.0~4.08	0.15~0.30	2.50~4.08
黄铜	0.13~0.25	0.75~1.50	0.15~0.30	2.0~3.50
软铸铁	0.13~0.18	0.62~0.72	0.15~0.30	1.50~1.78
软钢	0.08~0.13	0.38~0.43	0.10~0.20	1.25~1.50
合金钢及工具钢	0.08~0.13	0.20~0.40	0.10~0.20	0.92~1.0

4. 铰孔

1) 铰刀

铰刀主要用于对孔进行半精加工和精加工。加工精度可达 IT6~IT8 级，粗糙度 Ra 可达 1.6~0.4 μm。通用标准铰刀如图 4.2-10 所示，有直柄、锥柄和套式 3 种。锥柄铰刀直径

为 10～32 mm，直柄铰刀直径为 6～20 mm，小孔直柄铰刀直径为 1～6 mm，套式铰刀直径为 25～80 mm。

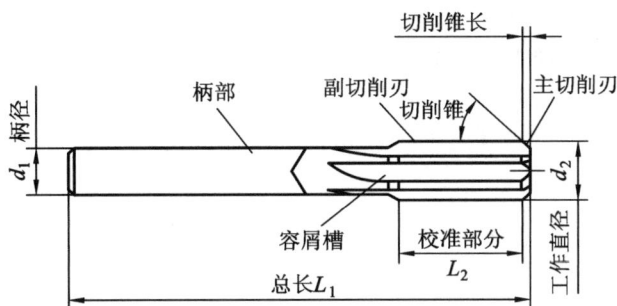

图 4.2-10　铰刀结构

铰刀工作部分包括切削部分与校准部分。切削部分为锥形，担负主要切削工作。切削部分的主偏角为 5°～15°，前角一般为 0°，后角一般为 5°～8°。校准部分的作用是校正孔径、修光孔壁和导向。

根据使用方法，铰刀可以分为手用铰刀和机用铰刀。

(1) 手用铰刀：如图 4.2-11 所示，一般多为直柄，直径 d_1 为 1～50 mm。其工作部分 L_2 较长，锥角较小，导向作用好，可防止铰刀歪斜。在单件或小批生产的加工和装配工作中使用。

图 4.2-11　手用铰刀

(2) 机用铰刀：成批生产条件下在机床上使用。常用高速钢和硬质合金制造，有锥柄和直柄两种，如图 4.2-12 所示。

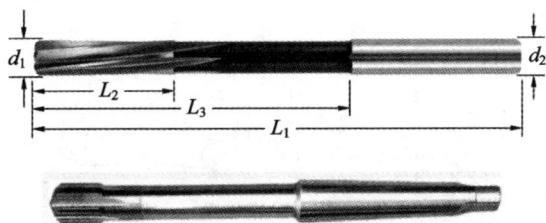

图 4.2-12　机用铰刀

2) 铰孔方法

(1) 铰孔前对已钻出或铸、锻出的毛孔要进行预加工——车孔或扩孔。

比较适合的铰削余量是：用高速钢铰刀时，留余量 0.08～0.12 mm；用硬质合金铰刀时，留余量 0.15～0.20 mm。

(2) 铰刀尺寸的选择。铰刀的基本尺寸和孔的基本尺寸相同，只是需要确定铰刀的公差。

(3) 铰孔时的切削用量。一般推荐 $v_c < 5$ m/min。铰钢件时，$f = 0.2 \sim 1.0$ mm/r，铰铸铁或有色金属时，进给量还可以再大一些。背吃刀量 a_p 是铰孔余量的一半。

3) 冷却、润滑

在不加切削液或加水溶性切削液时，铰出来的孔径有些变化。不加切削液时，孔径扩大；用水溶性切削液(乳化液)时，铰出来的孔径比铰刀的实际直径略小。

用水溶性切削液可以得到最好的表面粗糙度，油类次之，不用切削液时最差。

4) 铰孔时应该注意的问题

尽可能用浮动安装的铰刀铰孔。铰孔结束后，最好从孔的另一端取出铰刀。

5. 镗孔

当孔径大于 80 mm 时，常用镗刀镗孔，精度可达 IT6、IT7 级，粗糙度 Ra 可达 $6.3 \sim 0.8$ μm，并能够修正上道工序所造成的轴线歪斜、偏斜等缺陷。

(1) 单刃镗刀。单刃镗刀结构简单，制造方便，通用性广。一般都有调整装置。图 4.2-13 所示为在精镗机床上用的微调镗刀，可将镗刀调到所需直径。

(2) 双刃镗刀。双刃镗刀两端都有切削刃，由高速钢或镶焊硬质合金做成的可调刀块，如图 4.2-14 所示，以动配合状态浮动地安装在镗杆的孔中。

图 4.2-13　微调镗刀

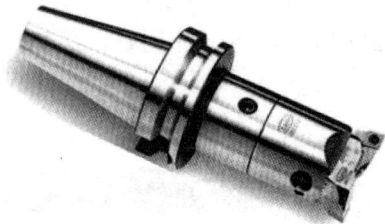

图 4.2-14　双刃镗刀

6. 车孔

车孔用于加工要求较高的孔，车孔分粗车、半精车和精加工。

(1) 内孔车刀如图 4.2-15 所示，分为通孔车刀和不通孔车刀。

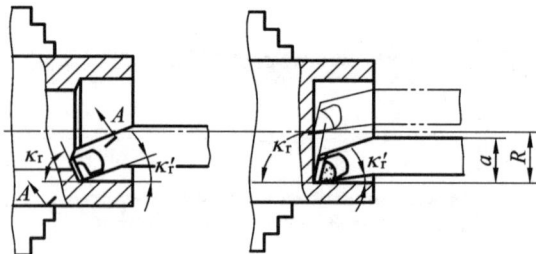

(a) 通孔车刀　　　　(b) 不通孔车刀

图 4.2-15　内孔车刀

(2) 车孔的关键技术。车孔的关键技术是解决内孔车刀的刚性和排屑问题，其方法是：

① 尽量增加刀杆的截面积。

② 刀杆的伸出长度尽可能缩短。

③ 内孔车刀的后面一般磨成两个后角的形式。

④ 通孔的内孔车刀最好磨成正刃倾角。

(3) 车削内孔时常见的问题见表 4.2-4。

表 4.2-4 车削内孔时常见的问题

问 题	产 生 原 因	预 防 方 法
内孔不圆	1. 主轴承间隙过大 2. 加工余量不均，没有分粗、精车 3. 薄壁零件夹紧变形	1. 修理机床 2. 分粗、精车 3. 改变装夹方法
内孔有锥度	1. 刀具磨损 2. 主轴轴线歪斜 3. 工件没有校正 4. 刀杆刚性差，产生让刀 5. 刀尖轨迹和主轴轴线不平行 6. 刀杆过粗和工件内壁相碰	1. 提高刀具寿命 2. 校正导轨和主轴轴线平行 3. 仔细找正工件 4. 选用较粗的刀杆 5. 大修机床导轨 6. 选小刀杆
内孔不光	1. 切削用量不当 2. 车刀磨损 3. 刀具震动 4. 车刀几何角度不合理 5. 刀尖低于工件中心	1. 重选切削用量 2. 重磨车刀 3. 加粗刀杆，降低切削速度 4. 合理选择车刀角度 5. 刀尖高于工件中心安装

7. 内沟槽车削方法

车内沟槽的方法和车削内孔相同，只是车内沟槽时的工作条件比车削内孔时更困难，主要表现在以下几个方面：

(1) 刀杆直径或刀体直径尺寸比车削内孔时所用的尺寸要小，刚性更差，切削刃更长。

(2) 排屑更困难。车内沟槽的切削用量要比车削内孔时所用的低一些。

4.3 刀具磨损与刀具耐用度

4.3.1 刀具的磨损

刀具磨损是指刀具在使用和刃磨质量符合要求的情况下，在切削过程中逐渐产生的磨损，如图 4.3-1 所示。切削时，刀具的前刀面与切屑、后刀面与工件接触，产生剧烈摩擦，同时在接触区内有很高的温度和压力。因此，前刀面和后刀面都会发生磨损。

刀具正常磨损主要包括以下三种形式。

(1) 前面磨损。在切削塑性材料、切削速度较高、切屑厚度较大的情况下，当刀具的耐热性和耐磨性稍有不足时，切屑在前刀面上经常会磨出一个月牙洼。

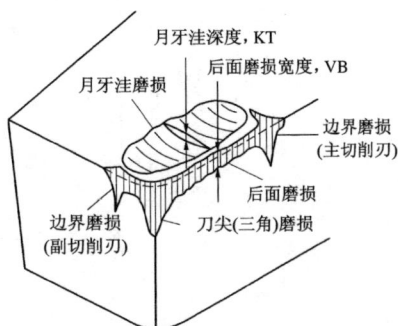

图 4.3-1 刀具的磨损形式

(2) 后面磨损。由于工件表面和刀具后面间存在着强烈的挤压、摩擦，在后面上毗邻切削刃的地方很快被磨出后角为零的小棱面，这就是后面磨损。

(3) 边界磨损。切削钢料时，常在主切削刃靠近工件外皮处以及副切削刃靠近刀尖处的后刀面上，磨出较深的沟纹，这就是边界磨损

4.3.2　刀具磨损的原因

(1) 硬质点磨损。切削时切屑、工件材料中含有的一些碳化物、氮化物和氧化物等硬质点以及积屑瘤碎片等，可在刀具表面刻划出沟纹，这就是刀具的硬质点磨损。

(2) 黏结磨损。黏结磨损是指切屑与刀具前面、工件加工表面与刀具后面在高温高压作用下，发生黏结现象，由于接触面滑动时在黏结处产生剪切破坏，造成刀具表面的微粒被带走而产生的磨损。

(3) 扩散磨损。当切屑温度达 $900\sim1000℃$ 时，刀具材料中的 Ti、W、Co 等元素会逐渐扩散到切屑或工件材料中，工件材料中的 Fe 元素也会扩散到刀具表层里，从而使硬质合金刀具表层硬度变脆弱，加剧了刀具磨损。

(4) 化学磨损。对称氧化磨损。当切削温度达 $700\sim800℃$ 时，空气中的氧气易与硬质合金中的 Co、WC、TiC 等发生氧化作用，在刀具表面生成较软的氧化物，被工件或切屑摩擦掉而形成磨损。

综上所述，刀具磨损是由机械摩擦和热效应两方面作用造成的。在不同的切削条件下，刀具磨损的原因不同，在低、中切削速度范围内，硬质点磨损和黏结磨损是刀具磨损的主要原因。在中等以上切削速度时，热效应使高速钢刀具产生相变磨损，使硬质合金刀具产生黏结、扩散和氧化磨损。

4.3.3　刀具磨损的过程及磨钝标准

1. 刀具磨损过程

生产中较常见到的是刀具后面磨损。在正常磨损情况下，刀具磨损量随切削时间的增加而逐渐加大。其磨损过程分为三个阶段，如图 4.3-2 所示。

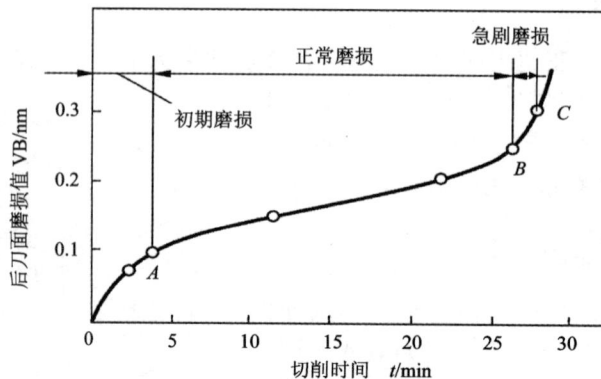

图 4.3-2　刀具磨损典型曲线

初期磨损阶段(0A 段)：开始切削时，磨损较快。这是新刃磨的刀具表面粗糙不平或表面组织不耐磨造成的。另外，新刃磨的刀具锋利，与工件接触面积小，压力大，因此刀具后面上很快被磨出一个窄的棱面。

正常磨损阶段(AB 段)：经过初期磨损，刀具接触面积增大，压力减小，故磨损量随时间的增加而均匀增长，磨损比较缓慢、稳定。这是刀具工作的有效阶段。

急剧磨损阶段(BC 段)：磨损量达到一定值后，切削刃变钝，切削力增大，切削温度升高，刀具强度、硬度降低，磨损急剧加速。在这个阶段之前应及时更换刀具，及时刃磨。

刀具磨损是由机械摩擦和热效应两方面作用造成的，因此，影响刀具磨损的因素基本上与影响切削温度的因素相同。

2．刀具的磨钝标准

在使用刀具时，刀具在产生急剧磨损前必须重磨切削刃或更换新刀具。这时的刀具磨损量称为磨钝标准或磨损限度。由于后刀面磨损显著，且易于控制和测量，因此规定将后刀面上的磨损宽度，即后刀面均匀磨损区平均磨损量 VB 值所允许达到的最大值作为刀具的磨钝标准。实际生产中磨钝标准应根据加工要求制订。精加工主要保证加工精度和表面质量，因此磨钝标准 VB 定得较小。粗加工时，为了减少磨刀次数，提高生产率，磨钝标准 VB 定得较大。车刀的磨钝标准 VB 值如表 4.3-1 所示，供使用时参考。

表 4.3-1 磨钝标准 VB 值　　　　mm

加工方式	合金钢件	钢　件	铸　铁　件	钢、铸铁大件
精　车	0.1～0.3			
粗　车	0.4～0.5	0.6～0.8	0.8～1.2	1.0～1.5

实际生产中操作工人也可以根据观察到的现象，如工件上是否出现亮点和暗点、加工各表面粗糙度的变化情况、切屑形状和颜色的变化、是否出现震动或不正常的声音等，判断刀具是否达到磨钝标准。

4.3.4 刀具耐用度

1．刀具耐用度的概念

刀具一次刃磨后从开始切削直到磨损量达到磨钝标准为止的实际切削时间称为刀具耐用度，用 T 表示，单位为 min。耐用度为切削时间，它不包括对刀、夹紧、测量、快进、回程等辅助时间。

刀具耐用度的大小表示刀具磨损的快慢，刀具耐用度大，表示刀具磨损慢；耐用度小，表示刀具磨损快。另外，刀具耐用度与刀具寿命是两个不同的概念。刀具寿命是指一把新刀从投入使用到报废为止总的切削时间，刀具的寿命等于刀具耐用度乘以刃磨次数。

2．刀具耐用度方程

通过刀具磨损实验，可得到切削用量三要素与刀具耐用度的关系，称为刀具耐用度方程。

$$T = \frac{C_T}{v_c^{\frac{1}{m}} f^{\frac{1}{n}} \alpha_p^{\frac{1}{p}}}$$

式中：C_T —— 与工件材料、刀具材料和其他条件有关的系数；

　　　m、n、p —— 分别表示切削用量 v_c、f、a_p 对耐用度 T 影响程度的指数。

上述各常数和指数可在金属切削手册查得，当用硬质合金车刀切削 σ_b 为 $0.736\,\mathrm{GPa}$ 的碳素钢时，实验公式为

$$T = \frac{C_T}{v_c^5 f^{2.25} a_p^{0.75}}$$

由此可见，切削用量三要素中，切削速度 v_c 对刀具耐用度 T 的影响最大，进给量 f 次之，背吃刀量 a_p 的影响最小。这与切削用量三要素 v_c、f、a_p 对切削温度影响规律是完全一致的。

3. 刀具耐用度合理数值的确定

根据刀具的耐用度方程，当刀具耐用度一定时，为了提高生产率，应首先考虑增大背吃刀量，其次是增大进给量，然后根据耐用度、已定的背吃刀量和进给量确定切削速度。这样既能保持刀具耐用度，发挥刀具切削性能，又能提高生产率。由于刀具耐用度确定得太低和太高都会使生产率降低，因此，刀具耐用度存在一个合理数值。

确定刀具耐用度的合理数值的方法一般有两种：一是根据加工一个零件花费时间最少的观点来制订刀具耐用度，称为最大生产率耐用度；二是根据加工一个零件的成本最低的观点来制订刀具耐用度，称为最低成本耐用度。生产中常采用最低成本耐用度，只有当生产任务紧急或生产中出现不平衡环节时，才选用最大生产率耐用度。

刀具耐用度一般根据工厂具体生产条件来确定。复杂刀具的制造成本较高，它的耐用度应高于简单刀具；可转位刀具的切削刃转位迅速、更换刀片简便，刀具耐用度规定得低些；对于装刀、调刀较为复杂的多刀机床、组合机床等，刀具耐用度可定得高些；自动线刀具、数控刀具应制订较高刀具耐用度。常用的耐用度如表 4.3-2 所示，可供选用时参考。

表 4.3-2　刀具耐用度　　　　　　　　　　　　　　min

刀 具 类 型	耐 用 度	刀 具 类 型	耐 用 度
高速钢车刀、刨刀、镗刀	30～60	硬质合金面铣刀	90～180
硬质合金焊接车刀	15～60	齿轮刀具	200～300
硬质合金可转位车刀	15～45	自动线、组合机床、数控刀具	240～480
高速钢钻头	80～120		

4.4　尺寸链计算与工序尺寸确定

零件图上所标注的尺寸公差是零件加工最终所要求达到的尺寸要求，工艺过程中许多中间工序的尺寸公差，必须在设计工艺过程中予以确定。工序尺寸及其公差一般都是通过计算工艺尺寸链确定的。为掌握工艺尺寸链的计算规律，这里先介绍尺寸链的概念及尺寸链的计算方法，然后再就工序尺寸及其公差的确定方法进行讨论。

4.4.1　尺寸链及尺寸链计算公式

1. 尺寸链的定义

在工件加工和机器装配过程中，由相互联系的尺寸，按一定顺序排列成的封闭尺寸组，称为尺寸链。尺寸链示例如图 4.4-1。

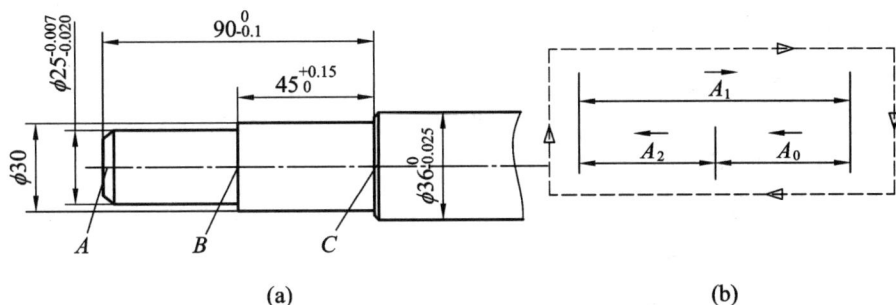

图 4.4-1　尺寸链示例

图 4.4-1 所示工件先平端面 A，以 A 为基准，车外圆 $\phi30$ 至 C 面，保证尺寸 A_1，然后以 A 为基准车外圆 $\phi25$ 到 B 面，得到尺寸 A_2，要求保证 B 面至 C 面的尺寸 A_0，A_1、A_2 和 A_0 三个尺寸构成了一个封闭尺寸组，就形成了一个尺寸链。

2. 尺寸链的组成

尺寸链中的每一个尺寸称为尺寸链的环，尺寸链由一系列的环组成。环又分为封闭环和组成环。

(1) 封闭环(终结环)：在加工过程中间接获得的尺寸，称为封闭环。在图 4.4-1(b)所示的尺寸链中，A_0 是间接得到的尺寸，它就是尺寸链的封闭环。

(2) 组成环：在加工过程中直接获得的尺寸，称为组成环。尺寸链中 A_1 与 A_2 都是通过加工直接得到的尺寸，A_1、A_2 都是尺寸链的组成环。组成环又分增环和减环。

① 增环：在尺寸链中，自身增大或减小，会使封闭环随之增大或减小的组成环，称为增环。增环在字母上面用箭头"→"表示。

② 减环：在尺寸链中，自身增大或减小，会使封闭环随之减小或增大的组成环，称为减环。减环在字母上面用箭头"←"表示。

确定增减环的方法：用箭头方法确定，即凡是箭头方向与封闭环箭头方向相反的组成环为增环，相同的组成环为减环。在图 4.4-1(b)所示尺寸链中，A_1 是增环，A_2 是减环。

③ 传递系数 ξ_i：传递系数表示组成环对封闭环影响大小的系统，即组成环在封闭环上引起的变动量与组成环本身变动量之比。对直线链而言，增环的 $\xi_i=1$，减环的 $\xi_i=-1$。

3. 尺寸链的分类

(1) 按尺寸链在空间分布的位置关系分类。

① 线性尺寸链：尺寸链中各环位于同一平面内且彼此平行，如图 4.4-2(a)所示。

② 平面尺寸链：尺寸链中各环位于同一平面或彼此平行的平面内，各环之间可以不平行，如图 4.4-2(b)所示。

③ 空间尺寸链：尺寸链中各环不在同一或彼此平行的平面内。

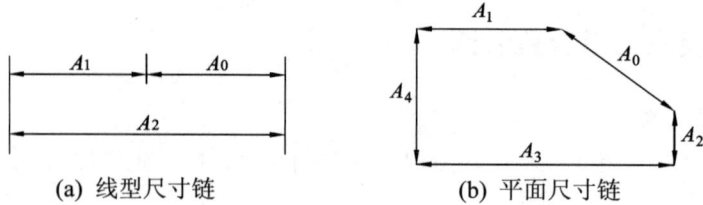

(a) 线型尺寸链　　　　　　　(b) 平面尺寸链

图 4.4-2　尺寸链按空间分布分类

(2) 按尺寸链的应用范围分类。

① 工艺尺寸链：在加工过程中，工件上各相关的工艺尺寸所组成的尺寸链。

② 装配尺寸链：在机器设计和装配过程中，各相关的零部件相互联系的尺寸所组成的尺寸链，如图 4.4-3 所示。

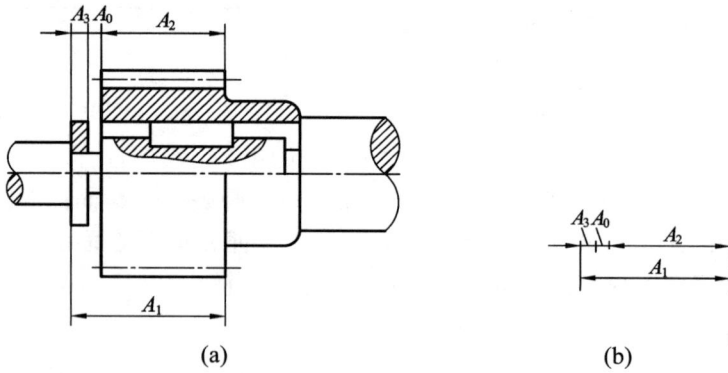

(a)　　　　　　　　　　　　(b)

图 4.4-3　装配尺寸链

(3) 按尺寸链各环的几何特征分类。

① 长度尺寸链：尺寸链中各环均为长度量。

② 角度尺寸链：尺寸链中各环均为角度量。

4. 尺寸链的计算

尺寸链的计算有正计算、反计算和中间计算三种类型。已知组成环求封闭环称为正计算；已知封闭环求各组成环称为反计算；已知封闭环及部分组成环，求其余的一个或几个组成环，称为中间计算。

计算工艺尺寸链的常用方法有极值法与统计法(或概率法)等。用极值法解尺寸链是从尺寸各环均处于极值条件来解封闭环尺寸与组成环尺寸之间的关系。用统计法解尺寸链则是运用概率论理论来求解封闭环尺寸与组成环尺寸之间的关系。

5. 极值法解尺寸链的计算公式

机械制造中的尺寸公差通常用公称尺寸(A)、上极限偏差(ES)、下极限偏差(EI)表示，还可以用上极限尺寸(A_{max})与下极限尺寸(A_{min})或公称尺寸(A)、中间偏差(Δ)与公差(T)表示，它们之间的关系如图 4.4-4 所示。

(1) 封闭环公称尺寸。

封闭环的公称尺寸 A_0 等于所有增环公称尺寸(A_p)之和减去所有减环公称尺寸(A_q)之和，即

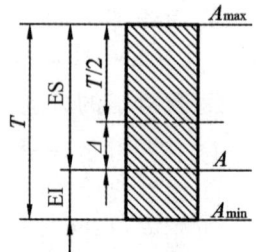

图 4.4-4　公称尺寸、极限偏差、
公差与中间偏差

$$A_0 = \sum_{i=1}^{m} \zeta_i A_i = \sum_{p=1}^{K} \vec{A}_P - \sum_{q=k+1}^{m} \bar{A}_q$$

式中：m——组成环数；

k——增环数；

ζ_i——第 i 组组成环的尺寸传递系数。对直线尺寸链而言，增环的 $\zeta_i = 1$，减环的 $\zeta_i = -1$。

(2) 环的极限尺寸：

$$A_{max} = A + ES, \quad A_{min} = A - EI$$

(3) 环的极限偏差：

$$ES = A_{max} - A, \quad EI = A - A_{min}$$

(4) 封闭环的中间偏差：

$$\Delta_0 = \sum_{i=1}^{m} \zeta_i \Delta_i$$

式中：Δ_i——第 i 组组成环的中间偏差。

结论：封闭环的中间偏差等于所有增环中间偏差之和减去所有减环中间偏差之和。

(5) 封闭环公差：

$$T_0 = \sum_{i=1}^{m} |\zeta_i| T_i = \sum_{i=1}^{m} T_i$$

结论：封闭环公差等于所有组成环公差之和。

(6) 组成环中间偏差：

$$\Delta_i = \frac{ES_i + Ei_i}{2}$$

(7) 封闭环极限尺寸：

$$A_{0\,max} = \sum_{p=1}^{K} \vec{A}_{P\,max} - \sum_{q=k+1}^{m} \bar{A}_{q\,min}$$

结论：封闭环的上极限尺寸等于所有增环的上极限尺寸之和减去所有减环的下极限尺寸之和。

$$A_{0\,min} = \sum_{p=1}^{K} \vec{A}_{P\,min} - \sum_{q=k+1}^{m} \bar{A}_{q\,max}$$

结论：封闭环的下极限尺寸等于所有增环的下极限尺寸之和减去所有减环的上极限尺寸之和。

(8) 封闭环极限偏差：

$$ES_0 = \sum_{p=1}^{K} ES_p - \sum_{q=k+1}^{m} EI_q$$

结论：封闭环的上极限偏差等于所有增环的上极限偏差之和减去所有减环的下极限偏差之和。

$$EI_0 = \sum_{p=1}^{K} EI_p - \sum_{q=k+1}^{m} ES_q$$

结论：封闭环的下极限偏差等于所有增环的下极限偏差之和减去所有减环的上极限偏差之和。

6. 竖式计算法口诀

封闭环和增环的公称尺寸和上下极限偏差照抄；减环公称尺寸变号；减环上下极限偏差对调且变号。

竖式计算法可用来验算极值法解尺寸链的正确与否。

7. 统计法(概率法)解直线尺寸链基本计算公式

应用极值法解尺寸链，具有简便可靠等优点。当封闭环公差较小，环数较多时，则各组成环公差就相应地减小，造成加工困难成本增加。生产实践表明，封闭环的实际误差比用极值法计算出来的公差小得多。为了扩大组成环公差，以便加工容易，可采用统计法(概率法)解尺寸链以确定组成环公差，而不用极值法。

机械制造中的尺寸分布多数为正态分布，但也有非正态分布。非正态分布又有对称分布与不对称分布。统计法计算尺寸链的基本计算公式除可应用极值法解直线尺寸链的一些基本公式外，尚有以下两个计算公式。

(1) 封闭环中间偏差：

$$\Delta_0 = \sum_{i=1}^{m} \zeta_i \left(\Delta + \frac{e_i T_i}{2} \right)$$

(2) 封闭环公差：

$$T_0 = \frac{1}{k_0} \sqrt{\sum_{i=1}^{m} \zeta_i^2 k_i^2 T_i^2}$$

式中：e_i——第 i 组组成环尺寸分布曲线的不对称系数；

$e_i T_i / 2$——第 i 组组成环尺寸分布中心相对公差带的偏移量；

k_0——封闭环的相对分布系数；

k_i——第 i 组组成环的相对分布系数。

(3) 统计法(概率法)的近似计算：

统计法(概率法)的近似计算是假定各环分布曲线是对称分布于公差值的全部范围内(即 $e_i = 0$)，并取相同的相对分布系统的平均值 k_m (一般取 1.2～1.7)，所以有

$$T_0 = k_m \sqrt{\sum_{i=1}^{n-1} T_i^2}$$

4.4.2 几种工艺尺寸链的分析与计算

1. 定位基准与设计基准不重合时的尺寸计算

例 4.4-1 如图 4.4-5 所示，先平端面 A，以 A 为基准，车外圆 $\phi 30$ 至 C 面，保证尺寸 A_1，然后以 A 为基准车外圆 $\phi 25$ 到 B 面，得到尺寸 A_2，要求保证 B 面至 C 面的尺寸 A_0。试求工序尺寸 A_2。

解：(1) 根据题意画工艺尺寸链，如图 4.4-5(b)所示。

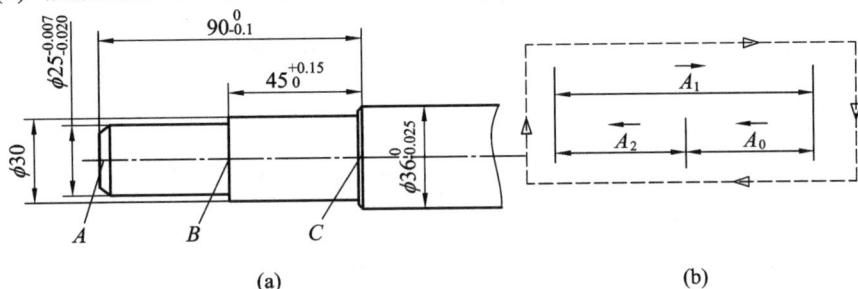

(a)   (b)

图 4.4-5 定位基准与设计基准不重合尺寸链算

(2) 确定封闭环和组成环。

A_0 为封闭环，A_1、A_2 为组成环，其中 A_1 为增环，A_2 为减环。

(3) 根据工艺尺寸链的基本计算公式进行计算：

因为 $A_0 = A_1 - A_2$，$\mathrm{ES}_0 = \mathrm{ES}_1 - \mathrm{EI}_2$，$\mathrm{EI}_0 = \mathrm{EI}_1 - \mathrm{ES}_2$，所以

$$A_2 = A_1 - A_0 = 90 - 45 = 45 \text{ mm}$$
$$\mathrm{EI}_2 = \mathrm{ES}_1 - \mathrm{ES}_0 = 0 - 0.15 = -0.15 \text{ mm}$$
$$\mathrm{ES}_2 = \mathrm{EI}_1 - \mathrm{EI}_0 = -0.1 - 0 = -0.1 \text{ mm}$$

$$A_2 = 45_{-0.15}^{-0.1} \text{ mm}$$

2. 设计基准与测量基准不重合时的尺寸计算

例 4.4-2 一批如图 4.4-6 所示的轴套零件，在车床上已加工好外圆、内孔及端面，现需在铣床上铣右端缺口，并保证尺寸 $5_{-0.06}^{0}$ 及 26 ± 0.2。求采用调整法加工时的控制尺寸 H、A 及其极限偏差，并画出尺寸链图。

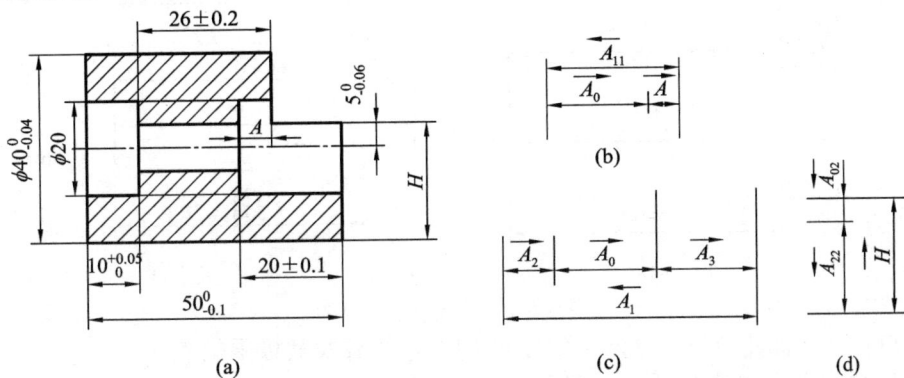

(a)   (b)   (c)   (d)

图 4.4-6 设计基准与测量基准不重合

解：(1) 根据题意画工艺尺寸链，如图 4.4-6(b)、(c)和(d)所示。

(2) 确定封闭环和组成环。

图 4.4-6(c)中，A_0 为封闭环，A_1、A_2、A_3 为组成环，A_1 为增环，A_2、A_3 为减环。

图 4.4-6(b)中，A_{11}、A 为组成环，A_{11} 为增环，A 为减环。

(3) 根据工艺尺寸链的基本计算公式进行计算：

图 4.4-6(c)中：

$$A_0 = A_1 - A_2 - A_3 = 50 - 10 - 20 = 20 \text{ mm}$$
$$ES_0 = ES_1 - EI_2 - EI_3 = 0 - 0 - 0.1 = -0.1 \text{ mm}$$
$$EI_0 = EI_1 - ES_2 - ES_3 = -0.1 - 0.05 - 0.1 \text{ mm} = -0.25 \text{ mm}$$
$$A_0 = 20_{-0.25}^{-0.1} \text{ mm}$$

图 4.4-6(b)中：

$$A_0 = A_{11} - A, \quad ES_0 = ES_{11} - EI_q, \quad EI_0 = EI_{11} - ES_q$$
$$A = A_{11} - A_0 = 26 - 20 = 6 \text{ mm}$$
$$EI_q = ES_{11} - ES_0 = 0.2 - (-0.1) = 0.3 \text{ mm}$$
$$ES_q = EI_{11} - EI_0 = -0.2 - (-0.25) = 0.05 \text{ mm}$$
$$A = 6_{0.3}^{0.05} \text{ mm}$$

图 4.4-6(d)中：

$$A_{02} = H - A_{22}, \quad ES_{02} = ES_H - EI_{22}, \quad EI_{02} = EI_H - ES_{22}$$
$$H = A_{22} + A_{02} = 20 + 5 = 25 \text{ mm}$$
$$ES_H = ES_{02} + EI_{22} = 0 + (-0.02) \text{ mm} = -0.02 \text{ mm}$$
$$EI_H = ES_{22} + EI_{02} = 0 + (-0.06 \text{ mm}) = -0.06 \text{ mm}$$
$$H = 25_{-0.06}^{-0.02} \text{ mm}$$

3. 不同工艺基准的尺寸链计算

例 4.4-3　如图 4.4-7 所示的轴套零件，其外圆、内孔及端面均已加工。试求：

(1) 当以 A 面定位钻 $\phi 10$ mm 孔时的工序尺寸 A_1 及其极限偏差(要求画出尺寸链图)；

(2) 当以 B 面定位钻 $\phi 10$ mm 孔时的工序尺寸 A_1 及其极限偏差。

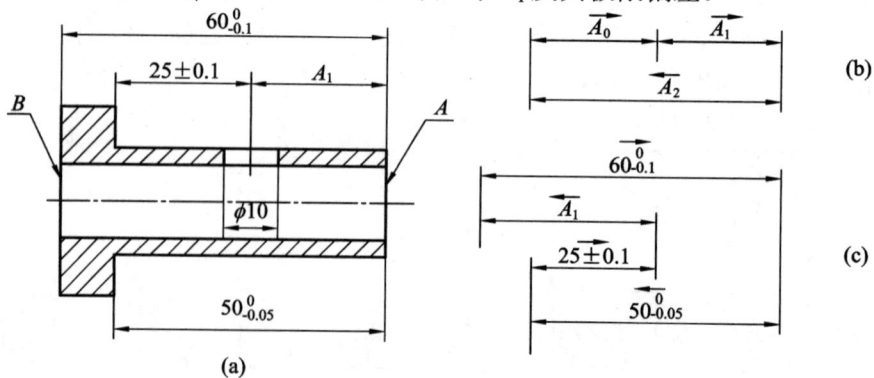

图 4.4-7　轴套零件的尺寸链

解：(1) 以 A 面定位钻 $\phi 10$ mm 孔时的工序尺寸 A_1 及其极限偏差。

根据题意可画出工序尺寸图如图 4.4-7(b)所示。

$A_0 = 25 \pm 0.1$ mm 为封闭环，$A_2 = 50^{0}_{-0.05}$ mm 为增环，A_1 为减环。

因为 $A_0 = A_2 - A_1$，所以

$$A_1 = A_2 - A_0 = 50 - 25 = 25 \text{ mm}$$

因为 $\text{ES}_0 = \text{ES}_p - \text{EI}_q$，所以

$$\text{EI}_q = \text{ES}_p - \text{ES}_0 = 0 - 0.1 = -0.1 \text{ mm}$$
$$\text{EI}_0 = \text{EI}_p - \text{ES}_q, \quad \text{ES}_q = \text{EI}_p - \text{EI}_0 = -0.05 - (-0.1) = 0.05 \text{ mm}$$

$$A_1 = 25^{0.05}_{-0.1} \text{ mm}$$

(2) 以 B 面定位钻 $\phi10$ mm 孔时的工序尺寸 A_1 及其极限偏差。A_1 为 B 面到孔的距离。根据题意可画出工序尺寸图如图 4.4-7(c)所示。

$A_0 = 25 \pm 0.1$ mm 为封闭环，A_1、$A_2 = 50^{0}_{-0.05}$ mm 为增环，$A_3 = 60^{0}_{-0.1}$ mm 为减环。

因为 $A_0 = A_1 + A_2 - A_3$，所以

$$A_1 = A_0 - A_2 + A_3 = 25 - 50 + 60 = 35 \text{ mm}$$
$$\text{ES}_0 = \text{ES}_p - \text{EI}_q, \quad \text{ES}_p = \text{ES}_0 + \text{EI}_q = 0.1 + 0.1 = 0.2 \text{ mm}$$
$$\text{EI}_0 = \text{EI}_p - \text{ES}_q, \quad \text{EI}_p = \text{EI}_0 + \text{ES}_q = -0.1 + 0.05 = -0.05 \text{ mm}$$

$$A_1 = 35^{+0.2}_{-0.05} \text{ mm}$$

4. 保证渗碳、渗氮层深度的工艺的尺寸链计算

例 4.4-4　一批小轴其部分工艺过程为车外圆至 $\phi20.6^{0}_{-0.04}$ mm，渗碳淬火，磨外圆至 $\phi20^{0}_{-0.02}$ mm。试计算保证淬火层深度为 0.7～1.0 mm 的渗碳工序的渗入深度。小轴零件的尺寸链如图 4.4-8 所示。

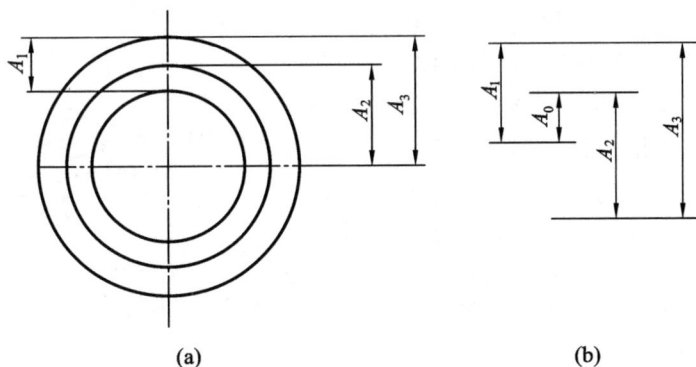

图 4.4-8　小轴零件的尺寸链

解：根据题意可画出工序尺寸图，如图 4.4-8(a)所示。

(1) 按工序要求画工艺尺寸链图，如图 4.4-8(b)所示，其中尺寸 A_1 是待求的渗入深度。

(2) 确定封闭环和组成环。由工艺要求可知，要保证的淬火层深度尺寸为封闭环，即尺寸链中的尺寸 A_0，其他尺寸均为组成环。用箭头法可确定出 A_1、A_2 为增环，A_3 为减环。

(3) 根据工艺尺寸链的基本计算公式进行计算。

因为 $A_0 = A_1 + A_2 - A_3$，所以

$$A_1 = A_0 + A_3 - A_2$$

而

$$A_0 = 1_{-0.3}^{0} \text{ mm}, \quad A_2 = 10_{-0.01}^{0} \text{ mm}, \quad A_3 = 10.3_{-0.02}^{0} \text{ mm} \quad （按半径偏差标注）$$

故

$$A_1 = A_0 + A_3 - A_2 = 1 + 10.3 - 10 = 1.3 \text{ mm}$$

又 $ES_0 = ES_1 + ES_2 - EI_3$，则

$$ES_1 = ES_0 - ES_2 + EI_3 = 0 - 0 - 0.02 = -0.02 \text{ mm}$$

又 $EI_0 = EI_1 + EI_2 - ES_3$，则

$$EI_1 = EI_0 - EI_2 + ES_3 = -0.3 + 0.01 - 0.02 = -0.31 \text{ mm}$$

所以得渗碳工序的渗入深度为

$$A_1 = 1.3_{-0.31}^{-0.02} \text{ mm}$$

4.5　金属切削过程与规律

4.5.1　切屑形成

切削过程中的各种物理现象都是以切屑形成过程为基础的。了解切屑的形成过程对理解切削规律及其本质非常重要。下面以塑性金属材料为例，说明切屑的形成及切削过程的变形情况。

1．切屑的形成过程

切削塑性材料时，切削过程一般分为挤压、滑移、挤裂和切离四个阶段。当刀具与工件开始接触时，接触处的金属会发生弹性变形，随着挤压力的增大，材料沿45°剪切面滑移，产生塑性变形。刀具继续挤压工件，使金属内应力超过强度极限，这部分金属则沿滑移方向产生裂痕，最终被分离，形成切屑。如图4.5-1所示，切削过程中，切削层受刀具挤压后产生塑性变形，由于受下部金属母体的阻碍，切削层只能沿 OM 方向滑移，产生以剪切滑移为主的塑性变形而形成切屑。

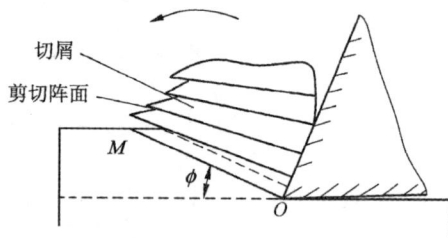

图 4.5-1　金属的挤压变形

2．切屑的种类

(1) 带状切屑。切屑连续不断呈带状，内表面光滑，外表面无明显裂纹，呈微小锯齿形，如图4.5-2(a)所示。一般在加工塑性金属材料(如低碳钢、合金钢、铜、铝)采用较大的刀具前角、较小的切削层公称厚度、较高的切削速度时，最易形成这种切屑。形成带状切屑时，切削力波动小，切削过程比较平稳，加工表面质量高，但须采取断屑措施，否则会产生缠绕以致损坏刀具，尤其是在数控机床和自动机床加工中。

(2) 挤裂切屑。挤裂切屑又叫节状切屑，这种切屑底面较光滑，背面局部裂开，呈较大的锯齿形，如图4.5-2(b)所示。这是由于剪切面上的局部切应力达到材料强度极限的结果。

一般加工塑性较低的金属材料(如黄铜)，在刀具前角较小、切削层公称厚度较大、切削速度较低时，或加工碳素钢材料在工艺系统刚性不足时，易形成这种切屑。形成挤裂切屑时，切削力波动较大，切削过程不太稳定，加工表面粗糙度较大。

(3) 单元切屑。单元切屑又叫粒状切屑。切削塑性材料时，若在挤裂切屑整个剪切面上的剪切应力超过了材料断裂强度，所产生的裂纹贯穿切屑断面时，在挤裂下呈均匀的颗粒状，称为单元切屑，如图 4.5-2(c)所示。采用小前角或负前角，以极低的切削速度和大的切削层公称厚度切削时，会形成这种切屑。形成单元切屑时，切削力波动大，切削过程不平稳，加工表面粗糙度大。

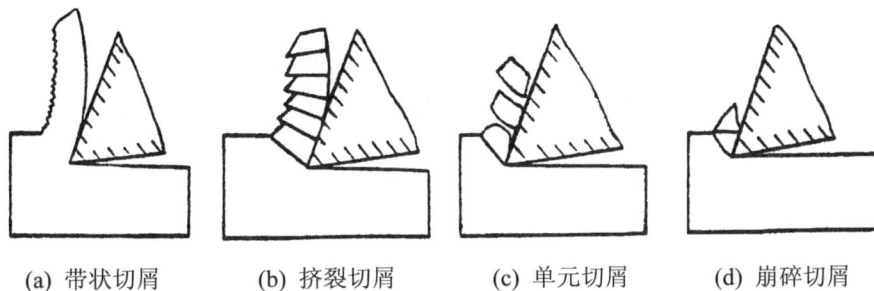

(a) 带状切屑　　(b) 挤裂切屑　　(c) 单元切屑　　(d) 崩碎切屑

图 4.5-2　切屑的种类

(4) 崩碎切屑。切削铸铁、青铜等脆性材料时，切削层在弹性变形后未经塑性变形就被挤裂，形成不规则的碎块状的崩碎切屑，如图 4.5-2(d)所示。形成崩碎切屑时切削力波动大，且切削层金属集中在切削刃口碎断，易损坏刀具，加工表面也凹凸不平，使已加工表面粗糙度增大。如果减小切削层公称厚度，适当提高切削速度，可使切屑转化为针状或片状。

切屑的形状可以随切削条件的不同而发生改变。例如，改变刀具的几何角度和切削用量，可使切屑形态发生变化，生产中常根据具体情况采取不同的措施使切屑变形得到控制，以保证切削加工的顺利进行。

4.5.2　切削过程

1. 切削时的三个变形区

金属的切削过程实质上是被切削金属层在刀具挤压作用下产生剪切滑移、塑性变形，直至断裂的过程。通常将切削过程中切削层内发生的塑性变形区域划分为三个变形区，如图 4.5-3 所示。

(1) 第一变形区。被切削金属层在刀具前面挤压力的作用下，首先产生弹性变形，当达到材料的屈服极限时，沿 OA 面(称为始滑移面)开始产生剪切滑移，到 OM 面(称为终滑移面)晶粒的剪切滑移基本完成，切削层形成切屑沿刀具前面流出。

(2) 第二变形区。当剪切滑移形成的切屑在

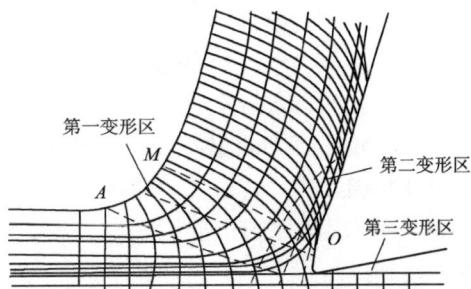

图 4.5-3　切削时形成的三个变形区

刀具前面流出时，切屑底层进一步受到刀具的挤压和摩擦，使靠近刀具前面处的金属再次产生剪切变形，形成第二变形区。第二变形区主要集中在和刀具前面摩擦的切屑底面的一薄层金属里。

(3) 第三变形区。工件与刀具后面接触的区域受到刀具刃口与刀具后面的挤压和摩擦，造成已加工表面变形，称为第三变形区。已加工表面的形成与第三变形区(刀具后面与工件接触区)有很密切的关系。由于已加工表面是经过多次复杂的变形而形成的，造成已加工表面金属的纤维化和加工硬化，并产生一定的残余应力，第三变形区的金属变形将影响工件的表面质量和使用性能。

2. 积屑瘤

(1) 积屑瘤的形成。在切削速度不高而又能形成连续性切屑的情况下，加工钢料或其他塑性材料时，常在切削刃口附近黏结一块很硬(约为工件材料硬度的 2～3.5 倍)的金属堆积物，冷焊在切削刃上且覆盖刀具部分前面，这就是积屑瘤。

积屑瘤的形成原因主要是由于切削加工时，在一定的温度和压力作用下，切屑与刀具前面发生强烈摩擦，致使切屑底层金属流动速度降低而形成滞流层，如果温度和压力合适，滞流层就与前刀面黏结而留在刀具前面上。由于黏结层经过塑性变形硬度提高，连续流动的切屑在黏结层上流动时，又会形成新的滞留层，使黏结层在前一层的基础上积聚，这样一层又一层地堆积，黏结层愈来愈大，最后形成积屑瘤。当积屑瘤生成时或生成后，在外力、震动等的作用下，会局部断裂或脱落；另外，当切削温度超过工件材料的再结晶温度时，由于加工硬化消失，金属软化，积屑瘤也会脱落和消失。由此可见，产生积屑瘤的决定因素是切削温度，形成积屑瘤的必要条件是加工硬化和黏结。

(2) 积屑瘤对切削过程的影响。

① 增大实际前角。积屑瘤黏结在刀具前刀面刀尖处，可代替刀具切削，增大了实际前角，如图 4.5-4 所示，可减小切屑变形和切削力。

② 增大切入深度。积屑瘤前端伸出切削刃之外，加工中出现过切，使刀具切入深度比没有积屑瘤时增大了 Δ，因而影响了加工尺寸，如图 4.5-4 所示。

③ 增大已加工表面粗糙度。由于积屑瘤很不稳定，使切削深度不断变化，导致实际前角发生变化，引起切

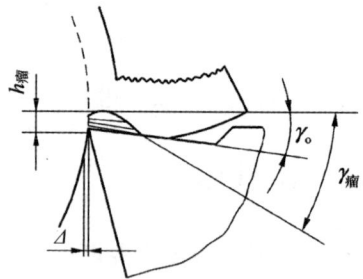

图 4.5-4 积屑瘤的前角及伸出量 Δ

削过程震动；积屑瘤脱落时的碎片可能黏附在已加工表面上；积屑瘤凸出刀刃部分，在已加工表面上形成沟纹，这些都可以造成已加工表面的粗糙度值增大。

④ 影响刀具耐用度。积屑瘤覆盖着刀具部分刃口和前面，对切削刃和前面有一定保护作用，从而减小了刀具磨损，但积屑瘤脱落时，又可能使黏结牢固的硬质合金表面剥落，加剧刀具磨损。

(3) 影响积屑瘤的主要因素与控制。精加工时必须避免或抑制积屑瘤的生成。其措施有如下几种：

① 控制切削速度。尽量采用很低或很高的切削速度。切削速度是通过切削温度和摩擦系数来影响积屑瘤的。如图 4.5-5 所示，低速切削时，切屑流动较慢，切削温度较低，刀具

前面摩擦系数小，不易发生黏结，不会形成积屑瘤；高速切削时，切削温度高，切屑底层金属软化，加工硬化和变形强化消失，也不会生成积屑瘤；中速切削时，切削温度在 300～400℃，是形成积屑瘤的适宜温度，此时摩擦系数最大，积屑瘤生长得最高，因而表面粗糙度值最大。

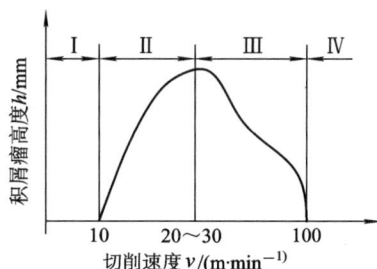

图 4.5-5　积屑瘤高度与切削速度的关系

② 降低工件材料塑性。通过热处理降低材料塑性，提高其硬度，可抑制积屑瘤的生成。

③ 其他措施。减小进给量、增大刀具前角，减小刀具前面的粗糙度值，合理使用切削液等，均可使切削变形减小，切削力减小，切削温度下降，从而抑制积屑瘤的生成。

3．影响切屑变形的因素

分析影响切屑变形的因素，并利用这些因素优化切削过程。

(1) 工件材料对切屑变形的影响。工件材料的塑性是影响切屑变形的主要因素。如碳钢的塑性越大，抗拉强度和屈服强度越低，越容易产生塑性滑移和剪切变形，在较小的应力条件下就开始产生塑性变形。在相同的切削条件下，工件材料的塑性越大，切屑变形就越大。例如 1Cr18Ni9Ti 和 45 钢的强度近似，但前者延伸率大得多，切削时切屑变形大，易粘刀且不易断屑。

(2) 刀具前角对切屑变形的影响。刀具前角越大，切屑沿前刀面流出的阻力越小，切屑变形越小。

(3) 切削速度对切屑变形的影响。在无积屑瘤的切削速度范围内（例如高速切削），切削速度越高，则变形越小。因为塑性变形的传播速度较弹性变形慢，如图 4.5-6 所示，当切削速度低时，金属初始剪切面为 OA，但当切削速度高时，金属流动速度大于塑性变形速度，即在 OA 线上尚未显著变形就已流动到 OA' 线上，切屑变形减小。

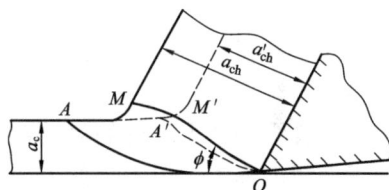

图 4.5-6　切削速度对切屑变形的影响

在有积屑瘤的切削速度范围内，可通过积屑瘤改变实际前角和切削温度，影响切屑变形。以车削中碳钢为例，切削速度在 3～20 m/min 范围内，随着速度提高，积屑瘤高度也增高，刀具实际前角增大，切屑变形减小；切削速度在 20～40 m/min 范围内，随着速度提高，积屑瘤高度降低，刀具实际前角减小，切屑变形又增加；切削速度在 20 m/min 左右时，积屑瘤最高，刀具实际前角最大，切屑变形最小；切削速度超过 40 m/min 时，由于切削温度升高，摩擦系数下降，切屑变形又开始下降。在生产中，可通过低速或高速切削来减小工件表面粗糙度。

切削铸铁等脆性材料时，一般不形成积屑瘤，当切削速度逐渐增大时，变形缓慢减小。

(4) 切削厚度对切屑变形的影响。当切削厚度增加时，摩擦系数减小，变形变小；切削厚度增加，切屑底层变形大，上层变形小且变形程度严重的金属层，占切屑体积的百分比随着切屑厚度增加而下降。因此，从切削层整体看，切屑的平均变形减小。反之，切屑越薄，变形量越大。

4.5.3 切屑的形状与控制

在金属切削加工中，需要控制切屑的形状、流向、卷曲和折断，切屑处理不当会影响正常生产秩序和操作者的人身安全；经常停车清理切屑也会增加辅助时间，使切屑划伤工件表面，甚至打坏切削刃。尤其在数控机床和自动生产线上，断屑和卷屑更应该引起重视。

1. 切屑与断屑

根据工件材料、刀具几何参数和切削用量的不同，切屑的形状有很大的不同，它们影响切屑的处理和运输。按切屑形状进行分类，常见切屑的形状如图4.5-7所示。

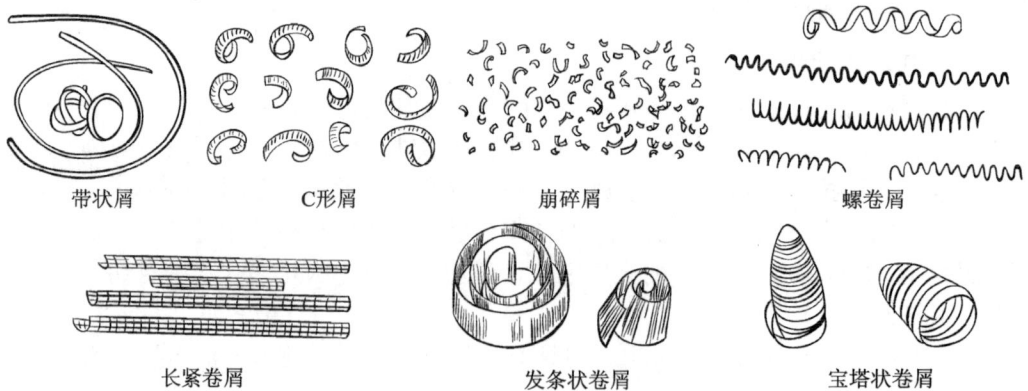

| 带状屑 | C形屑 | 崩碎屑 | 螺卷屑 |

| 长紧卷屑 | 发条状卷屑 | 宝塔状卷屑 |

图 4.5-7　切屑的各种形状

切削塑性材料时，若不采用适当的断屑措施，易形成带状屑。连续带状切屑在加工过程中将会缠绕在一起。这不仅不利于切屑处理，而且也会增加切屑处理过程中的危险性。为了人员安全和获得良好的表面粗糙度，理想的切屑类型应该是C字形的，C形屑不会缠绕在工件或刀具上，也不易伤人，是一种比较好的屑形。但C形屑通常是由带有断屑槽的刀具加工时形成的，会影响到切削过程的平稳性和工件已加工表面粗糙度，所以精车时一般希望形成长螺卷屑。

断屑槽具有很多种形式，大多数的硬质合金刀具都有一个嵌入式断屑槽或自身就带有断屑槽，如图4.5-8所示。断屑槽专门设计用于使切屑沿工件发生卷曲，然后将其从工件上分离以获得正确的切屑类型。

当使用高速刀具时，必须在刀具上磨出断屑槽，并选取适当的切削速度和进给量，以便在加工过程中获得较好类型的切屑。较高的切削速度会产生较大的卷曲切屑，即使没有断屑槽，通过正确地调整机器设备通常也能得到卷曲切屑。切削的深度对切屑卷曲和分离也有影响。当切削深度较大时，切屑也会较大。这类大切屑比轻的切屑弹性更低，因此更容易分离成细小的切屑。图4.5-9显示了高速刀具上断屑槽的不同形式。

长紧卷屑形成过程比较平稳，清理也方便，在普通车床上是一种可以选择的屑形。

在重型车床上用大切深、大进给量车削钢件时，切屑宽且厚，所以通常将断屑槽的槽底圆弧半径加大，使切屑卷曲成发条状，在工件表面上折断，并靠其自重坠落。

(a) 普通刀具　　(b) 带有断屑槽刀具

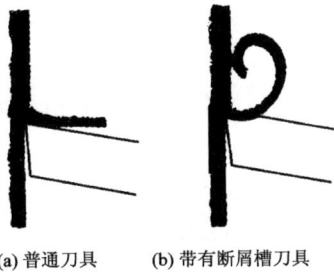

图 4.5-8　断屑槽使切屑卷曲并脱落　　　　图 4.5-9　高速刀具的断屑槽类型

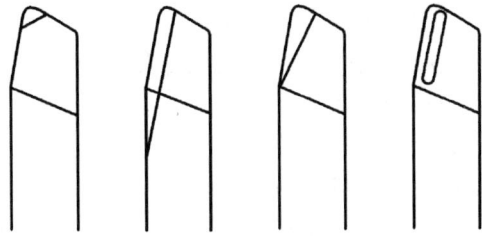

在自动机床、数控机床或自动线上，宝塔状卷屑不会缠绕工件或刀具，清理也方便，是比较好的屑形。车削铸铁等脆性材料时，切屑崩碎成针状或碎片，对清理和人身安全都不利，这时应设法使切屑连成卷屑。

2．断屑槽尺寸参数

断屑槽的槽形有折线型、直线圆弧型和全圆弧型三种。它们在垂直切削刃的剖面上的形状如图 4.5-10(a)、(b)、(c)所示。除槽宽尺寸外，其中反屑角也是影响断屑的主要因素，反屑角增大，切屑易断裂，会使切屑卷曲半径 R_{ch} 减小，增大卷曲变形和弯曲应力，如图 4.5-10(d)所示。

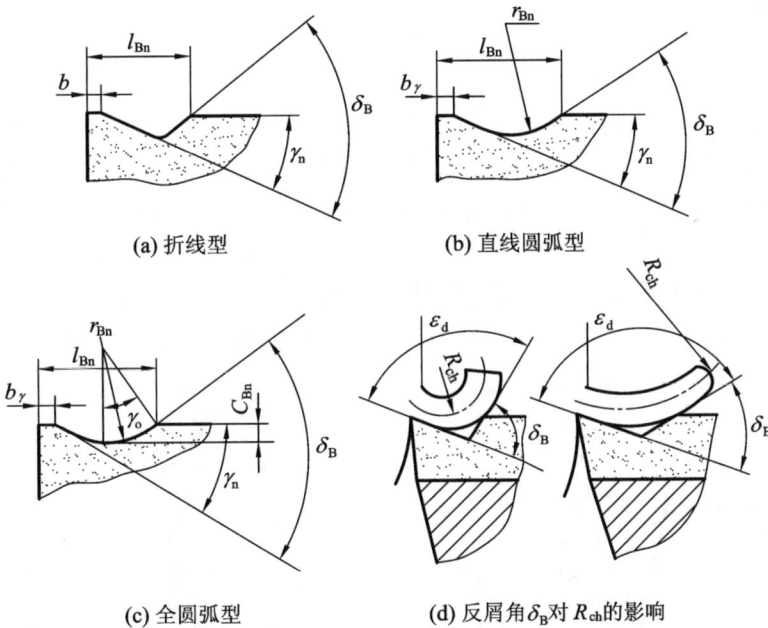

(a) 折线型　　　　　　　　　(b) 直线圆弧型

(c) 全圆弧型　　　　　(d) 反屑角 δ_B 对 R_{ch} 的影响

图 4.5-10　断屑槽的形式

在断屑槽的尺寸参数中，宽度 l_{Bn} 和反屑角 δ_B 是影响断屑的主要因素。宽度 l_{Bn} 减小或反屑角 δ_B 增大，均能使切屑卷曲半径减小，卷曲变形和弯曲应力增大，切屑易断，但 l_{Bn} 太小或 δ_B 太大，切屑易堵塞，使切削力增加和切削温度升高。通常 l_{Bn} 按以下参数初选：

$$l_{Bn} = (10 \sim 13)h_D$$

式中：h_D——切屑厚度。

反屑角 δ_B 按槽型选：折线型 $\delta_B = 60° \sim 70°$，直线圆弧型 $\delta_B = 40° \sim 50°$，全圆弧型 $\delta_B =$

$30° \sim 40°$。一般取断屑槽的圆弧半径 $r_{Bn} = (0.4 \sim 0.7)l_{Bn}$。上述数值经试切后修正。

3. 影响断屑的主要因素

(1) 刀具几何角度。主偏角和刃倾角对断屑和切屑流向影响较大。主偏角越大，切削层公称厚度越大，卷曲变形产生的弯曲应力越大，所以越易断屑。因此，生产中若要取得较好的断屑效果，可选择较大的主偏角，如 $\kappa_r = 75° \sim 90°$。刃倾角是控制切屑排出方向的重要参数。当刃倾角为负值时，有促使切屑流向已加工表面或过渡表面的趋势，容易使切屑碰撞工件后折断成 C 形屑。当刃倾角为正值时，可能使切屑流向待加工表面或离开工件后与刀具后面相碰，或形成螺旋形的切屑后折断。刀具前角越小，切屑变形越大，越容易断屑。

(2) 切削用量。切削速度提高，断屑效果降低。进给量增大，使切削层公称厚度增大，切屑卷曲上产生的弯曲应力增大，切屑易折断。

(3) 工件材料。工件材料的塑性、韧性越大，强度越高，越不容易断屑。

4.6　切削力、切削热、切削温度的影响

4.6.1　切削力

1. 切削力的来源与分解

金属切削时，工件材料抵抗刀具切削所产生的阻力称为切削力。这种力与刀具作用在工件上的力大小相等，方向相反。切削力来源于两方面，一是三个变形区内金属产生的弹性变形抗力和塑性变形抗力；二是切屑与刀具前面、工件与刀具后面之间的摩擦抗力。

切削力是一个空间力，其方向和大小受多种因素影响而不易确定，为了便于分析切削力的作用和测量计算其大小，便于生产应用，一般把总切削力 F 分解为三个互相垂直的切削分力 F_c、F_p 和 F_f。车削外圆时力的分解如图 4.6-1 所示。

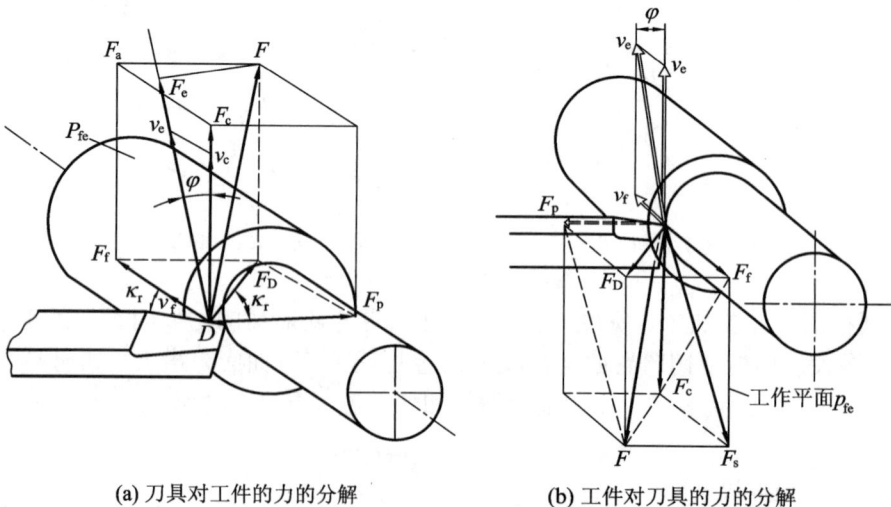

(a) 刀具对工件的力的分解　　　　　　(b) 工件对刀具的力的分解

图 4.6-1　车削外圆力的分解

(1) 切削力 F_c。切削力又称为主切削力，是总切削力在主运动方向上的正投影(分力)，单位为 N。它与主运动方向一致，垂直于基面，是三个切削分力中最大的。切削力作用在工件上，并通过卡盘传递到机床主轴箱，是计算机床切削功率，校核刀具、夹具的强度与刚度的依据。

(2) 背向力 F_p。背向力又称径向力，是总切削力在垂直于工作平面上的分力，单位为 N。由于在背向力方向上没有相对运动，所以背向力不消耗切削功率，但它作用在工件和机床刚性最差的方向上，易使工件在水平面内变形，影响工件精度，并易引起震动。背向力是校验机床刚度的主要依据。

(3) 进给力 F_f。进给力又称轴向力，是总切削力在进给运动方向上的正投影(分力)，单位为 N。进给力作用在机床的进给机构上，是校验机床进给机构强度和刚度的主要依据。

总切削力在基面的投影用 F_D 表示，是 F_p 和 F_f 的合力。总切削力和各分力的关系为

$$F = \sqrt{F_c^2 + F_D^2} = \sqrt{F_c^2 + F_p^2 + F_f^2}$$

$$F_p = F_D \cos\kappa_r, \qquad F_f = F_D \sin\kappa_r$$

2. 单位切削力和切削功率

单位切削力是指单位切削面积上的主切削力，用 P 表示，单位为 N/mm^2。可按下式计算：

$$P = \frac{F_c}{A_D} = \frac{F_c}{\alpha_p f}$$

切削功率是在切削过程中消耗的功率，等于总切削力的三个分力消耗的功率总和，用 P_c 表示，单位为 kW。由于 F_f 消耗的功率所占比例很小，约为 $1\% \sim 1.5\%$，故通常略去不计。F_p 方向的运动速度为零，不消耗功率，所以切削功率为

$$P_c = \frac{F_c v_c \times 10^{-3}}{60}$$

根据切削功率选择机床电机功率时，还应考虑到机床的传动效率。机床电机功率为

$$P_E \geq \frac{P_c}{\eta}$$

式中：P_E —— 机床电机功率(kW)；

η —— 机床的传动效率，一般为 $0.75 \sim 0.85$。

3. 影响切削力的主要因素

(1) 工件材料。工件材料的强度、硬度越高，材料的剪切屈服强度越高，切削力越大。工件材料的塑性、韧性好，加工硬化的程度高，由于变形严重，故切削力也增大。此外，工件的热处理状态、金相组织不同，也会影响切削力的大小。通常情况下韧性材料主要以强度，脆性材料主要以硬度来判别其对切削力的影响。

(2) 切削用量。

① 背吃刀量 α_p 与进给量 f 的影响。当 α_p 或 f 加大时，切削层的公称横截面积增大，变形抗力和摩擦阻力增加，因而切削力随之加大。

② 切削速度 v_c 的影响。加工塑性金属材料时，切削速度 v_c 对切削力的影响如图 4.6-2 所示。在低速切削范围内，随着切削速度的增加，积屑瘤逐渐长大，刀具实际前角逐渐增

大，切削变形减小，使切削力逐渐减小。在中速切削范围内，随着切削速度的增加，积屑瘤逐渐减小并消失，使切削力逐渐增至最大。在高速切削阶段，由于切削温度升高，摩擦力逐渐减小，使切削力得到稳定的降低。如 v_c 从 50 m/min 增至 500 m/min 时，切削力减少约 10%。利用这个原理，在生产实践中创造了高速切削技术。切屑脆性材料时，由于切削变形和切屑与刀具前面摩擦较小，所以切削速度变化对切削力的影响较小。

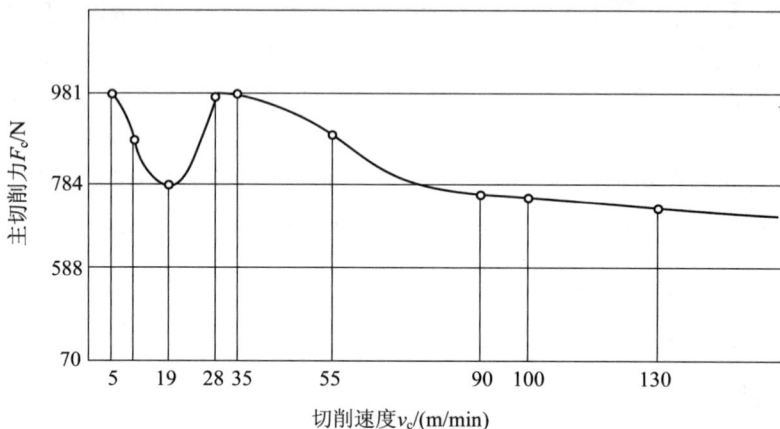

图 4.6-2　切削速度对切削力的影响

(3) 刀具几何角度的影响。前角 γ_o 加大，切削层易从刀具前面流出，使切削变形减小，因此切削力下降。此外，工件材料不同，前角的影响也不同，塑性大的材料(如紫铜、铝合金等)，切削时塑性变形大，前角的影响较显著；而脆性材料(如灰铸铁、脆黄铜等)，因切削时塑性变形很小，故前角的变化对切削力影响较小。

主偏角 κ_r 对三个分力都有影响，但对主切削力 F_c 影响较小，对进给力 F_f 和背向力 F_p 影响较大。当 κ_r 增大时，F_f 增大，F_p 减小。因此车削轴类零件时应取较大的主偏角以减小 F_p 引起的工件变形，精车细长轴甚至取 $\kappa_r \geqslant 90°$。

刃倾角 λ_s 对主切削力的影响较小，对进给力 F_f 和背向力 F_p 影响较大。当 λ_s 逐渐由正值变为负值时，F_f 增大，F_p 减小。

(4) 其他影响因素。刀具材料不同时，影响切屑与刀具间的摩擦状态，从而影响切削力。在相同切削条件下，使切削力依次减小的刀具是立方氮化硼刀具、陶瓷刀具、硬质合金刀具和高速钢刀具。

切削液有润滑作用，使用合适的切削液可降低切削力。

由以上分析可知，影响切削变形和摩擦的因素都要影响切削力的大小，凡是使切削变形增大、摩擦增大的因素均可使切削力增大。

4.6.2　切削热与切削温度

1. 切削热的产生与传出

金属切削加工中，切削热来源于切削时切削层金属发生弹性、塑性变形所产生的热，以及刀具前面与切屑、刀具后面与工件表面摩擦产生的热。切削塑性金属时，切削热主要来源于剪切区变形和刀具前面与切屑的摩擦所消耗的功。切削脆性材料时，切削热主要来源于刀具后面与工件的摩擦所消耗的功。总的来说，切削塑性材料产生的热量要比脆性材料多，如图 4.6-3 所示。

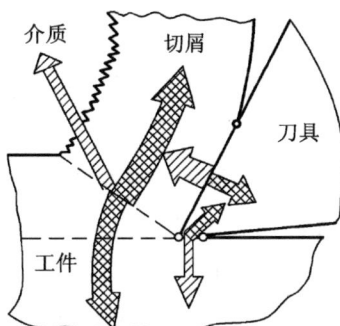

图 4.6-3　切削热的来源与传出

切削时所产生的切削热主要以热传导的方式分别由切屑、工件、刀具及周围介质向外传散。各部分传出热量的百分比，随工件材料、刀具材料、切削用量、刀具几何参数及加工方式的不同而变化。在一般干切削的情况下，大部分切削热由切屑带走，其余传至工件和刀具，周围介质传出的热量很少。

2. 切削温度及影响因素

切削热是通过切削温度对刀具和工件产生影响的。切削温度一般指切屑与刀具前面接触区域的平均温度。在生产中，切削温度可根据切屑表面氧化膜的颜色大致判断，如切削钢件时，银灰色为 200℃ 以下，淡黄色为 220℃ 左右，深蓝色为 300℃ 左右，淡灰色为 400℃ 左右，紫黑色为 500℃ 以上。

(1) 工件材料的影响。工件材料的强度越大、硬度越高，切削时消耗的功越多，产生的切削热越多，使切削温度升高。工件材料的热导率大，热量容易传出，若产生的切削热相同，则热容量大的材料切削温度低。工件材料的塑性越好，切屑变形越大，切削时消耗的功越多，产生的切削热越多，切削温度升高。

(2) 切削用量的影响。切削用量中，切削速度对切削温度影响最大。切削速度 v_c 增加，切削的路径增长，切屑底层与刀具前面发生强烈摩擦从而产生大量的切削热，切削温度显著升高。

进给量 f 对切削温度有一定的影响。随着进给量的增大，单位时间内金属的切除量增加，消耗的功率增大，切削热增加，切削温度上升。

背吃刀量 a_p 对切削温度影响很小。随着背吃刀量的增加，切削层金属的变形与摩擦成正比例增加，产生的热量按比例增加。

(3) 刀具几何角度的影响。刀具几何参数对切削温度影响较大的是前角和主偏角。

前角 γ_o 增大，切屑变形及切屑与刀具前面的摩擦减小，产生的热量小，切削温度下降。反之，切削温度升高。但是如果前角太大，刀具的楔角减小，散热体积减小，切削温度反而升高。

主偏角 κ_r 增大，刀具主切削刃工作长度缩短，刀尖角 ε_r 减小，散热面积减少，切削热相对集中，从而提高了切削温度。反之，主偏角减小，切削温度降低。

(4) 其他因素。刀具后面磨损较大时，会加剧刀具与工件的摩擦，使切削温度升高，切削速度越高，刀具磨损对切削温度的升高越明显。

切削液对降低切削温度有明显的效果，切削液的润滑作用可减小摩擦，减少切削热。

4.7　连接套的工艺规程设计

连接套的机械加工工艺过程分析：如图 4.1-1 所示的连接套，其主要加工表面外圆 $\phi 60_{-0.019}^{0}$ mm 与孔 $\phi 50_{0}^{0.025}$ mm 有较高的尺寸精度(分别为 IT6 和 IT7 级)和同轴度要求，内外台阶端面对 $\phi 50_{0}^{0.025}$ mm 内孔的中心线有较高的轴向圆跳动要求，并且表面粗糙度值较小。上述四个面不可能在一次装夹中加工完成，而 $\phi 50_{0}^{0.025}$ mm 内孔的深度较短，又有台阶，不便采用可涨心轴装夹加工其他表面。因此，可将设计中的 $\phi 40$ mm、Ra 为 3.2 μm 的内孔改为 $\phi 40_{0}^{0.025}$ mm、Ra 为 1.6 μm 以满足工艺要求，并与 $\phi 50_{0}^{0.025}$ mm 内孔和台阶面在一次装夹中车削，并最终一起磨削出来。再以 $\phi 40_{0}^{0.025}$ mm 内孔定位安装在心轴上磨削 $\phi 60_{-0.019}^{0}$ mm 外圆和台阶面，即可保证图样要求。这个 $\phi 40_{0}^{0.025}$ mm、Ra 为 1.6 μm 的内孔称为工艺孔。

1. 确定毛坯

连接套为中批量生产，要求采用铸件材料 HT200，其毛坯尺寸确定为 $\phi 85 \times 65$ mm。零件上的内孔较大，可在铸件上预制通孔 $\phi 30$ mm。

2. 确定主要表面的加工方法

该零件的主要加工表面为外圆 $\phi 60$ mm、内孔 $\phi 50$ mm 和两个端面及 $\phi 40$ mm 工艺孔。其中，内孔、外圆精度较高，表面粗糙度 Ra 为 1.6 μm，批量生产时，车削加工很难达到该尺寸精度等级和粗糙度要求，需采用磨削加工。内孔的加工方案为：粗镗→半精镗→磨削。

因外圆 $\phi 60_{-0.019}^{0}$ mm 和孔有同轴度要求，表面粗糙度 Ra 为 1.6 μm，最终加工需要以孔定位磨削。外圆表面的加工方案为：粗车→半精车→磨削。

两个端面对 $\phi 50_{0}^{0.025}$ mm 内孔的中心线有较高的轴向圆跳动要求，需在加工相应的外圆和内孔时一起加工出来(车削和磨削)。

3. 确定定位基准

$\phi 60_{-0.019}^{0}$ mm 外圆及其台阶半精加工后采用自定心卡盘进行定位，粗车及半精车内孔，以保证在车削时就有一定的位置精度。上磨床后，再以该外圆及其台阶定位磨削加工两内孔及台阶，再用可涨心轴以 $\phi 40_{0}^{0.025}$ mm 孔定位磨削加工 $\phi 60_{-0.019}^{0}$ mm 外圆及其台阶面。在车削和磨削工序中，充分应用基准统一和互为基准的原则，逐步提高位置精度(同轴度和轴向圆跳动)。

4. 划分加工阶段

对精度要求较高的零件，其粗、精加工应分开，以保证零件的质量。根据以上的加工方法，车和磨分别为两道工序，粗、精已经分开。车削加工时为简化操作，内孔和外圆的粗、半精加工可在一次装夹中完成。

5. 加工尺寸和切削用量

磨削加工的磨削余量可取 0.5 mm，半精车余量可取 1.5 mm。具体加工尺寸参见该零件加工工艺过程卡片的工序内容。

车削用量的选择，可根据加工情况由工人确定，一般可从《机械加工工艺手册》或《切削用量手册》中选取。

6. 拟定工艺过程

综上所述，连接套的加工路线为

粗车、半精车外圆→粗车、半精车内孔→磨削内孔→磨削外圆→检验

连接套机械加工工艺过程卡片见表 4.7-1。

表 4.7-1　连接套机械加工工艺过程卡片

<table>
<tr><td rowspan="2" colspan="3">机械加工工艺过程卡片</td><td>产品型号</td><td>CQJ</td><td>零部件图号</td><td colspan="2">CQJ-002</td><td></td><td></td></tr>
<tr><td>产品名称</td><td>花边裁切机</td><td>零部件名称</td><td colspan="2">阶梯轴</td><td>共 1 页</td><td>第 1 页</td></tr>
<tr><td>材料牌号</td><td>HT200</td><td>毛坯种类</td><td>铸铁</td><td>毛坯外形尺寸</td><td>$\phi 85 \times 65$</td><td>每毛坯可制件数</td><td colspan="2">1</td><td>每台件数</td><td>2</td></tr>
<tr><td rowspan="2">工序号</td><td rowspan="2">工序名称</td><td rowspan="2" colspan="2">工序工步内容</td><td rowspan="2" colspan="2">设备名称型号</td><td colspan="3">工艺装备</td><td colspan="2">工时</td></tr>
<tr><td>夹具</td><td>刀具</td><td>量具</td><td>准终</td><td>单件</td></tr>
<tr><td>1</td><td>铸</td><td colspan="2">$\phi 85 \times 65$</td><td colspan="2">锯床</td><td></td><td></td><td></td><td></td><td></td></tr>
<tr><td>2</td><td>车</td><td colspan="2">1. 夹外圆 $\phi 80$ mm(长 20 mm)，车平左端面；粗车、半精车外圆 $\phi 60$ mm 至 $\phi 60.5$ mm，长 24.8 mm，长度余量为 0.2 mm；割槽、倒角 2 处。

2. 调头夹 $\phi 60$ mm，靠台阶，车平右端面保证总长 60 mm；粗、精车外圆 $\phi 80$ mm 至尺寸；粗镗、半精镗孔 $\phi 40$ mm 及沉孔 $\phi 50$ mm，内孔留余量 0.5 mm；割槽，倒角</td><td colspan="2">车床</td><td>自定心卡盘</td><td>车刀</td><td>0～125 mm 游标卡尺</td><td></td><td></td></tr>
<tr><td>3</td><td>磨</td><td colspan="2">夹 $\phi 60$ mm 外圆，靠台阶，磨 $\phi 40_0^{0.025}$ mm(工艺要求)、$\phi 50_0^{0.025}$ mm，磨出内台阶面</td><td colspan="2">磨床</td><td>自定心卡盘</td><td>砂轮</td><td>0～50 mm 内径千分尺，百分表</td><td></td><td></td></tr>
<tr><td>4</td><td>磨</td><td colspan="2">以 $\phi 40_0^{0.025}$ mm 内孔定位，磨削另一端外圆 $\phi 60_0^{0.025}$ mm，长 25 mm，磨出台阶面</td><td colspan="2">磨床</td><td>心轴</td><td>砂轮</td><td>0～100 mm 外径千分尺，百分表</td><td></td><td></td></tr>
<tr><td>编制</td><td colspan="2">日期</td><td>编写</td><td colspan="2">日期</td><td colspan="2">校对</td><td>日期</td><td>审核</td><td>日期</td></tr>
<tr><td></td><td colspan="2"></td><td></td><td colspan="2"></td><td colspan="2"></td><td></td><td></td><td></td></tr>
</table>

连接套工序 2 的机械加工工序卡片见表 4.7-2。

表 4.7-2　连接套机械加工工序卡片

机械加工工序卡片	产品型号及规格	图号	名称	工序名称	工艺文件编号
	CQJ 花边裁切机	CQJ-002	连接套	车	

未注倒角均为 C1.5.

材料牌号及名称		毛坯外形尺寸
HT200		$\phi 85 \times 65$
零件毛重	零件净重	硬度
设备型号		设备名称
CA6140		普通车床
专用工艺装备		
名称		代号
机动时间	单件工时定额	每台件数
15 min	25 min	
技术等级		切削液
		煤油

工序号	工步号	工序工步内容	刀具 名称规格	量检具 名称规格	切削用量			
					切削速度 /(m/s)	切削深度 /mm	进给量 /(mm/r)	转速 /(r/min)
1	1	夹外圆 $\phi 80$ mm(长 20 mm),车平左端面	45°外圆刀			实测	手动	520
2	2	粗车、半精车外圆 $\phi 60$ mm 至 $\phi 60.5_{-0.1}^{0}$ mm,长 $24.8_{0}^{+0.1}$ mm	90°外圆刀			实测 3 刀	0.41	520
3	3	割槽	外圆割槽成形刀	内外卡钳,钢直尺,0~125 mm 游标卡尺,样板规			手动	730
4	4	倒角外圆 2 处	45°外圆刀				手动	520
5	5	镗内孔 $\phi 40$ mm 孔至尺寸,长度为全长并倒角	45°内孔刀			实测 2 刀	0.2	730
6	6	调头夹 $\phi 60$ mm 外圆(长 20 mm),车平右端面,总长 $60.2_{-0.1}^{0}$ mm	45°外圆刀			实测	手动	520

工序号	工步号	工序工步内容	刀具 名称规格	量检具 名称规格	切削用量			
					切削速度 /(m/s)	切削深度 /mm	进给量 /(mm/r)	转速 /(r/min)
7	7	车外圆ϕ80 mm 至尺寸	90°外圆刀			实测 2 刀	0.41	400
8	8	再次装夹ϕ60 mm 外圆，靠台阶，半精镗ϕ50 mm 孔至尺寸 $49.5_0^{0.1}$ mm，长 20 mm	90°内孔刀	内外卡钳，钢直尺，0～125 mm 游标卡尺，样板规		实测 2 刀	0.2	730
9	9	割槽	内孔割槽成形刀				手动	730
10	10	倒角内外圆各 1 处	45°内、外圆刀				手动	520
						编制	校对	会签	复制
修改标记	处数	文件号	签字	日期	修改标记	处数	文件号	签字	日期			

4.8　套筒类零件的检验方法

套筒类零件的检验方法见表 4.8-1。

表 4.8-1　套筒类零件的检验

检验项目	示　　图	检验工具	检验方法和计算
内孔直径	（一）	光滑圆柱塞规	先用过端检验，再用不过端检验，如果过端能通过，不过端不能通过，则该孔为合格

检验项目	示　图	检验工具	检验方法和计算
内孔直径	(二) 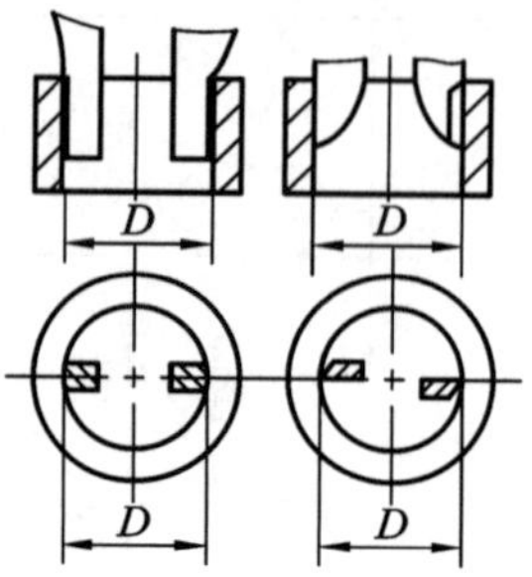	游标卡尺	用游标卡尺的内孔测量面平正地放在内孔中
	(三) 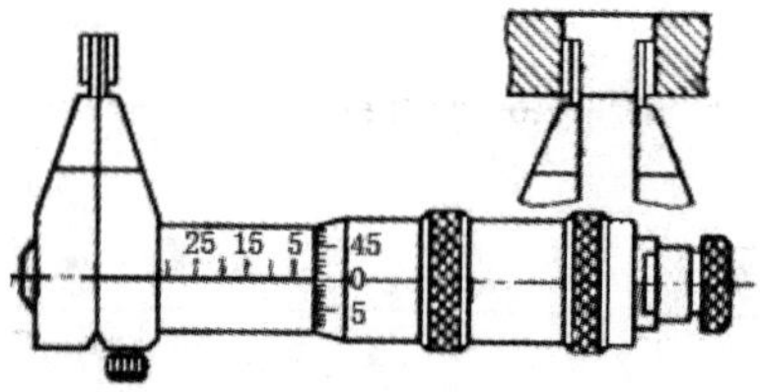 25 15 5 45 0 5	内径千分尺	用内径百分尺的两个卡脚平正地放在内孔中，当内孔直径较大时，可用杆式内径千分尺
	(四) 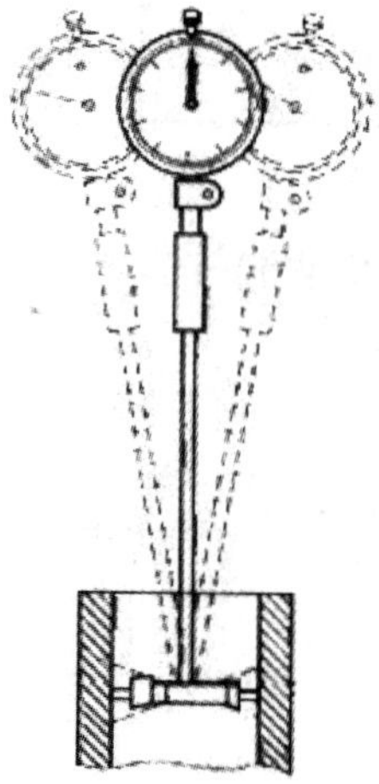	内径百分表	根据内径的尺寸范围，换上百分表的测头，然后检验内孔直径。检验时略微摆动百分表，其中最大的读数即是正确的尺寸。百分表的测量范围有：6～10；10～18；18～35；35～50；50～100；100～160(单位：mm)
	(五) 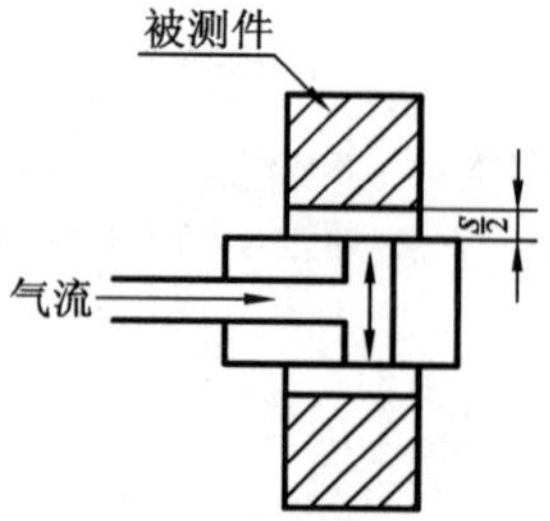 被测件 气流	气动量仪	将气动量仪的测量头插入被测件孔中，从量仪的浮标中就可看出被测孔的误差是多少

检验项目	示　　图	检验工具	检验方法和计算
内孔直径	(六) 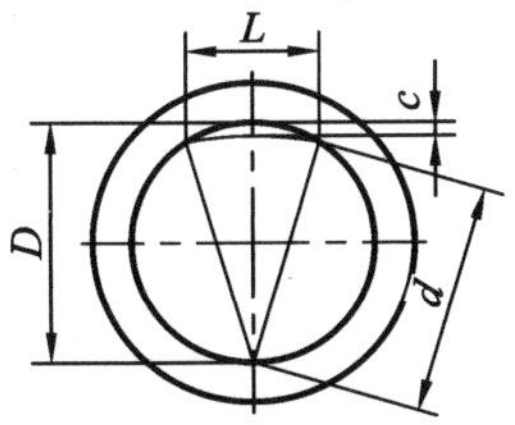 D —— 被测件孔径 d —— 内卡钳尺寸(轴径)(mm); L —— 内卡钳摆动距(mm); c —— 轴与孔之间的配合间隙	内卡钳	计算公式: $$d = \dfrac{L^2}{8c}$$ 没有内径千分尺,只有外径千分尺、钢尺和内卡钳时采用
	(七) 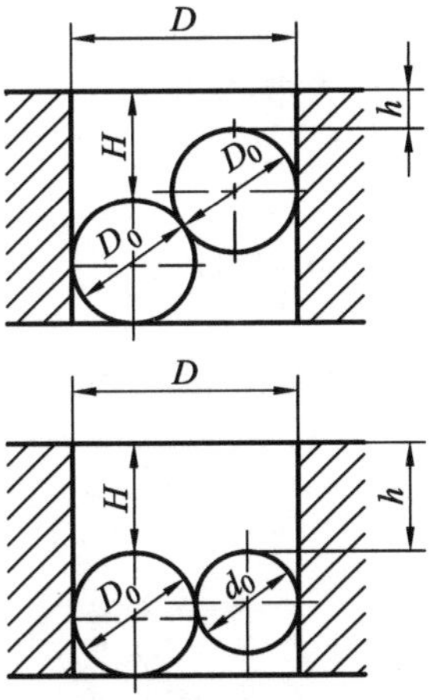 D —— 被测件孔径(mm); D_0 —— 钢球直径(mm); H —— 左面钢球与被测端面距离(mm); h —— 右面钢球与被测端面距离(mm)	钢球,深度尺,平板	计算公式: $$D = D_0 + \sqrt{D_0^2 - (H-h)^2}$$ 如果两钢球直径不同,则 $$D = \dfrac{1}{2}(D_0 + d_0) + \left\{\dfrac{1}{4}(D_0 + d_0)^2 - \left[\dfrac{1}{2}(D_0 - d_0) + H - h\right]^2\right\}^{\frac{1}{2}}$$ 式中: d_0——小钢球直径(mm)
	(八) 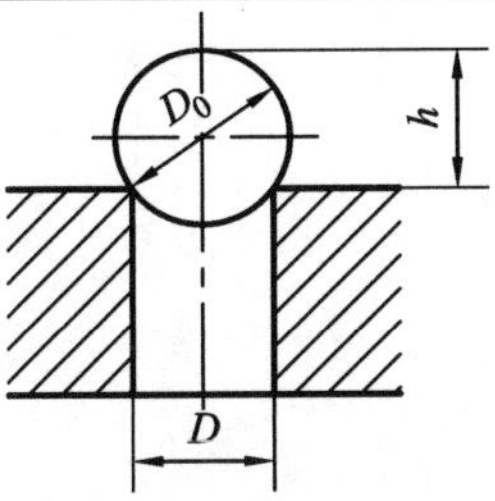 D —— 被测件孔径(mm); D_0 —— 钢球直径(mm); h —— 钢球露出高度(mm)	钢球,深度尺,平板	计算公式: $$D = 2\sqrt{D_0 h - h^2}$$ 没有内径量具时采用

检验项目	示　图	检验工具	检验方法和计算
内孔直径	(九) 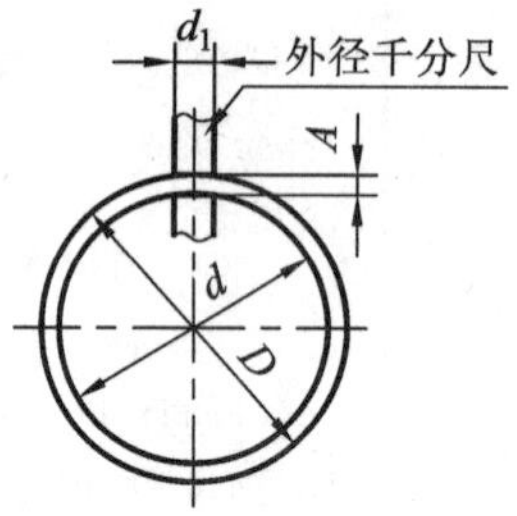 d —— 被测件孔径(mm); D —— 被测件外径 (mm); d_1 —— 外径千分尺量杆直径(mm); A —— 外径千分尺所示的尺寸(mm)	0～25 mm 外径千分尺，175～200 mm 外径千分尺	计算公式： $$d = 2\sqrt{\left(\frac{D}{2}-A\right)^2 + \left(\frac{d_1}{2}\right)^2}$$
直线度	(一) 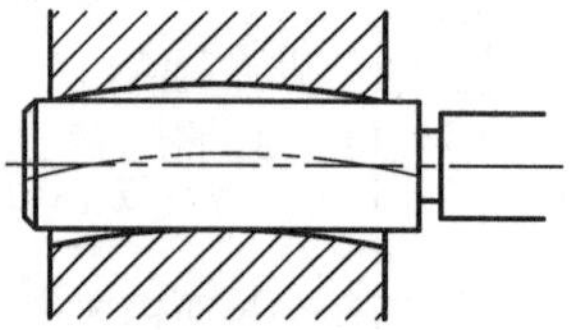	量规	检验方法与轴类零件直线度(三)相同
	(二) 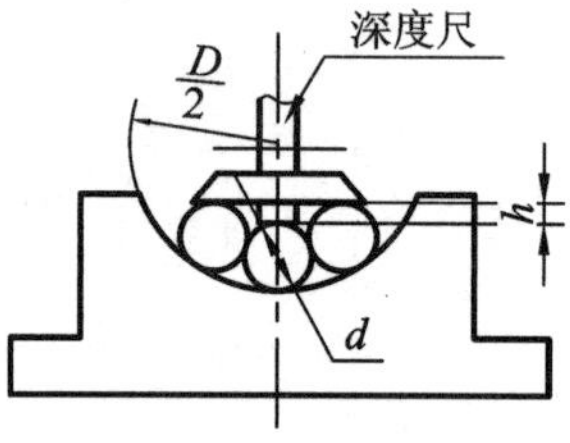	深度尺，圆棒三根	计算公式： $$D = d\left(1+\frac{d}{h}\right)$$
圆度	(一) 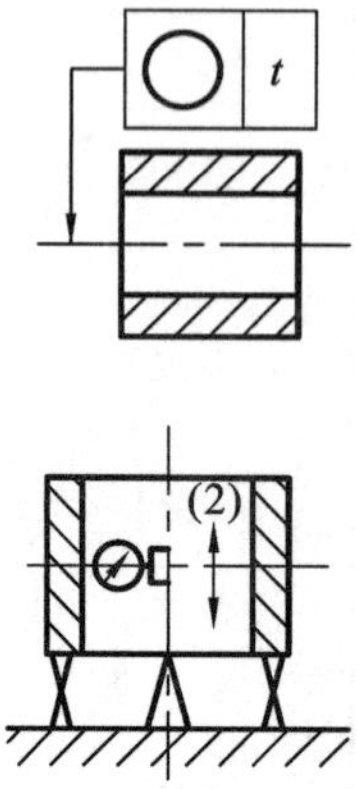	固定支座，活动支座，百分表，圆度仪	检验方法与轴类零件圆度(一)方法相同

续表四

检验项目	示　图	检验工具	检验方法和计算
圆度	(二)	三点接触式内径千分尺	用三点接触式内径千分尺检验内孔圆度，最好多测几个位置
同轴度	(一) ⌖φ0.2 B　a　b　f=a−b	刀口游标卡尺，壁厚千分尺	用壁厚千分尺或刀口游标卡尺测出壁厚 a 和 b，其误差 f 为 $$f = a - b$$
	(二) ⌖φ0.1 B	心轴，两顶尖座，百分表	将被测件套在两顶尖的心轴上，用百分表检验。也可以采用在回转盘上检验
	(三)	圆度仪	将被测件安放在平板上的圆度仪上，用固定支座和活动支座调节，使被测件中心与圆度仪回转中心一致，然后用百分表检验

习　题

1. 保证套筒类零件的位置精度要求，可以采取哪几种方法？试举例说明各种加工方法的特点和使用场合。

2. 在加工薄壁套筒类零件时，怎么防止受力变形对加工精度的影响？

3. 图 4-1 所示零件，图样要求保证尺寸 (6 ± 0.1) mm，但这一尺寸不便于测量，只好通过测量 L 来间接保证。试求工序尺寸 L 及其上下极限偏差。

4. 图 4-2 所示零件以 A 面定位，用调整法铣平面 C、D 及槽 E。已知：$L_1 = (60 \pm 0.2)$ mm，$L_2 = (20 \pm 0.4)$ mm，$L_3 = (40 \pm 0.8)$ mm，试确定其工序尺寸及其极限偏差。

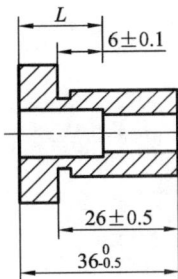

图 4-1　习题 3

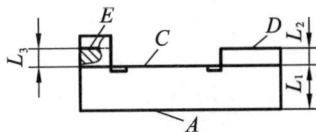

图 4-2　习题 4

5. 某零件的加工路线如图 4-3 所示：

工序Ⅰ：粗车小端外圆、台肩面及端面。

工序Ⅱ：车大端外圆及端面。

工序Ⅲ：精车小端外圆、台肩面及端面。

试校核工序Ⅲ精车小端面的余量是否合适？若余量不够应如何改进？

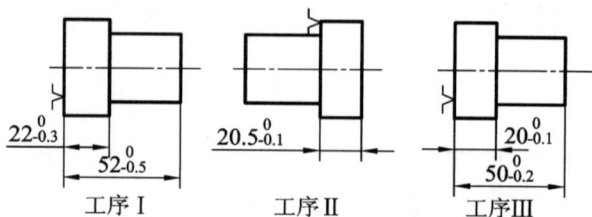

图 4-3　习题 5

6. 图 4-4 所示的套筒零件，除缺口 B 外，其余表面均已加工。试分析当加工缺口 B，保证尺寸 $8_0^{+0.2}$ mm 时有几种定位方案，并算出每种定位方案的工序尺寸及极限偏差。

7. 如图 4-5 所示，加工轴上一键槽，要求键槽深度为 $4_0^{+0.16}$ mm，加工过程如下：

(1) 车轴外圆至 $\phi 28.5_{-0.1}^{0}$ mm。

(2) 在铣床上按尺寸 H 铣键槽。

(3) 热处理。

(4) 磨外圆 $\phi 28_{+0.008}^{+0.024}$ mm。

试确定工序尺寸 H 及其上、下极限偏差。

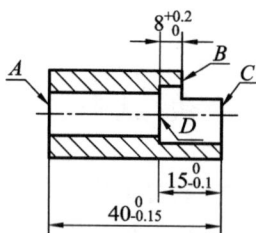

图 4-4　习题 6

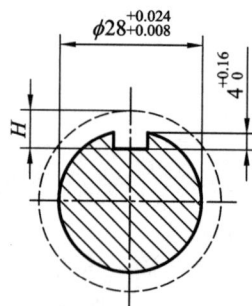

图 4-5　习题 7

8. 积屑瘤是怎样形成的？对金属切削过程有什么影响？如何控制和利用？

9. 分析影响切屑变形的因素。

10. 切屑温度对切削过程有何影响？如何控制切削温度？

项目五　减速器箱体

5.1　箱体类零件的加工工艺

5.1.1　箱体类零件概述

1. 箱体类零件的功用与结构特点

1) 箱体类零件的功用

　　箱体类是机器的基础零件,它将机器中有关部件的轴、套、齿轮等相关零件连接成一个整体,并使之保持正确的相互位置,以传递转矩或改变转速来完成规定的运动。故箱体的加工质量直接影响到机器的性能、精度和寿命。

　　箱体类零件的结构复杂,壁薄且不均匀,加工部位多,加工难度大。据统计资料表明,一般中型机床制造厂花在箱体类零件的机械加工工时约占整个产品加工工时的15%~20%。图 5.1-1 为减速器箱体零件图。

减速箱零件加工

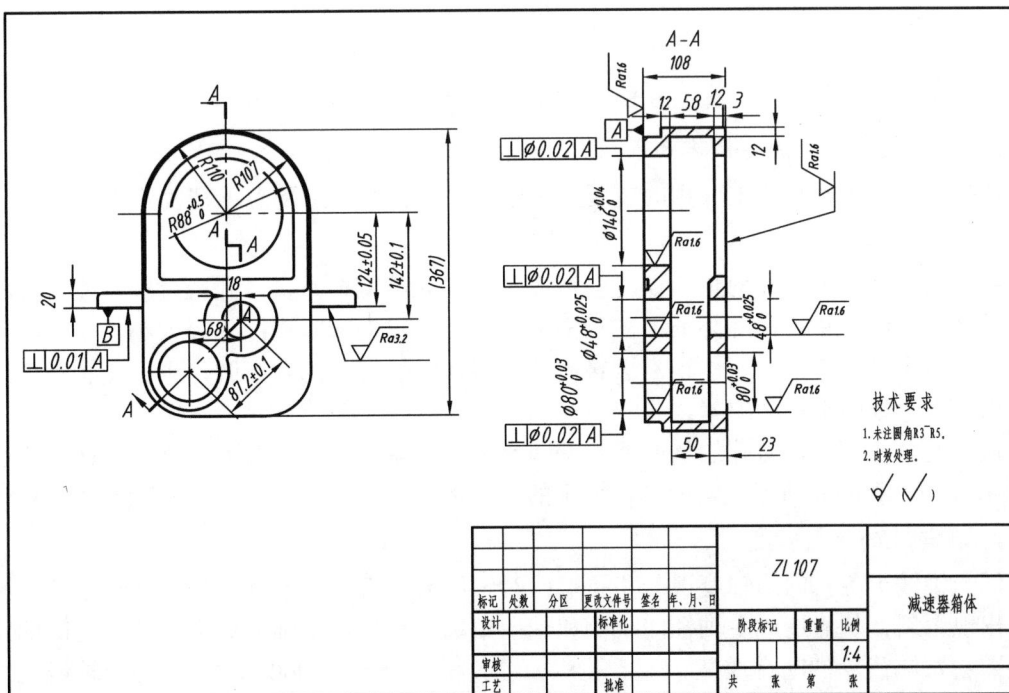

图 5.1-1　减速器箱体

2) 箱体类零件的结构特点

箱体的种类很多，其尺寸大小和结构形式随着机器的结构和箱体在机器中功用的不同有着较大的差异，如图 5.1-2 所示。但从工艺上分析它们仍有许多共同之处，其结构特点是：

(1) 外形基本上是由六个或五个平面组成的封闭式多面体，又分为整体式和组合式两种。

(2) 结构形状比较复杂。内部常为空腔形，某些部位有"隔墙"，箱体壁薄且厚薄不均。

(3) 箱壁上通常都布置有平行孔系或垂直孔系。

(4) 箱体上的加工面，主要是大量的平面，此外还有许多精度要求较高的轴承支承孔和精度要求较低的紧固用孔。

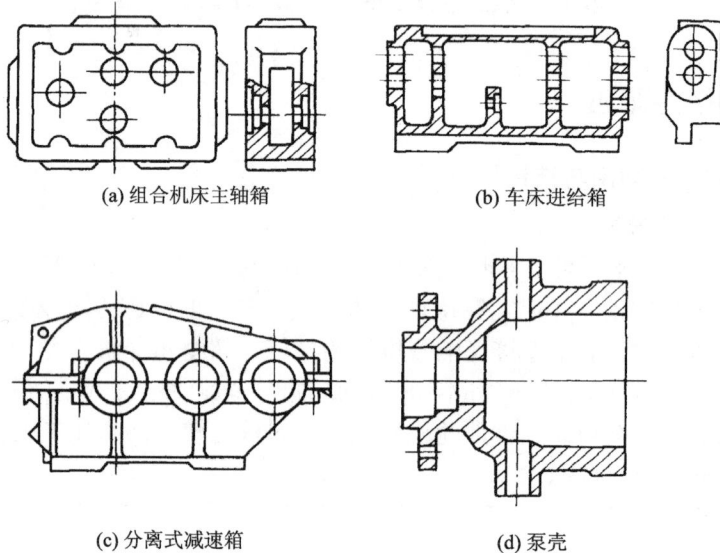

(a) 组合机床主轴箱　　　　　　(b) 车床进给箱

(c) 分离式减速箱　　　　　　(d) 泵壳

图 5.1-2　几种箱体的结构简图

2. 箱体类零件的主要技术要求

箱体类零件中，机床主轴箱的精度要求较高，可归纳为以下五项精度要求。

1) 孔径精度

孔径的尺寸误差和几何形状误差会造成轴承与孔的配合不良。孔径过大，配合过松，使主轴回转轴线不稳定，并降低了支承刚度，易产生振动和噪声；孔径太小，会使配合偏紧，轴承将因外环变形，不能正常运转而缩短寿命。装轴承的孔不圆，也会使轴承外环变形而引起主轴径向圆跳动超差。

从上面分析可知，对孔的精度要求是较高的。主轴孔的尺寸公差等级为 IT6，其余孔为 IT8、IT7。孔的几何形状精度未作规定的，一般控制在尺寸公差的 1/2 范围内即可。

2) 孔与孔的位置精度

同一轴线上各孔的同轴度误差和孔端面对轴线的垂直度误差，会使轴和轴承装配到箱体内出现歪斜，从而造成主轴径向跳动和轴向窜动，也加剧了轴承磨损。孔系之间的平行度误差会影响齿轮的啮合质量。一般孔距公差为 ±0.025～±0.060 mm，而同一轴线上的支承孔的同轴度约为最小孔尺寸公差的 1/2。

3) 孔和平面的位置精度

主要孔对主轴箱安装基面的平行度，决定了主轴与床身导轨的相互位置关系。这项精度是在总装时通过刮研来达到的。为了减少刮研工作量，一般规定在垂直和水平两个方向上，只允许主轴前端向上和向前偏。

4) 主要平面的精度

装配基准的平面度影响主轴箱与床身连接时的接触刚度，加工过程中作为定位基面则会影响主要孔的加工精度，因此规定了底面和导向面必须平直。为了保证箱盖的密封性，防止工作时润滑油泄出，还规定了顶面的平面度要求。当大批量生产将其顶面用作定位基面时，对它的平面度要求更高。

5) 表面粗糙度

一般主轴孔的表面粗糙度 Ra 为 0.4 μm；其他各纵向孔的表面粗糙度 Ra 为 1.6 μm；孔的内端面的表面粗糙度 Ra 为 3.2 μm，装配基准和定位基准的表面粗糙度 Ra 为 2.5～0.63 μm；其他平面的表面粗糙度 Ra 为 10～2.5 μm。

3. 箱体类零件的材料及毛坯

箱体类零件常选用各种牌号的灰铸铁，常用的牌号有 HT100～HT400。因为灰铸铁具有较好的耐磨性、铸造性和可切削性，而且吸振性好，成本又低。某些负荷较大的箱体采用铸钢件，也有某些简易箱体为了缩短毛坯制造的周期而采用钢板焊接结构。

5.1.2 箱体结构工艺性

箱体类零件机械加工的结构工艺性对实现优质、高产、低成本具有重要的意义。

1. 基本孔

箱体的基本孔，可分为通孔、阶梯孔、不通孔、交叉孔等几类。通孔工艺性最好。通孔内又以孔长 L 与孔径 D 之比 $L/D \leqslant 1～1.5$ 的短圆柱孔工艺性为最好；$L/D > 5$ 的孔，称为深孔，若深度精度要求高，表面粗糙度值较小时，加工就更困难。

阶梯孔的工艺性与"孔径比"有关。孔径相差越小则工艺性越好；孔径相差越大，且其中最小的孔径又很小，则工艺性越差。相贯通的交叉孔的工艺也较差。

不通孔的工艺性最差，因为在精镗或精铰不通孔时，要用手动送进，或采用特殊工具送进。此外，不通孔的内端面的加工也特别困难，故应尽量避免。

2. 同轴孔

同一轴线上孔径大小向一个方向递减(如 CA6140 的主轴孔)，可使镗孔时，镗杆从一端伸入，逐个加工或同时加工同轴线的几个孔，以保证较高的同轴度和生产率。单件小批生产时一般采用这种分布形式。

同轴线上的孔的直径大小从两边向中间递减(如 CA6140 主轴箱轴孔)，可使刀杆从两边进入，这样不仅缩短了镗杆长度，提高了镗杆的刚度，而且为双面同时加工创造了条件。所以大批量生产的箱体，常采用此种孔径分布形式。

同轴线上孔的直径的分布形式，应尽量避免中间隔壁上的孔径大于外壁的孔径。因为加工这种孔时，要将刀杆伸进箱体后装刀、对刀，结构工艺性差。

3. 装配基面

为便于加工、装配和检验，箱体的装配基面尺寸应尽量大，开关应尽量简单。

4. 凸台

箱体外壁上的凸台应尽可能安排在同一平面上，以便于在一次走刀中加工出来，而无须调整刀具的位置，使加工简单方便。

5. 紧固孔和螺纹孔

箱体上的紧固孔和螺纹孔的尺寸规格应尽量一致，以减少刀具数量和换刀次数。

此外，为保证箱体有足够的动刚度与抗震性，应酌情合理使用肋板、肋条，加大圆角半径，收小箱口，增加主轴前轴承口厚度等。

5.1.3　箱体的机械加工工艺过程及工艺分析

在拟定箱体零件机械加工工艺规程时，有一些基本原则应该遵循。

1. 工艺路线的安排

工艺特点：要求加工的表面很多。在这些加工表面中，平面加工精度比孔的加工精度容易保证。

工艺关键问题：箱体中主要孔的加工精度、孔系加工精度。

在工艺路线的安排中应注意几个问题：

1) 先面后孔

先加工平面，后加工孔是箱体加工的一般规律。平面面积大，用其定位稳定可靠；从加工难度来看，平面比孔加工容易。支承孔大多分布在箱体外壁平面上，先加工外壁平面可切去铸件表面的凹凸不平及夹砂等缺陷，这样可减少钻头引偏，防止刀具崩刃等，对孔加工有利。

2) 粗精分开、先粗后精

箱体均为铸件，加工余量较大，在粗加工中切除的金属较多，因而夹紧力、切削力都较大，切削热也较高。加之粗加工后，工件内应力重新分布也会引起工件变形，因此，对加工精度影响较大。为此，把粗、精加工分开进行，有利于把已加工后由于各种原因引起的工件变形充分暴露出来，然后在精加工中将其消除。

(1) 粗、精加工分开的原则：对于刚性差、批量较大、要求精度较高的箱体，一般要粗、精加工分开进行，即在主要平面和各支承孔的粗加工之后再进行主要平面和各支承孔的精加工。这样，可以消除由粗加工所造成的内应力、切削力、切削热、夹紧力对加工精度的影响，并且有利于合理地选用设备等。

(2) 粗、精加工分开进行，会使机床、夹具的数量及工件安装次数增加，而使成本提高，所以对单件、小批生产、精度要求不高的箱体，常常将粗、精加工合并在一道工序进行，但必须采取相应措施，以减少加工过程中的变形。例如粗加工后松开工件，让工件充分冷却，然后用较小的夹紧力，以较小的切削用量，多次走刀进行精加工。

3) 工序集中，先主后次

箱体零件上相互位置要求较高的孔系和平面，一般尽量集中在同一工序中加工，以保证其相互位置要求和减少装夹次数。紧固螺纹孔、油孔等次要工序的安排，一般在平面和支承孔等主要加工表面精加工之后再进行加工。

4) 工序间合理安排热处理

(1) 箱体零件的结构复杂，壁厚也不均匀，因此，在铸造时会产生较大的残余应力。为了消除残余应力，减少加工后的变形和保证精度的稳定，在铸造之后必须安排人工时效处理。人工时效的工艺规范为加热到 500～550℃，保温 4～6 h，冷却速度小于或等于 30℃/h，出炉温度小于或等于 200℃。

(2) 普通精度的箱体零件，一般在铸造之后安排 1 次人工时效处理。

(3) 对一些高精度或形状特别复杂的箱体零件，在粗加工之后还要安排 1 次人工时效处理，以消除粗加工所造成的残余应力。

(4) 有些精度要求不高的箱体零件毛坯，有时不安排人工时效处理，而是利用粗、精加工工序间的停放和运输时间，使之得到自然时效。

(5) 箱体零件人工时效的方法，除了加热保温法外，也可采用振动时效来达到消除残余应力的目的。

2. 基准的选择

箱体定位基准的选择，直接关系到箱体上各个平面与平面之间，孔与平面之间，孔与孔之间的尺寸精度和位置精度要求是否能够保证。

在选择基准时，首先要遵守"基准重合"和"基准统一"的原则，同时必须考虑生产批量的大小、生产设备，特别是夹具的选用等因素。

1) 粗基准的选择

粗基准的作用主要是决定不加工面与加工面的位置关系，以及保证加工面的余量均匀。在选择粗基准时，通常应满足以下几点要求：

第一，在保证各加工面均有余量的前提下，应使重要孔的加工余量均匀，孔壁的厚薄尽量均匀，其余部位均有适当的壁厚。

第二，装入箱体内的回转零件(如齿轮、轴套等)应与箱壁有足够的间隙。

第三，注意保持箱体必要的外形尺寸。此外，还应保证定位稳定，夹紧可靠。

如图 5.1-3 所示箱体零件，尺寸 H 有公差 ΔH，当第一道工序以下平面定位加工上平面，第二道工序再以上平面定位加工孔时，会出现加工余量不均匀，严重时出现余量不足。

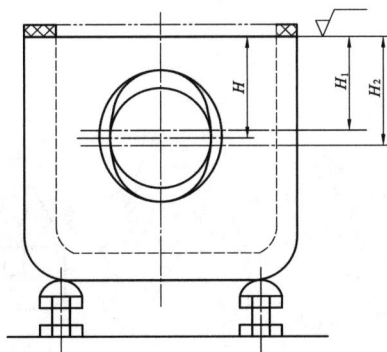

图 5.1-3 箱体零件粗基准的选择

为了满足上述要求，通常选用箱体重要孔的毛坯孔作粗基准。

箱体零件的粗基准一般都用它上面的重要孔和另一个相距较远的孔作粗基准，以保证孔加工时余量均匀。根据生产类型不同，实现以主轴孔为粗基准的工件安装方式也不一样。大批大量生产时，由于毛坯精度高，可以直接用箱体上的重要孔在专用夹具上定位，工件安装迅速，生产率高。在单件、小批及中批生产时，一般毛坯精度较低，按上述办法选择粗基准，往往会造成箱体外形偏斜，甚至局部加工余量不够，因此通常采用划线找正的办法进行第一道工序的加工，即以主轴孔及其中心线为粗基准对毛坯进行划线和检查，必要时予以纠正，纠正后孔的余量应足够，但不一定均匀。

2) 精基准的选择

精基准选择一般采用基准统一的方案，常以箱体零件的装配基准或专门加工的一面两孔为定位基准，使整个加工工艺过程基准统一，夹具结构简单，基准不重合误差降至最小甚至为零(当基准重合时)。

5.1.4　平面的加工方法

平面加工方法的确定

箱体平面加工的常用方法有刨、铣和磨三种，刨削和铣削常用作平面的粗加工和半精加工，而磨削则用作平面的精加工。

1. 端平面的车削

在车床上，可以利用各种夹具装夹各种工件，以车削其端面和台阶面，加工精度为 IT8，表面粗糙度 Ra 为 12.5～1.6 μm，平面度为 0.005～0.008 mm/100 mm。

2. 平面的刨削

1) 平面的刨削概述

刨削是平面加工的主要方法之一，刨削类机床有牛头刨床、龙门刨床。刨削又可分为粗刨和精刨；精刨所能达到的精度为 IT9～IT7，表面粗糙度 Ra 为 3.2～1.6 μm，直线度为 0.04～0.12 mm/m，采用宽刀细刨可进一步提高精度和降低表面粗糙度。

牛头刨床　　双柱龙门刨床

2) 平面刨削方法

平面刨削方法如图 5.1-4 所示。

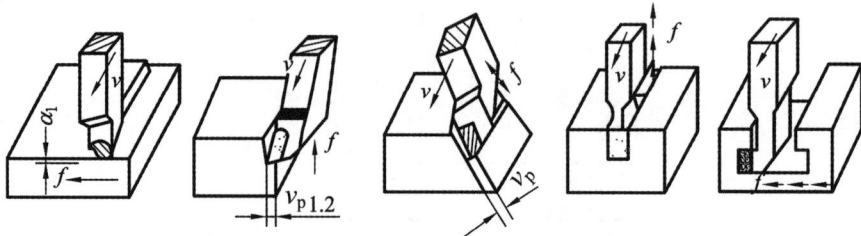

图 5.1-4　平面刨削方法

3) 平面刨削的工艺特点

(1) 刨削采用中低速切削，且有空回程，所以刨削的生产率低。

(2) 刨削使用通用机床，刨刀结构简单，刃磨、安装和调整方便，使用费用低，因此加工成本低。

(3) 由于刨削生产率低和加工成本低，因此多用于单件、小批量生产或修配作业。

3. 平面的铣削

铣削又可分为粗铣和精铣，精铣后所能达到的尺寸公差等级为 IT9～IT7，表面粗糙度 Ra 为 3.2～1.6 μm，直线度为 0.08～0.12 mm/m。

铣削与刨削的比较：

(1) 加工质量。铣削与刨削的加工质量大致相当。加工大平面时刨削运动可不停地进行，刀痕均匀；而铣削，当加工的平面大于铣刀直径或宽度时，需多次走刀，有明显的接刀痕。

(2) 加工范围。铣削比刨削加工范围广泛得多，许多加工是刨削无法完成的。如内凹面、封闭型沟槽、有分度要求的表面等。

(3) 生产率。一般来说铣削的生产率高于刨削。铣削为多刀齿的高速切削；而刨削则为单刃低速切削。

但有时则不同，如加工导轨面，刨削时由于表面变窄而减少走刀次数，而铣削并没有因表面变窄而减少走刀长度。

(4) 加工成本。铣削高于刨削，因刨床及刨刀较简单，故安装调整简单省时。

(5) 实际应用。铣削广泛用于各种生产批量；而刨削多用于单件、小批量生产或修配作业。

4. 平面的插削

插削在插床上进行，插削可以看成立式的牛头刨床刨削。由于插削的生产率比刨削还低，因此，插削主要用于单件、小批量生产中加工孔内键槽。

5. 平面的磨削

磨削是平面的精加工方法，也可以代替铣削或刨削。

磨销的特点：

(1) 砂轮与工件的接触面积小，磨削力小，磨削热少，冷却散热排屑条件好，砂轮的磨损均匀。

(2) 磨削精度高，加工精度为 IT6、IT5，表面粗糙度 Ra 为 0.8～0.2 μm，直线度为 0.01～0.03 mm/m，两平面间平行度为 0.01～0.03 mm。

(3) 用于在各种生产批量中磨削精度较高零件上的平面，特别适用于磨削具有较高平行度的平面。

6. 平面的拉削

拉削是用平面拉刀在拉床上加工平面的一种高效率加工方法。拉削加工精度为 IT8、IT7，表面粗糙度 Ra 为 0.8～0.4 μm，用于大批大量生产。

7. 平面的刮削

(1) 刮削是手工操作的一种光整加工方法，在精铣(刨)的基础上进行。

刮削后：直线度为 0.01 mm/m，甚至达到 0.005～0.0025 mm/m，表面粗糙度 Ra 为 0.8～0.4 μm。在某些情况下，还可以修正表面间的平行度和垂直度。

(2) 刮削方法。刮削时，在工件表面上涂上红丹油，用标准平尺(台)贴紧推磨，然后用刮刀将显出的高(亮)点逐一刮去，重复多次，即使工件加工表面与标准平尺推磨面接触点增多，并分布均匀，从而获得较高的表面形状精度和较低的表面粗糙度。

刮削又可分为粗刮、细刮和精刮：

① 粗刮：除去铁锈、加工痕迹，以免在推磨时，损伤标准平(台)尺，每 25 mm × 25 mm 面积上显示 4～5 个高点。

② 细刮：刮去粗刮的高点，每 25 mm × 25 mm 面积上显示 12～15 个高点。

③ 精刮：要求每 25 mm × 25 mm 面积上显示 20～25 个高点。

刮削余量一般为 0.1～0.4 mm。

(3) 平面刮削的工艺特点：刮削精度高，方法简单，不需要复杂的设备和工具，常用来加工各种设备的导轨面及检验平台。刮削劳动强度大，技术水平要求高，生产率低，故多用于单件小批生产或修理车间。刮削的表面质量好，表面实际上由许多微小的凸点组成，凹部可以储存润滑油，使滑动配合的表面具有良好的润滑条件。

刮削还常用于修饰加工，刮出各种样式的花纹，以增加机械设备的美观。

8. 平面的研磨

研磨也是平面的光整加工方法。一般在磨削之后进行。

研磨后两平面间的尺寸公差等级可达 IT5～IT3，表面粗糙度 Ra 为 0.1～0.008 μm，直线度可达 0.005 mm/m。平面研磨主要用来加工小型精密平板、平尺、块规及其他精密零件的平面。单件小批生产采用手工研磨；大批大量生产采用机械研磨。

平面加工方案如表 5.1-1 所示。

表 5.1-1　平面加工方案

加　工　方　案	经济精度等级	表面粗糙度 $Ra/\mu m$	适用范围
粗车→半精车	IT9	3.2～6.3	适用于工件的端面加工
粗车→半精车→精车	IT7、IT8	0.8～1.6	
粗车→半精车→磨削	IT6、IT7	0.4～0.8	
粗刨(或粗铣)→精刨(或精铣)	IT8～IT10	1.6～6.3	一般不淬硬平面(端铣的表面粗糙度可较小)
粗刨(或粗铣)→精刨(或精铣)→刮研	IT6、IT7	0.1～0.8	精度要求较高的不淬硬平面，批量较大时宜采用宽刃精刨方案
粗刨(或粗铣)→精刨(或精铣)→宽刃精刨	IT6	0.2～0.8	
粗刨(或粗铣)→精刨(或精铣)→磨削	IT6	0.2～0.8	精度要求较高的淬硬平面或不淬硬平面
粗刨(或粗铣)→精刨(或精铣)→粗磨→精磨	IT6、IT7	0.025～0.4	
粗刨→拉	IT7～IT9	0.2～0.8	适用于大量生产中加工较小的不淬硬平面
粗铣→精铣→磨削→研磨	IT5 以上	0.006～0.1	适用于高精度平面的加工

5.1.5 箱体孔系的加工方法

箱体上若干有相互位置精度要求的孔的组合，称为孔系。孔系可分为平行孔系、同轴孔系和交叉孔系(如图 5.1-5 所示)。孔系加工是箱体加工的关键，根据箱体加工批量的不同和孔系精度要求的不同，孔系加工所用的方法也不同。

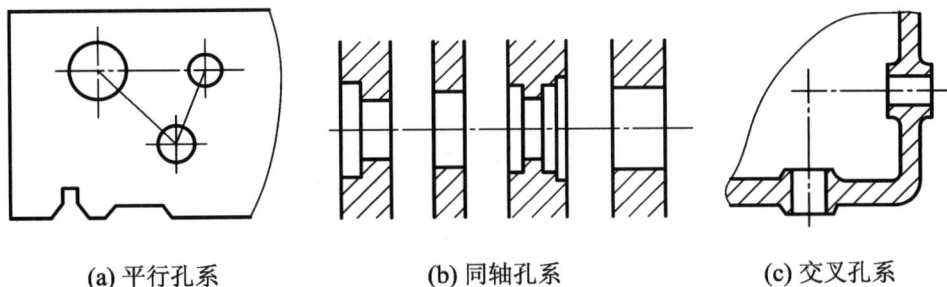

(a) 平行孔系   (b) 同轴孔系   (c) 交叉孔系

图 5.1-5 孔系分类

1. 平行孔系的加工

下面主要介绍如何保证平行孔系孔距精度的方法。

(1) 找正法。找正法是在通用机床(镗床、铣床)上利用辅助工具来找正所要加工孔的正确位置的加工方法。这种方法加工效率低，一般只适于单件小批生产。找正时除根据划线用试镗方法外，有时借用心轴、块规或用样板找正，以提高找正精度。

图 5.1-6 所示为心轴和块规找正法。镗第一排孔时将心轴插入主轴孔内(或直接利用镗床主轴)，然后根据孔和定位基准的距离，组合一定尺寸的块规来校正主轴位置，校正时用塞尺测定块规与心轴之间的间隙，以避免块规与心轴直接接触而损伤块规(如图 5.1-6(a)所示)。镗第二排孔时，分别在机床主轴和已加工孔中插入心轴，采用同样的方法来校正主轴轴线的位置，以保证孔中心距的精度(如图 5.1-6(b)所示)。这种找正法的孔心距精度可达±0.03 mm。

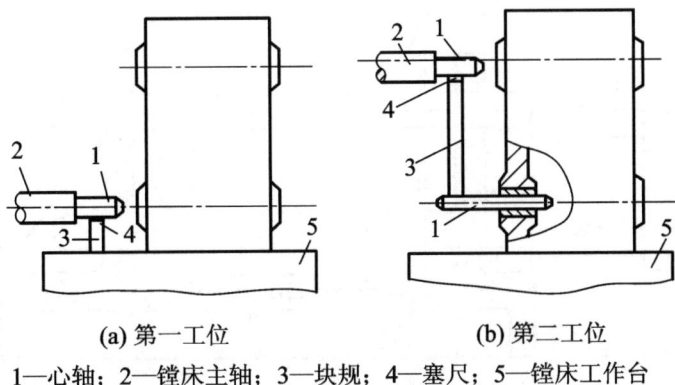

(a) 第一工位   (b) 第二工位

1—心轴；2—镗床主轴；3—块规；4—塞尺；5—镗床工作台

图 5.1-6 心轴和块规找正法

图 5.1-7 所示为样板找正法。用 10～20 mm 厚的钢板制成样板 1，装在垂直于各孔的端面上(或固定于机床工作台上)，样板上的孔距精度较箱体孔系的孔距精度高(一般为 0.01～0.03 mm)，样板上的孔径较工件的孔径大，以便于镗杆通过。样板上的孔径要求不高，但

要有较高的形状精度和较小的表面粗糙度,当样板准确地装到工件上后,在机床主轴上装一个千分表 2,按样板找正机床主轴,找正后,即换上镗刀加工。此法加工孔系不易出差错,找正方便,孔距精度可达 0.05 mm。这种样板的成本低,仅为镗模成本的 1/7～1/9,单件小批生产中大型的箱体加工可用此法。

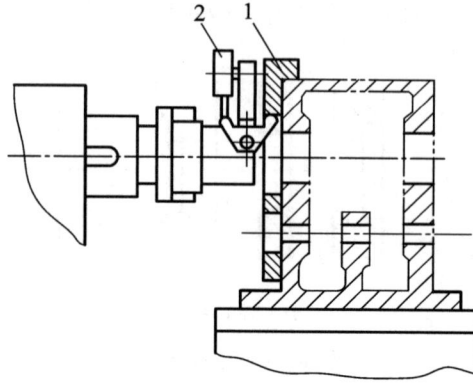

1—样板；2—千分表

图 5.1-7　样板找正法

(2) 镗模法。在成批生产中,广泛采用镗模加工孔系,如图 5.1-8 所示。工件 5 装夹在镗模上,镗杆 4 被支承在镗模的导套 6 里,导套的位置决定了镗杆的位置,装在镗杆上的镗刀 3 将工件上相应的孔加工出来。当用两个或两个以上的支承来引导镗杆时,镗杆与机床主轴必须浮动联接(如图中活动连接头 2)。当采用浮动联接时,机床精度对孔系加工精度影响很小,因而可以在精度较低的机床上加工出精度较高的孔系。孔距精度主要取决于镗模,一般可达 0.05 mm。能加工公差等级 IT7 的孔,其表面粗糙度 Ra 可达 5～1.25 μm。当从一端加工、镗杆两端均有导向支承时,孔与孔之间的同轴度和平行度可达 0.02～0.03 mm;当分别由两端加工时,可达 0.04～0.05 mm。

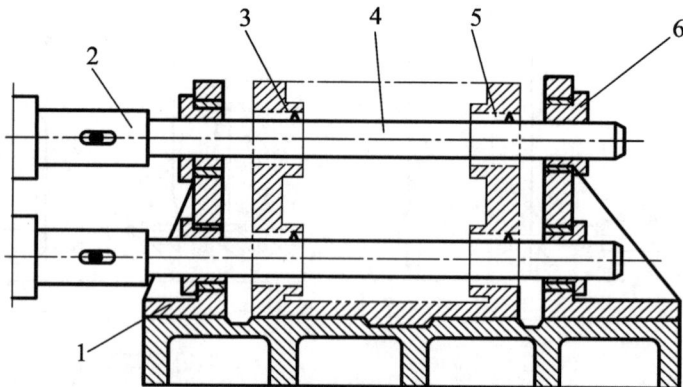

1—镗模；2—活动连接头；3—镗刀；4—镗杆；5—工件；6—镗杆导套

图 5.1-8　用镗模加工孔系

用镗模法加工孔系,既可在通用机床上加工,也可在专用机床上或组合机床上加工,图 5.1-9 所示为在组合机床上用镗模加工孔系。

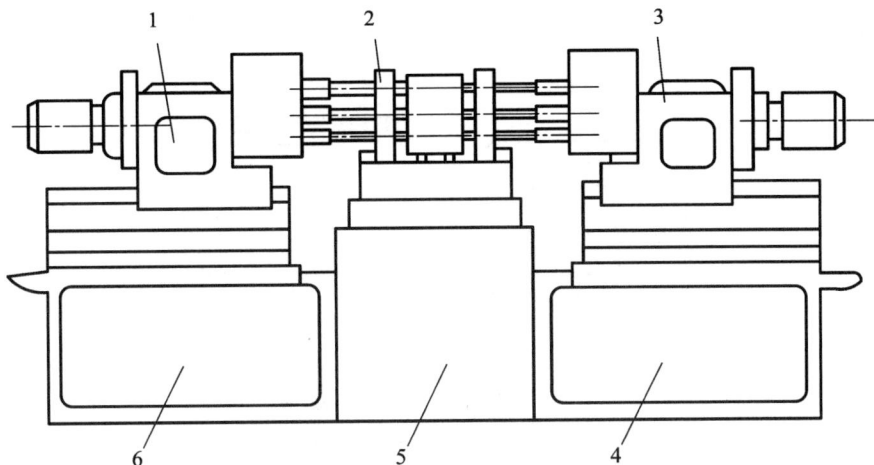

1—左动刀头；2—镗模；3—右动刀头；4、6—侧底座；5—中间底座

图 5.1-9　在组合机床上用镗模加工孔系

（3）坐标法。坐标法镗孔是在普通卧式镗床、坐标镗床或数控镗铣床等设备上，借助于精密测量装置，调整机床主轴与工件间在水平和垂直方向的相对位置，来保证孔心距精度的一种镗孔方法。

采用坐标法加工孔系时，要特别注意选择基准孔和镗孔顺序，否则，坐标尺寸累积误差会影响孔心距精度。

基准孔应尽量选择本身尺寸精度高、表面粗糙度小的孔(一般为主轴孔)，这样在加工过程中，便于校验其坐标尺寸。孔心距精度要求较高的两孔应连在一起加工。

基准孔应位于箱壁的一侧，这样依次加工各孔时，工作台朝一个方向移动，以避免往返移动误差。

2. 同轴孔系的加工

成批生产中，箱体上同轴孔的同轴度几乎都由镗模来保证。单件小批生产中，其同轴度用下面几种方法来保证。

（1）利用已加工孔作支承导向。如图 5.1-10 所示，当箱体前壁上的孔加工好后，在孔内装一导向套，以支承和引导镗杆加工后壁上的孔，从而保证两孔的同轴度要求。这种方法只适于加工箱壁较近的孔。

（2）利用镗床后立柱上的导向套支承导向。这种方法其镗杆是两端支承，刚性好。但此法调整麻烦，镗杆长，较笨重，故只适于单件小批生产中大型箱体的加工。

（3）采用调头镗。当箱体与箱壁相距较远时，可采用

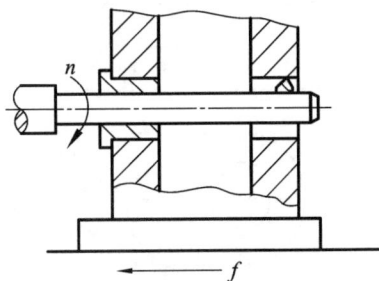

图 5.1-10　利用已加工孔导向

调头镗。工件在一次装夹下，镗好一端孔后，将镗床工作台回转 180°，再调整工作台位置，使已加工孔与镗床主轴同轴，然后再加工另一端孔。

当箱体上有一较长并与所镗孔轴线有平行度要求的平面时，镗孔前应先用装在镗杆上的百分表对此平面进行校正，如图 5.1-11(a)所示，使其和镗杆轴线平行，校正后加工孔 B，孔 B 加工后，回转工作台，并用镗杆上装的百分表沿此平面重新校正，这样就可保证工作

台准确地回转 180°，如图 5.1-11(b)所示。然后再加工孔 A，从而保证孔 A、B 同轴。

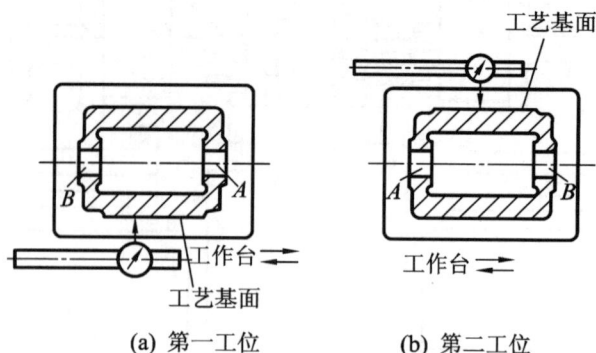

(a) 第一工位　　　　　　(b) 第二工位

图 5.1-11　调头镗孔时工件的校正

5.2　零件的结构工艺性分析

　　零件的结构工艺性是指所设计的零件在满足使用要求的前提下制造的方便性、可行性和经济性，即零件的结构应方便加工时工件的装夹、对刀、测量，可以提高切削效率等。结构工艺性不好会使加工困难，浪费材料和工时，有时甚至无法加工，所以应该对零件的结构进行工艺性审查，如发现零件结构不合理之处，应与有关设计人员一起分析，按规定手续对图样进行必要的修改及补充。

5.2.1　从零件方便装夹方面进行分析

　　零件的结构设计要考虑加工时的装夹，装夹次数尽量少而且方便，如表 5.2-1 和表 5.2-2 所示。

零件的结构工艺性

表 5.2-1　工件便于在机床或夹具上装夹图例

图　　例		说　　明
改　进　前	改　进　后	
		将圆弧面改成平面，便于装夹和钻孔
		改进后的圆柱面，易于定位夹紧

续表

图 例		说 明
改 进 前	改 进 后	
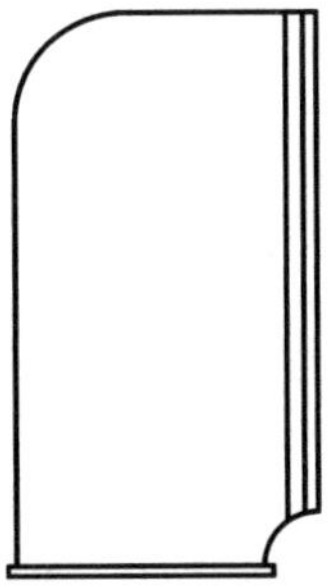	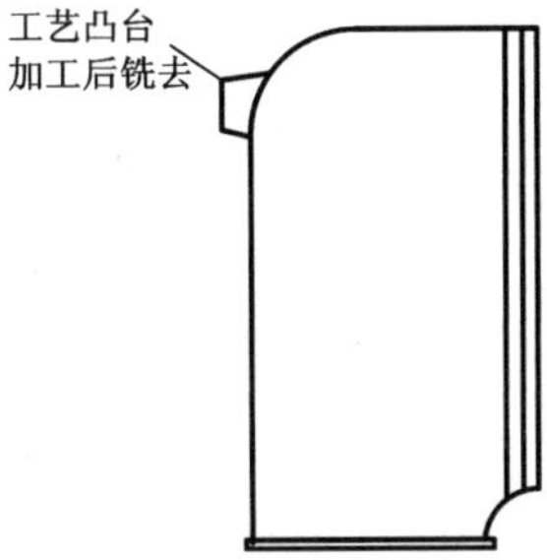 工艺凸台加工后铣去	改进后增加工艺凸台易定位夹紧
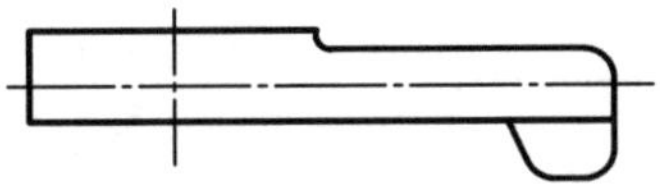	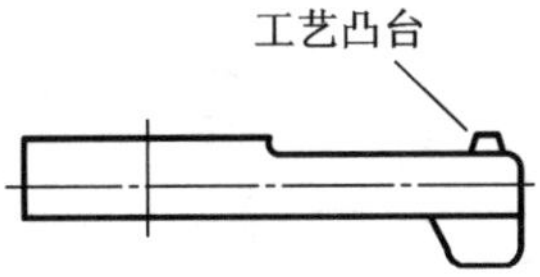 工艺凸台	
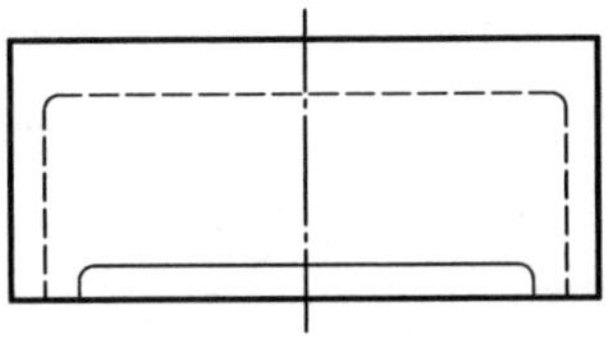	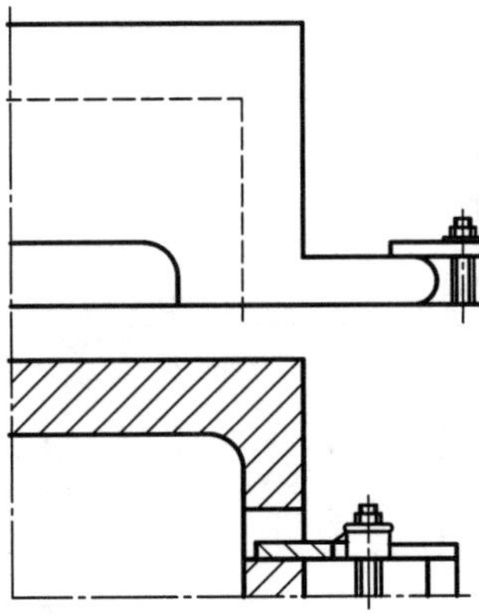	增加夹紧边缘或夹紧孔
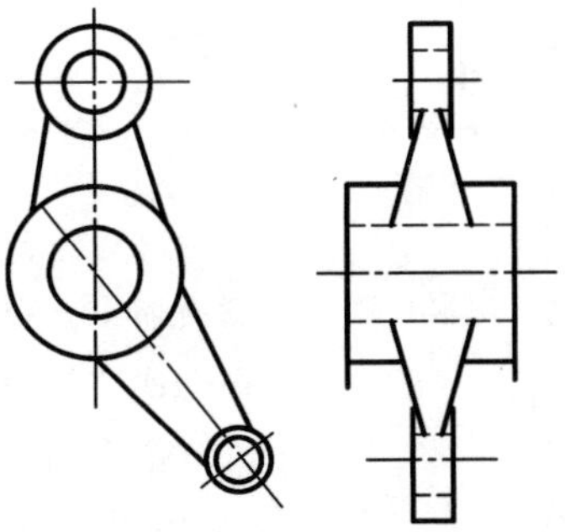	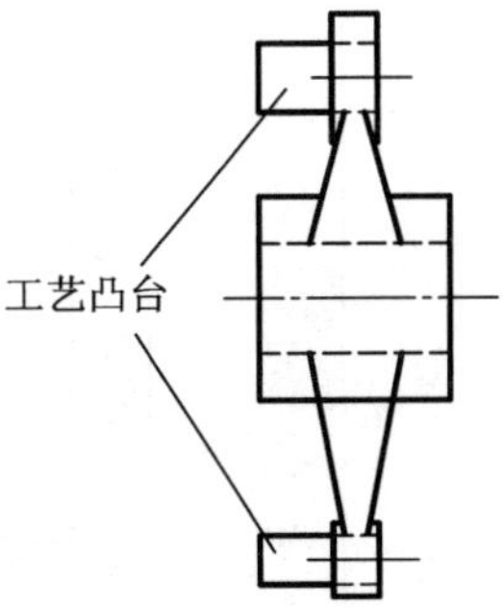 工艺凸台	改进后不仅使三端面处于同一平面上,而且还设计了两个工艺凸台,其直径分别小于被加工孔,孔钻通时,凸台脱落

表 5.2-2　减少装夹次数图例

图　　例		说　　明
改　进　前	改　进　后	
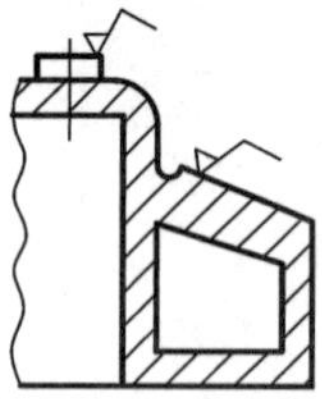	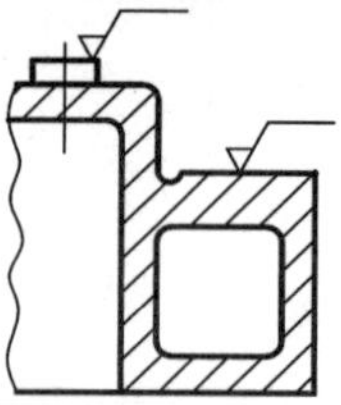	避免倾斜的加工面和孔，可减少装夹次数并利于加工
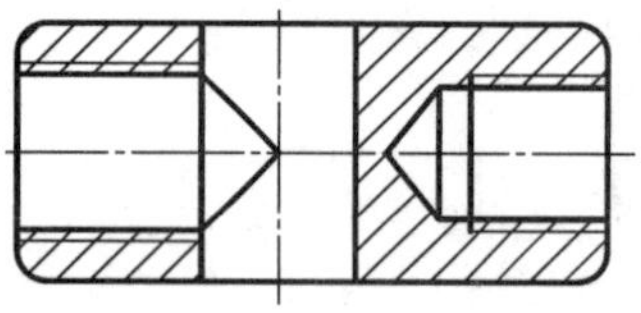	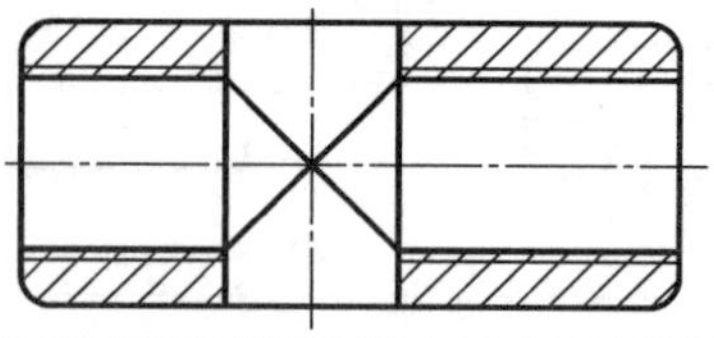	改为通孔可减少装夹次数，保证孔的同轴度要求
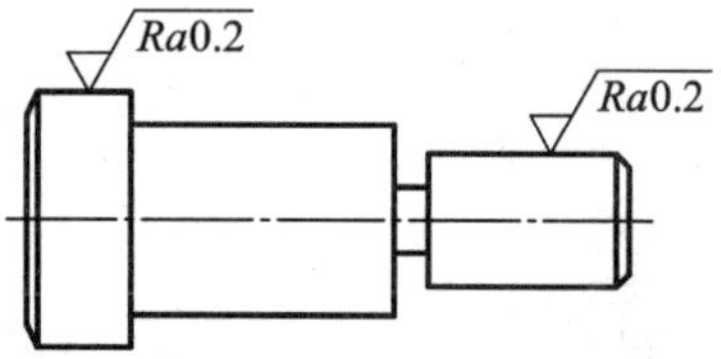	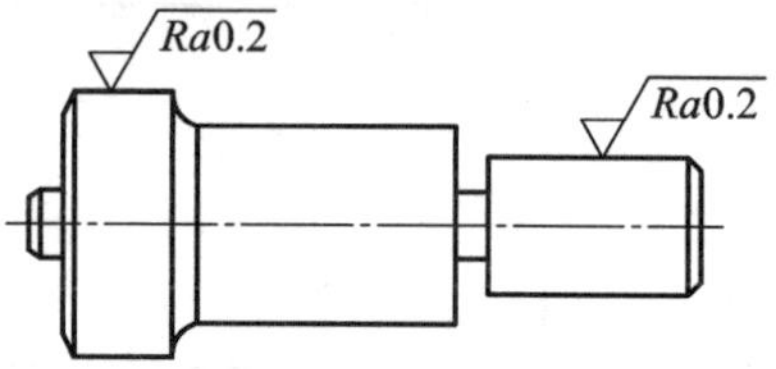	改进前需两次装夹磨削，改进后只需一次装夹即可磨削完成
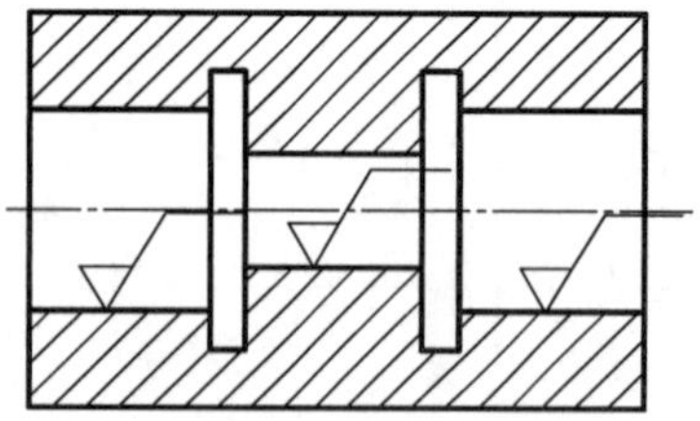	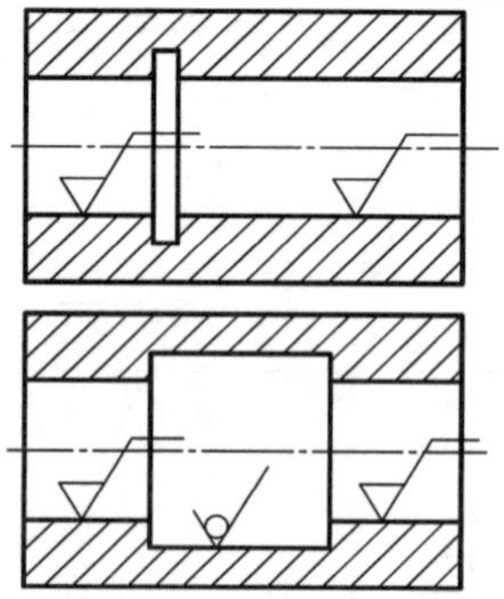	原设计需从两端进行加工，改进后只需一次装夹
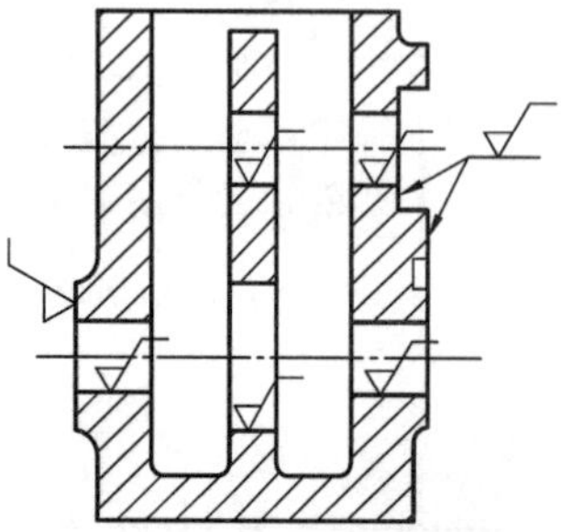	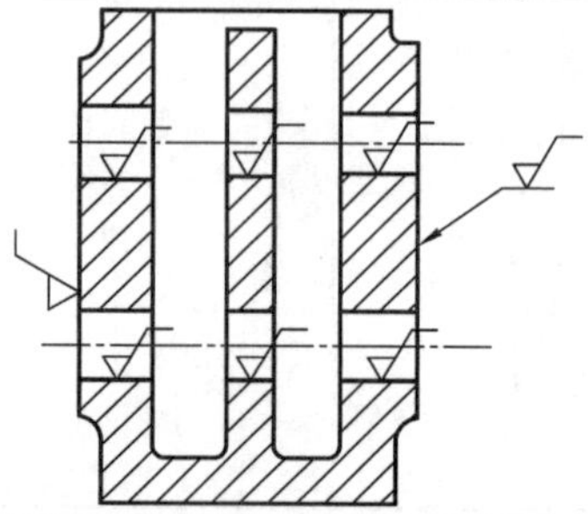	改进后无台阶顺次缩小孔径，在一次装夹中同时或依次加工全部同轴孔

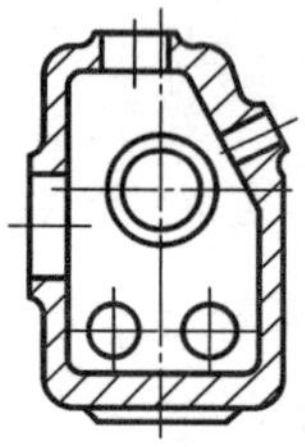

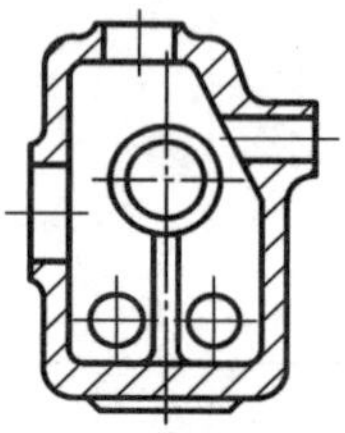

5.2.2　从零件加工方面进行分析

零件设计时尽量采用标准化数值,方便选择刀具和量具。同时还应考虑加工时的进退刀、加工难易程度等方面,尽量考虑一次装夹就能加工大部分工作表面。另外在加工方面要分析加工的时间和效率,尽量减少不必要的加工,既节约材料,又减轻重量。表5.2-3～表5.2-8列出了分析零件的结构工艺性图例。

表5.2-3　减少刀具的调整与走刀次数图例

图　　例		说　　明
改　进　前	改　进　后	
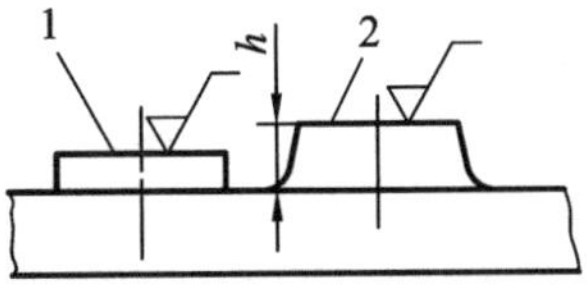	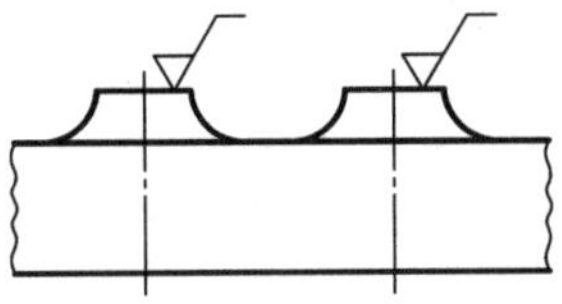	被加工表面(1、2面)尽量设计在同一平面上,可以一次走刀加工,缩短调整时间,保证加工面的相对位置精度
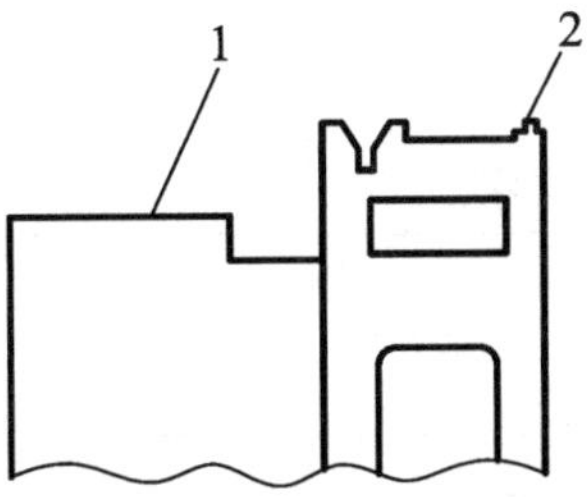	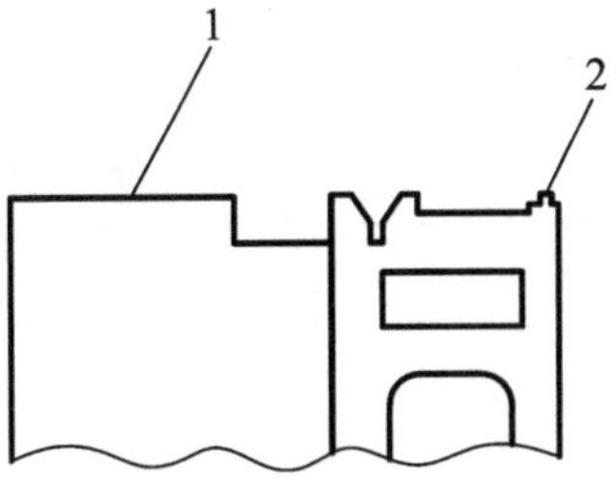	
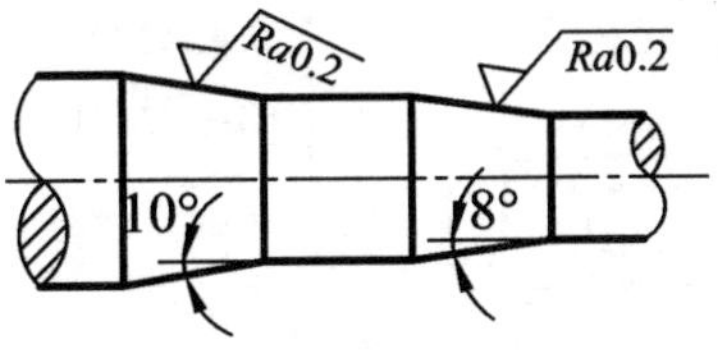	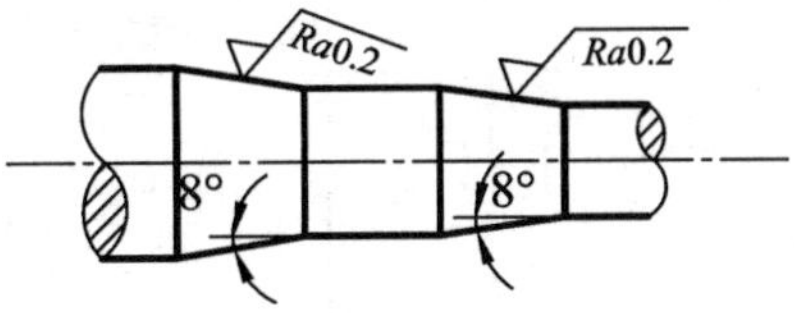	锥度相同只需做一次调整
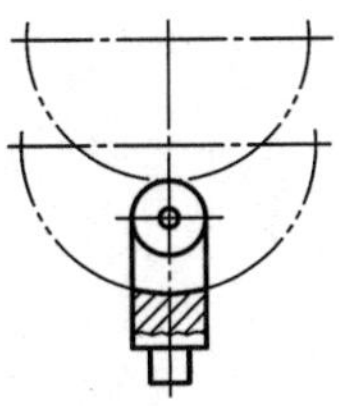	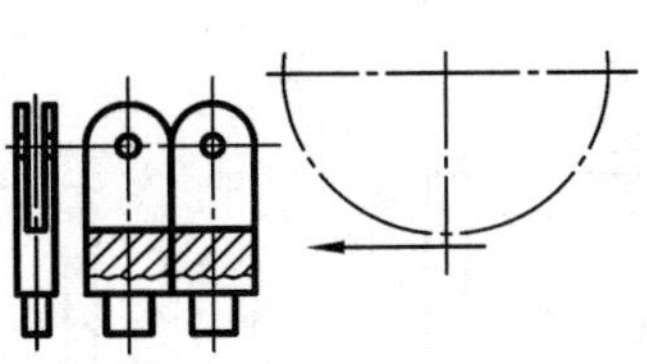	底部为圆弧形,只能单件垂直进刀加工,改成平面,可多件同时加工

表 5.2-4　采用标准刀具减少刀具种类图例

图　　例		说　　明
改　进　前	改　进　后	
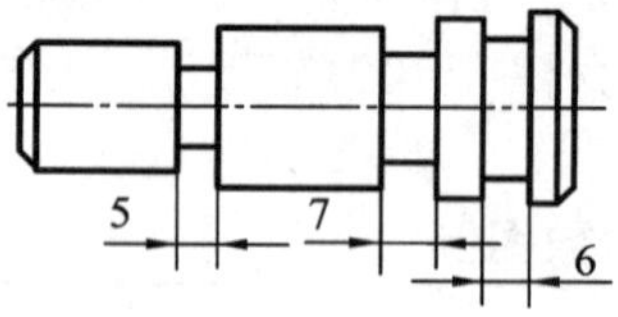 5　7　6	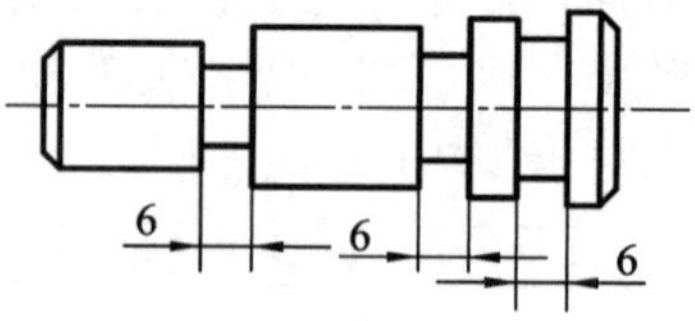 6　6　6	轴的退刀槽或键槽的形状与宽度尽量一致
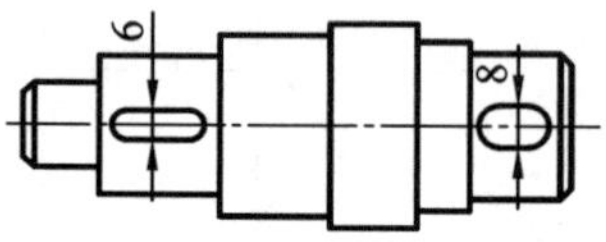 6　8	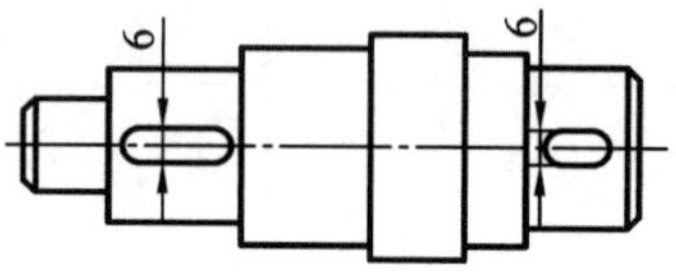 6　6	
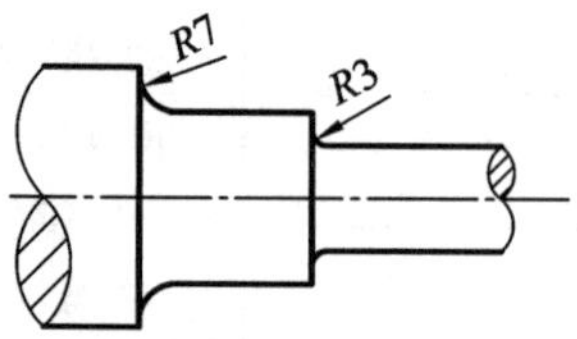 R7　R3	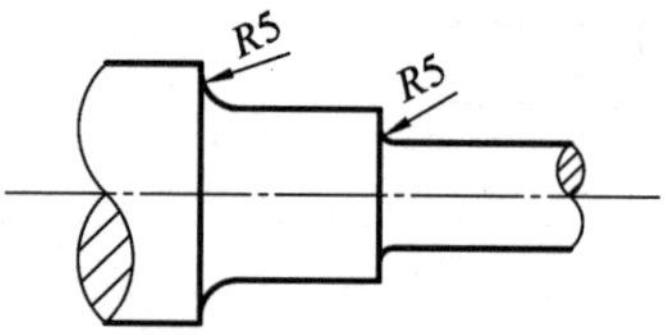 R5　R5	磨削或精车时，轴上的过渡圆角应尽量一致

表 5.2-5　减少切削加工难度图例

图　　例		说　　明
改　进　前	改　进　后	
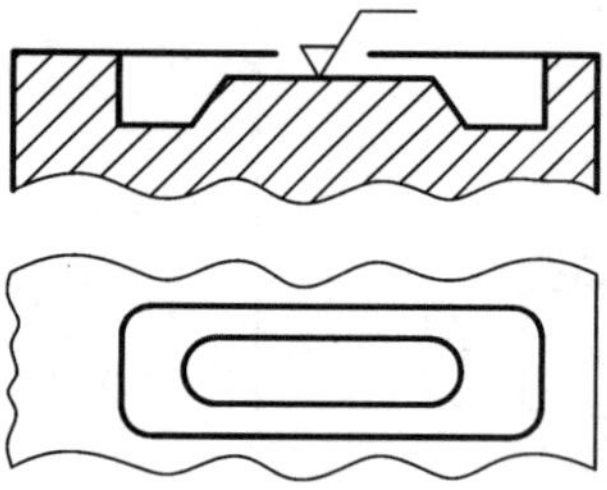	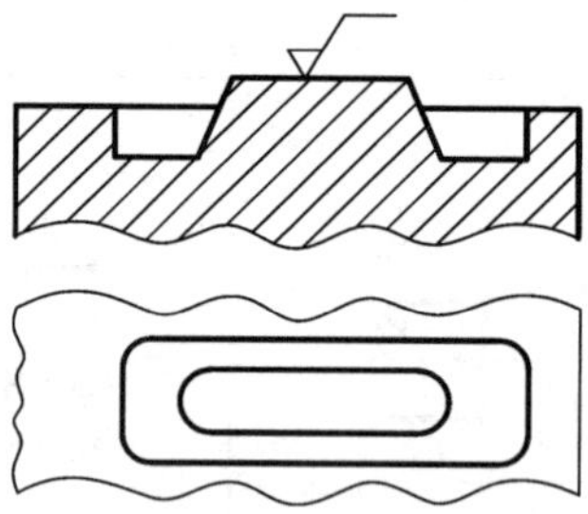	避免把加工平面布置在低凹处
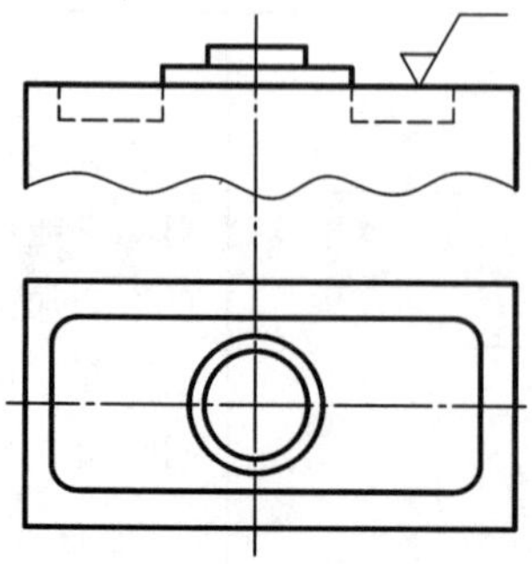	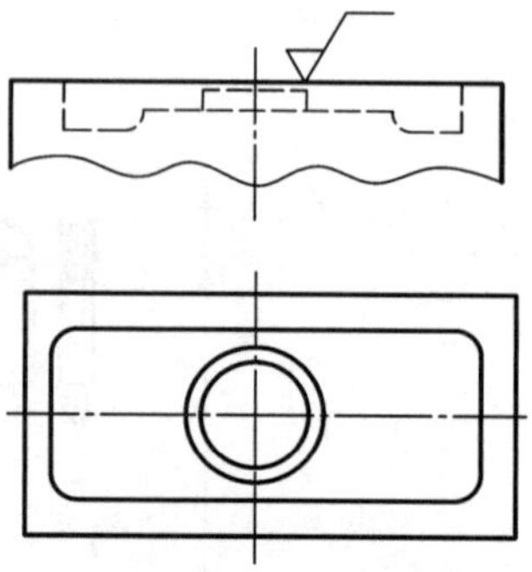	避免在加工平面中间设计凸台

图　　例		说　　明
改　进　前	改　进　后	
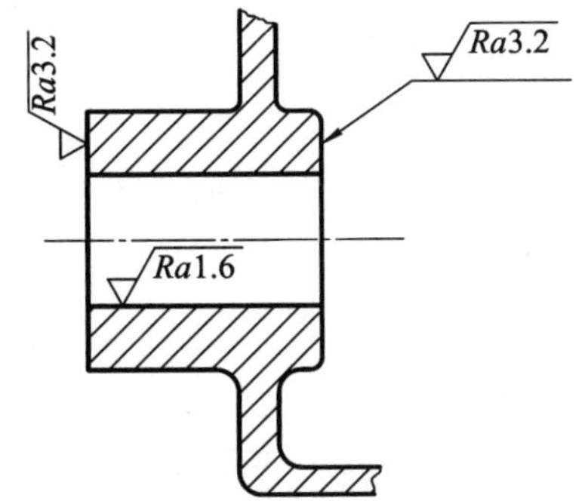	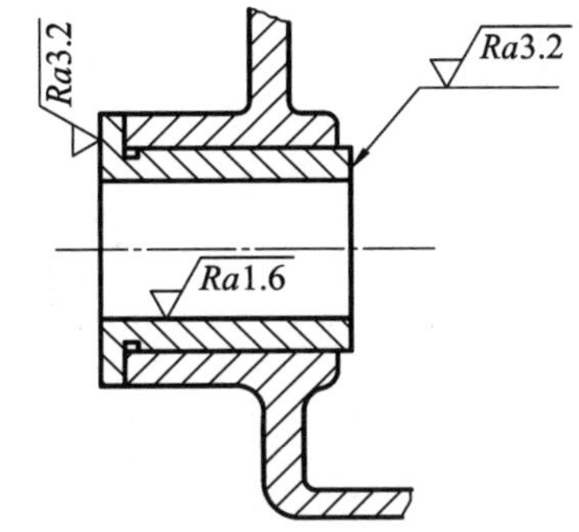	合理应用组合结构，用外表面加工取代内表面加工
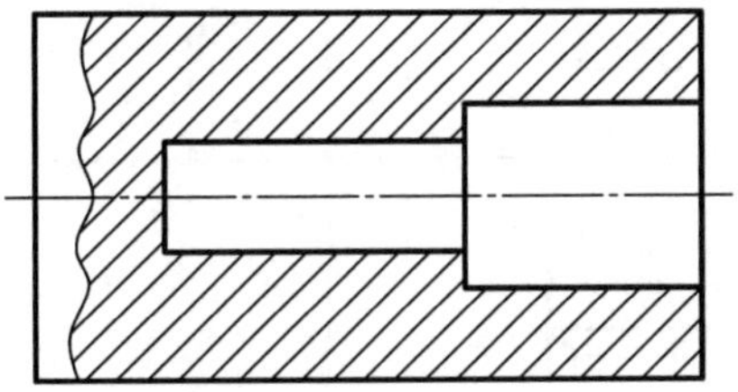	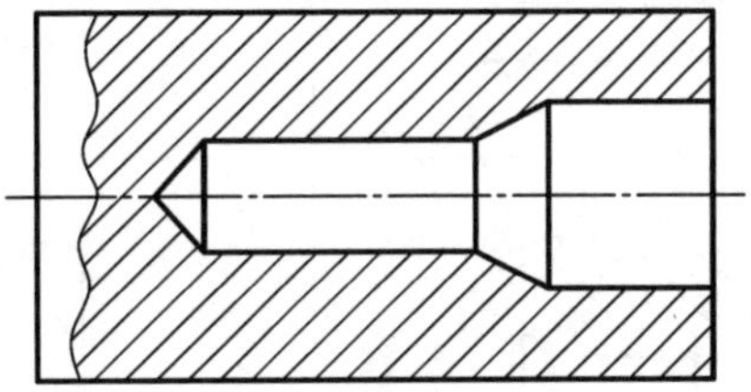	避免平底孔的加工
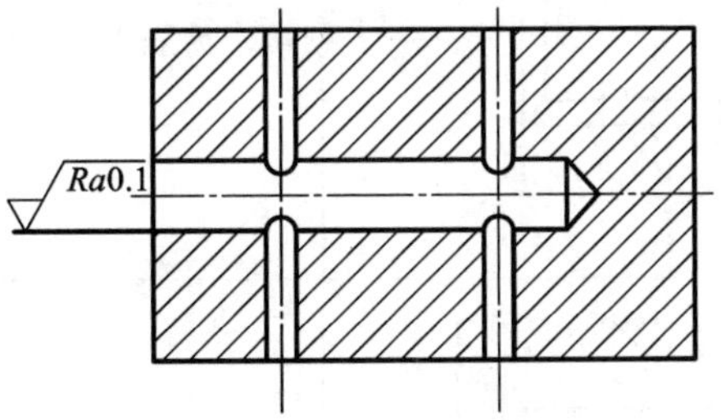	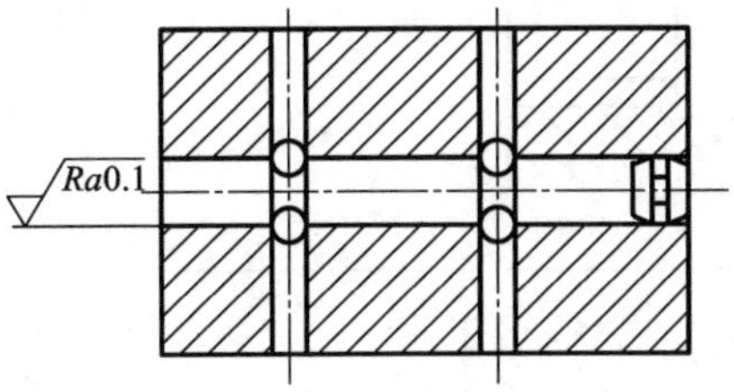	研磨孔宜贯通
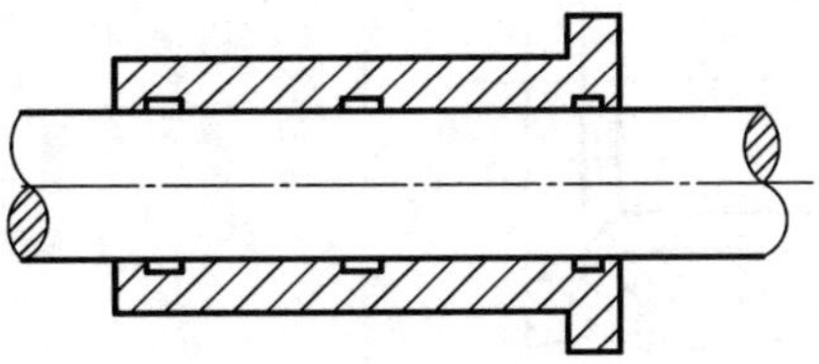	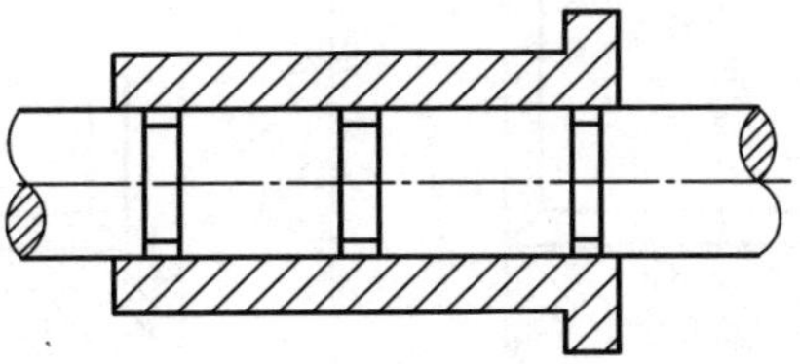	外表面沟槽加工比内沟槽加工方便，容易保证加工精度

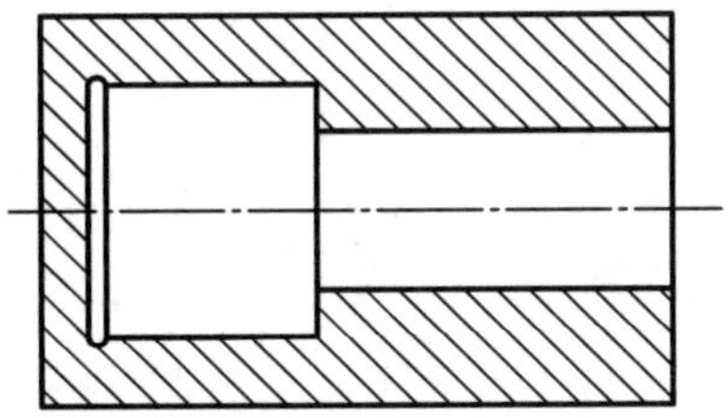

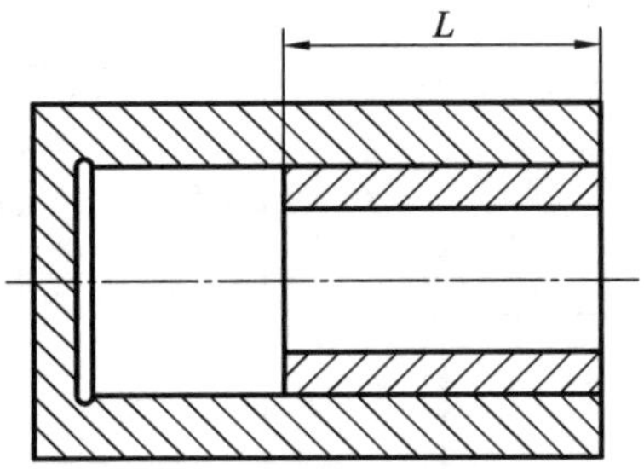

图　例		说　明
改 进 前	改 进 后	
		内大外小的同轴孔不易加工
	工艺孔	改进后可采用前后双导向支承加工,保证加工质量
		花键孔宜贯通,易加工
		花键孔宜连接,易加工
		花键孔不宜过长,易加工

图　　例		说　　明
改　进　前	改　进　后	
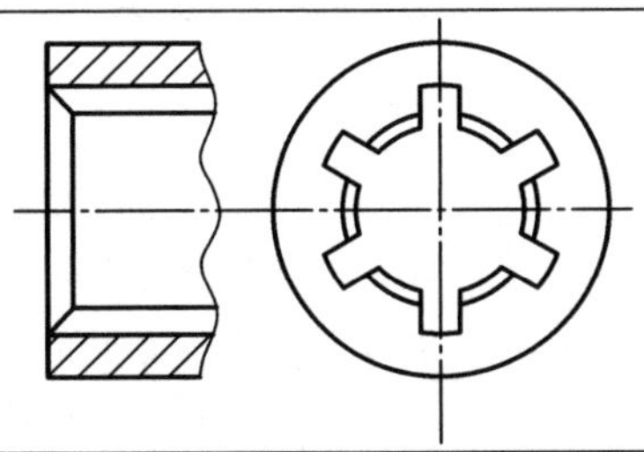	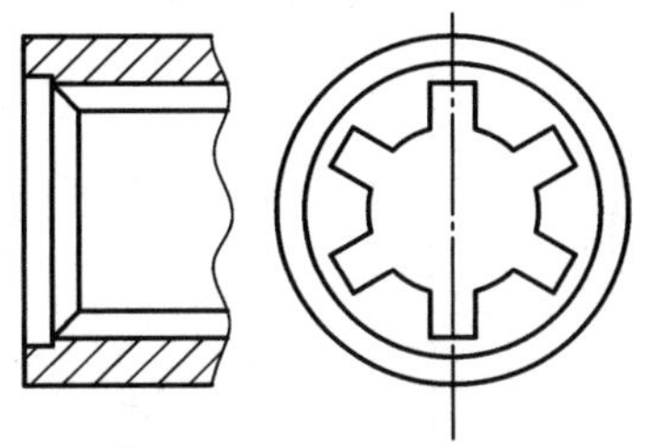	花键孔端部倒棱应超过底圆面(部分线省略)
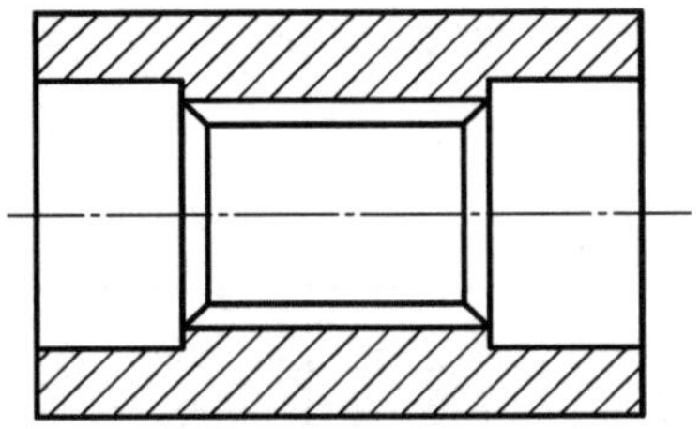	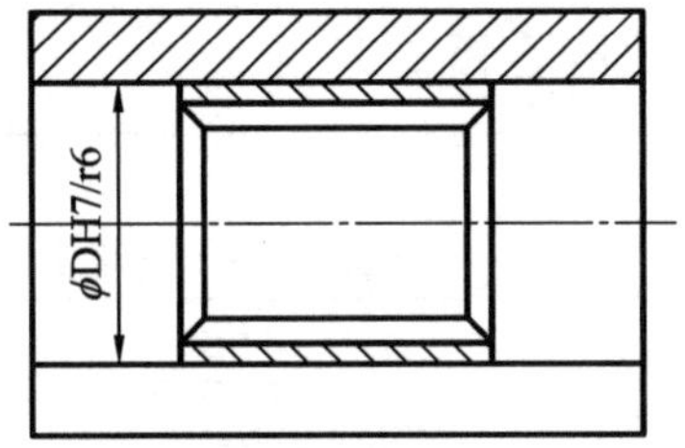	改进前，加工花键孔很困难；改进后，用管材和拉削后的中间体组合而成
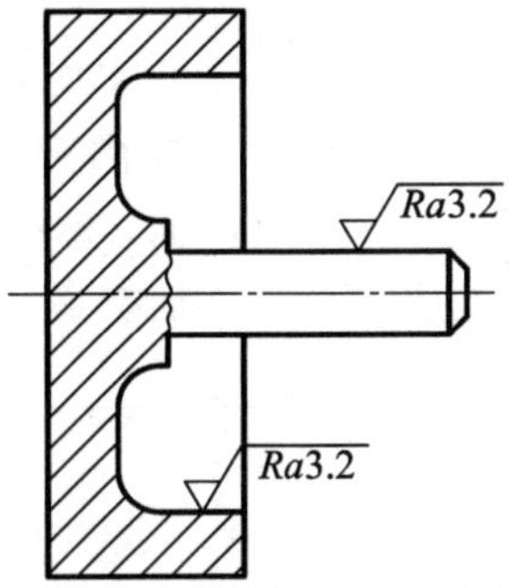	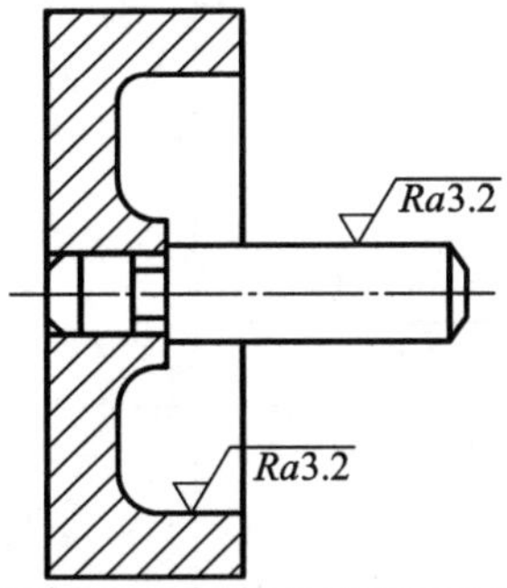	复杂型面改为组合件，加工方便
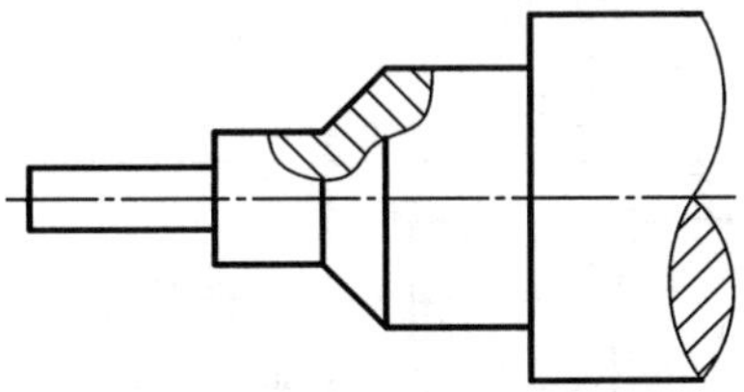	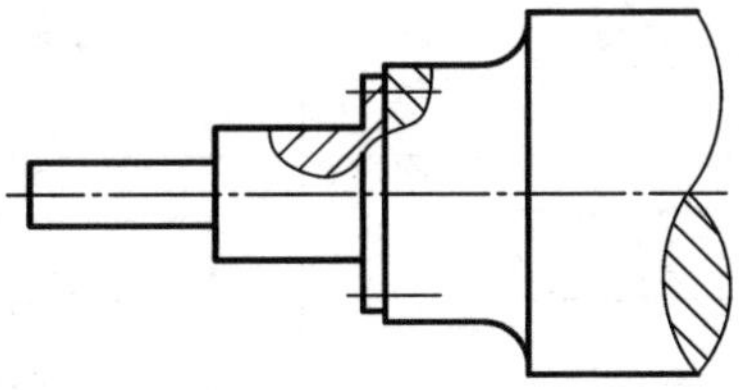	细小轴端的加工比较困难，材料损耗大，改为装配式后，省料便于加工
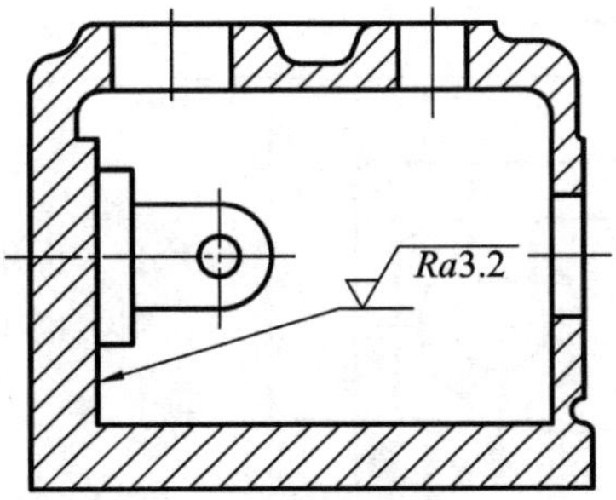	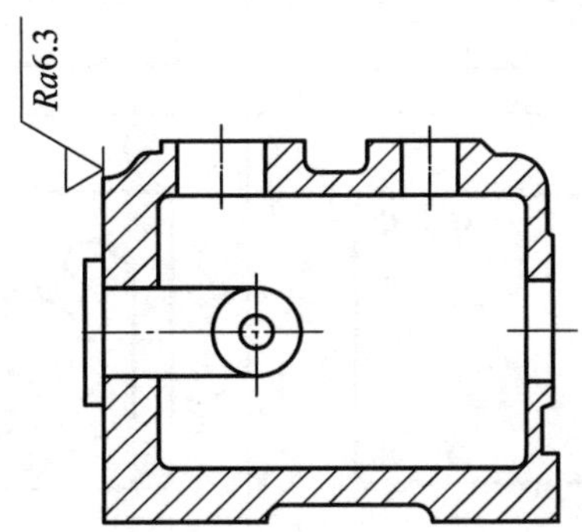	对箱体内的轴承，应改箱内装配为箱外装配，避免箱体内表面的加工

图　　例		说　明
改　进　前	改　进　后	
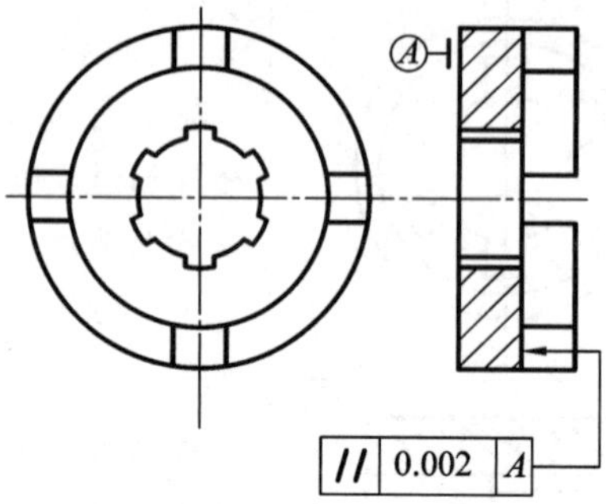	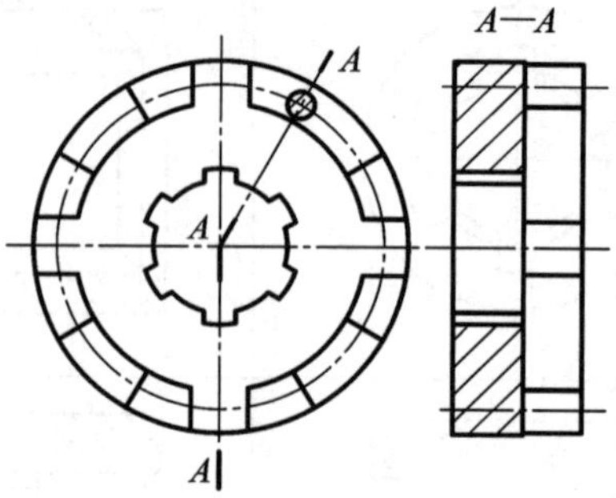	合理应用组合结构，改进后槽底与底面的平行度要求易保证

表 5.2-6　减少加工量的图例

图　　例		说　明
改　进　前	改　进　后	
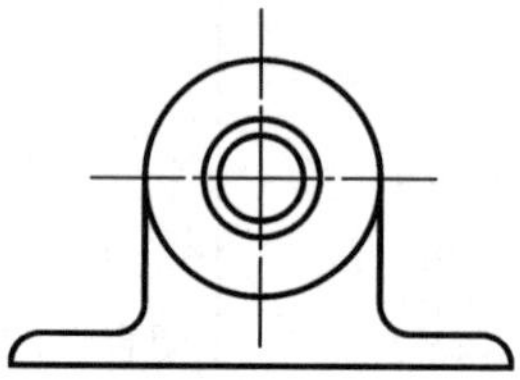	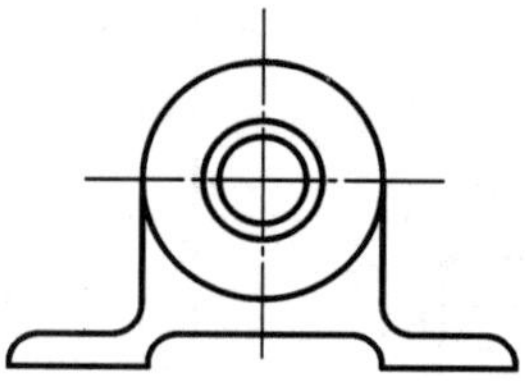	将整个支承面改成台阶支承面，减少了加工面积
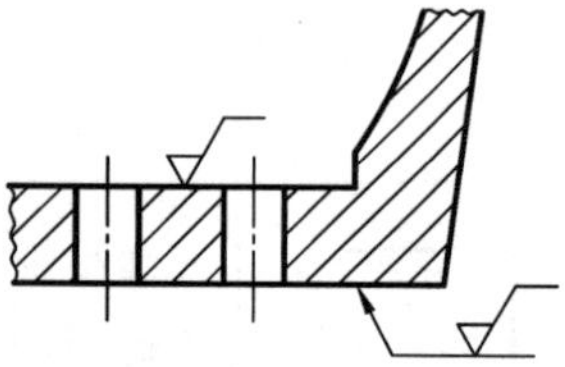	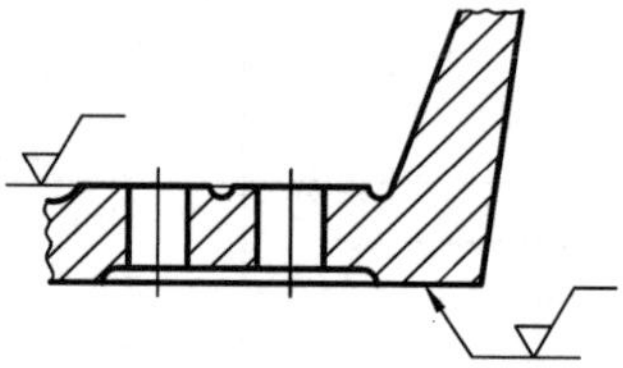	铸出凸台，以减少切去金属的体积
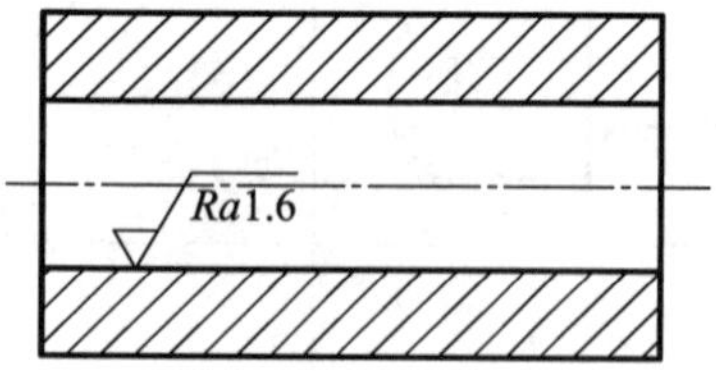	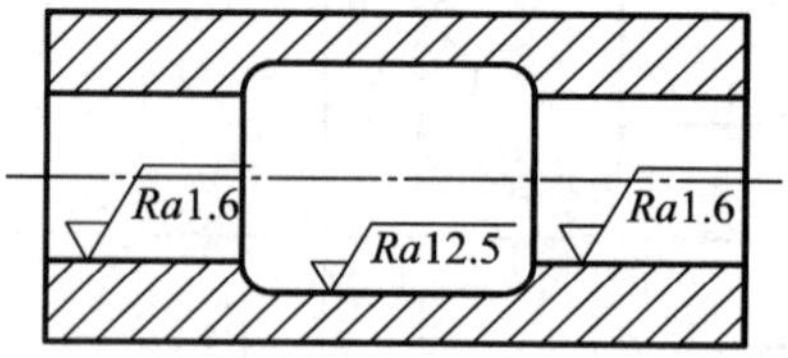	将中间部位多粗车一些，以减少精车的长度
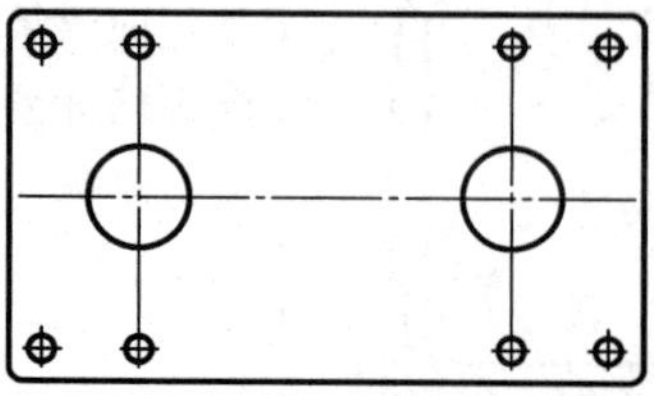	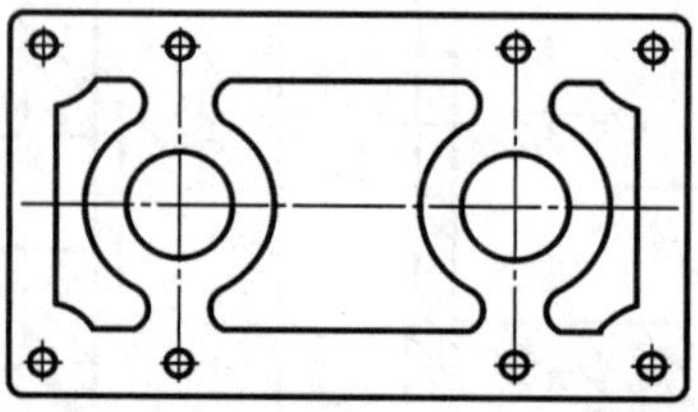	减少大面积的铣、刨、磨削加工面

续表

图　　例		说　　明
改进前	改进后	
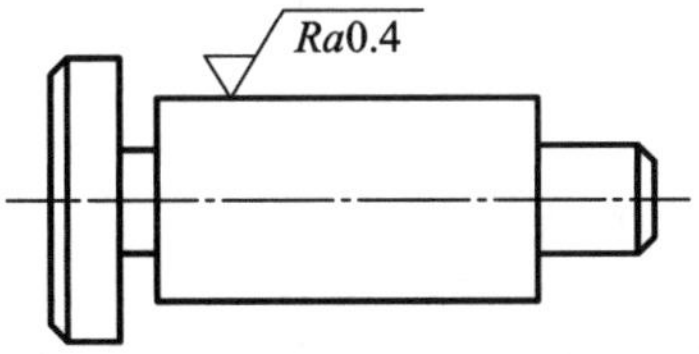 *Ra*0.4	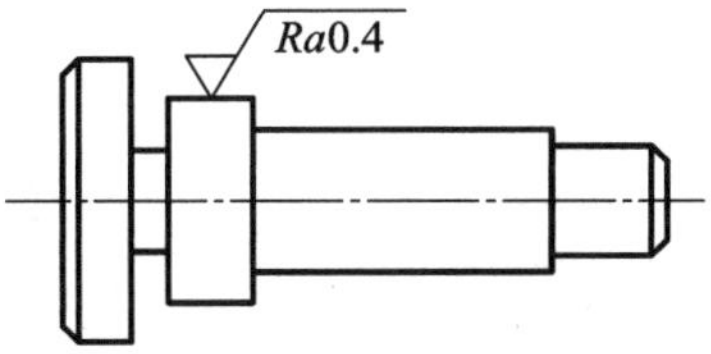 *Ra*0.4	若轴上仅一部分直径有较高的精度要求,应将轴设计成阶梯状,以减少磨削加工量
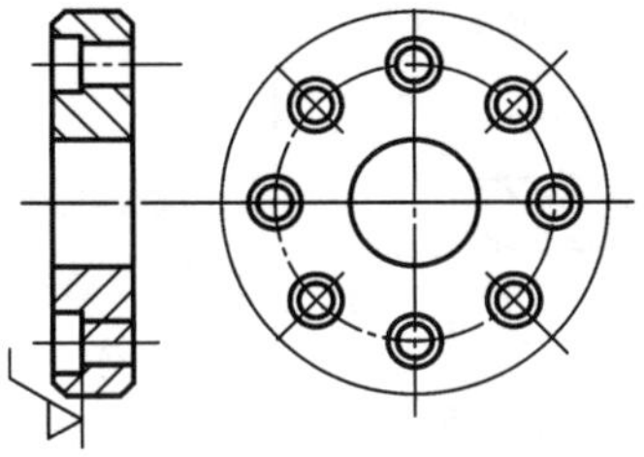	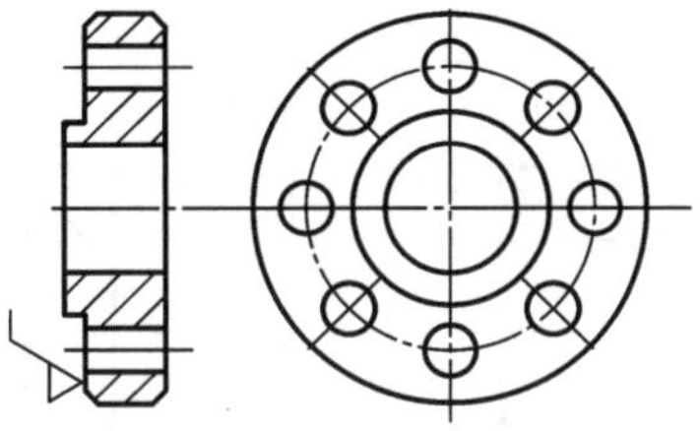	将孔的锪平面改为端面车削,可减少加工表面
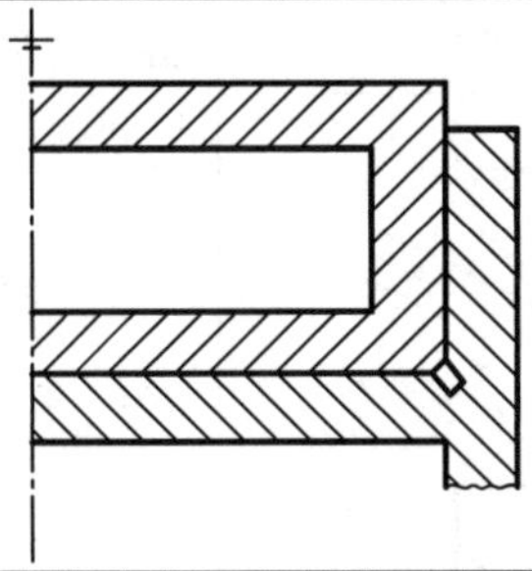	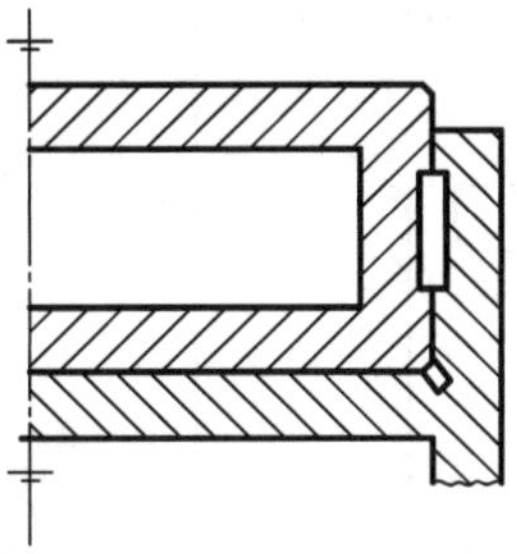	接触面改为环形带后,减少加工面

表 5.2-7　加工时便于进刀、退刀和测量的图例

图　　例		说　　明
改进前	改进后	
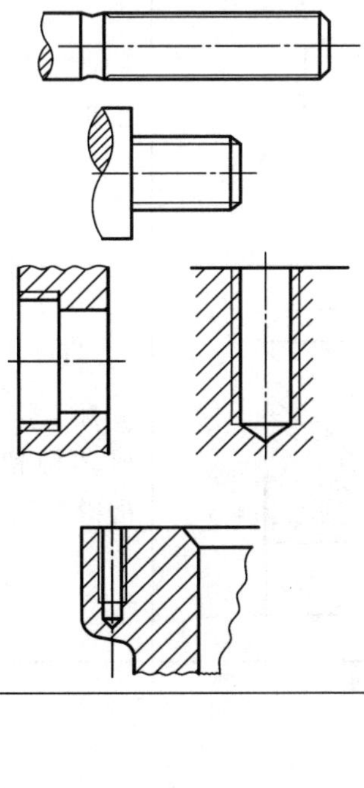	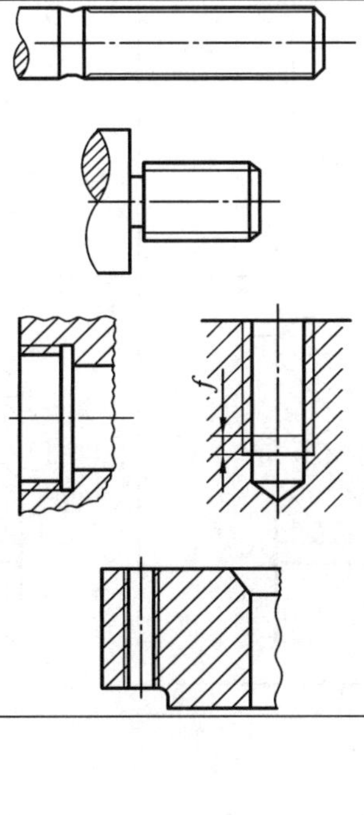	加工螺纹时,应留有退刀槽或开通,不通的螺孔应具有退刀槽或螺纹尾扣段,最好改成开通

图　例		说　明
改　进　前	改　进　后	
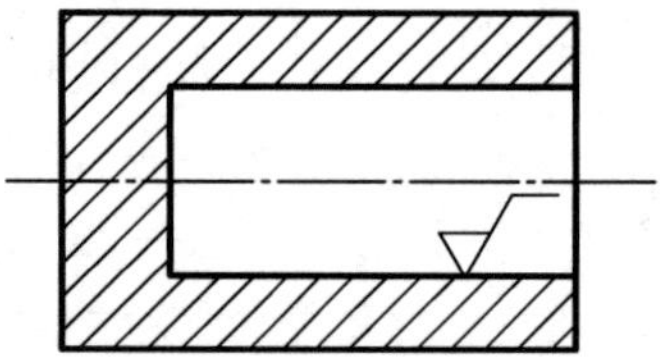	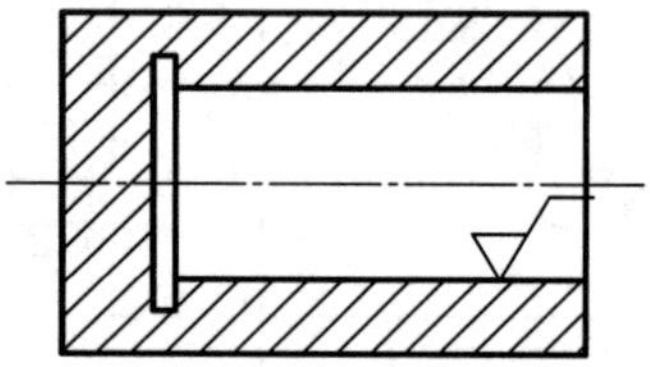	磨削时各表面间的过渡部位，应设计出越程槽，保证砂轮自由退出和加工的空间
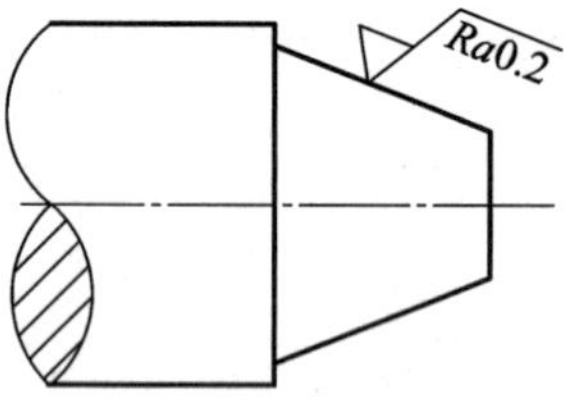	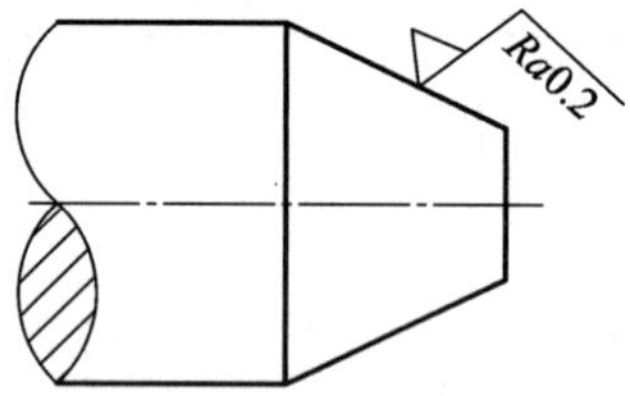	改进后便于加工和测量
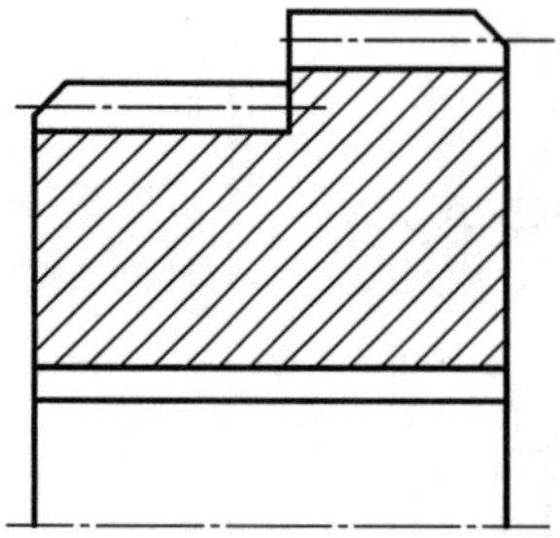	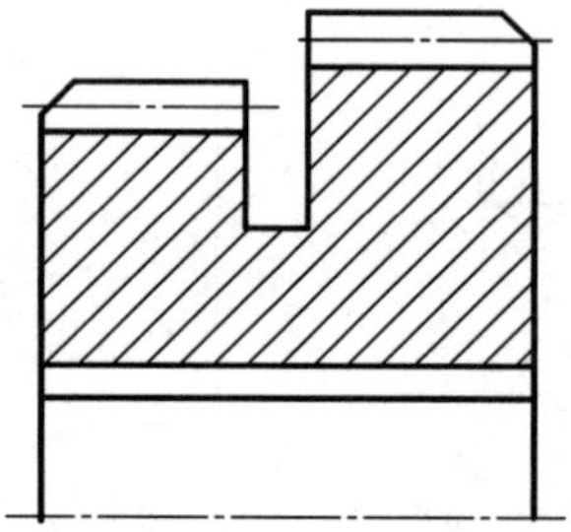	加工多联齿轮时，应留有空刀槽

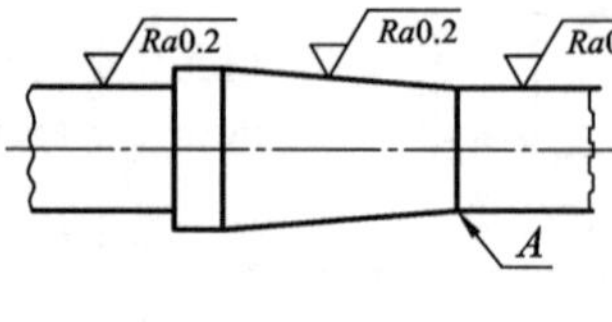

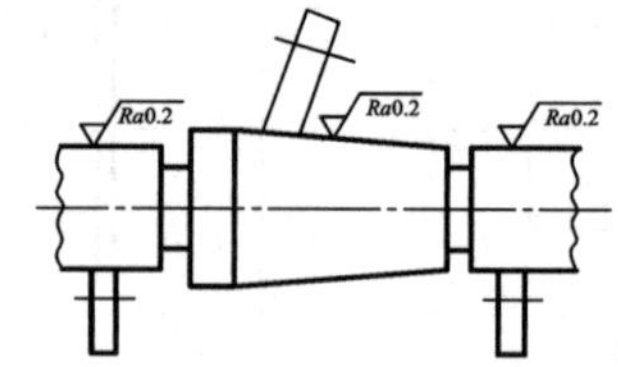

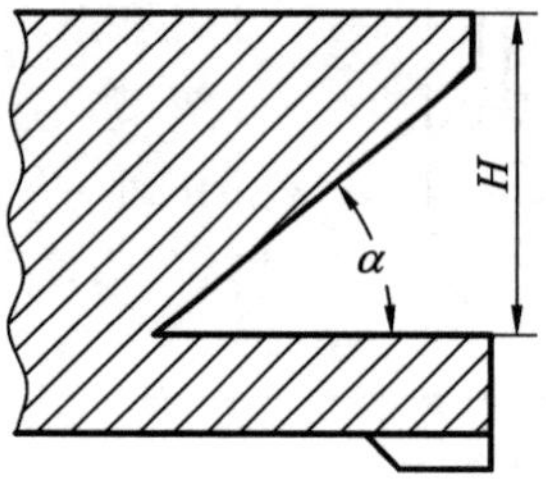

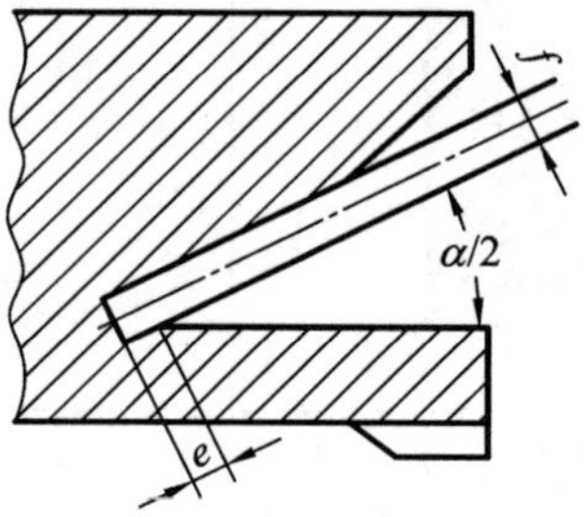

图　例		说　明
改　进　前	改　进　后	
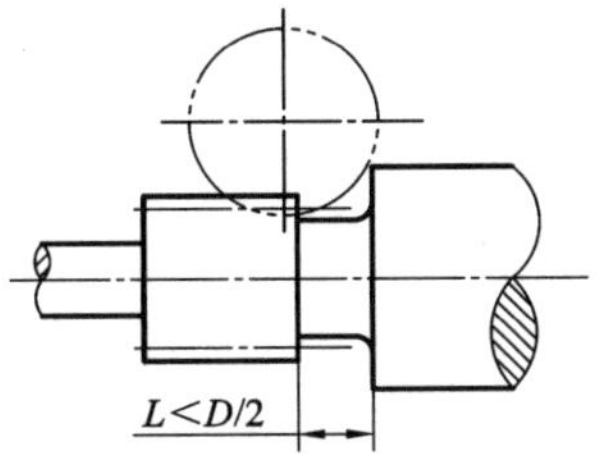 $L<D/2$	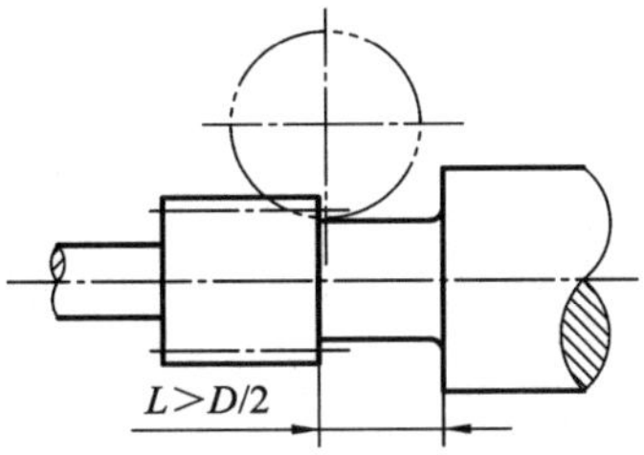 $L>D/2$	退刀槽长度 L 应大于铣刀的半径 $D/2$
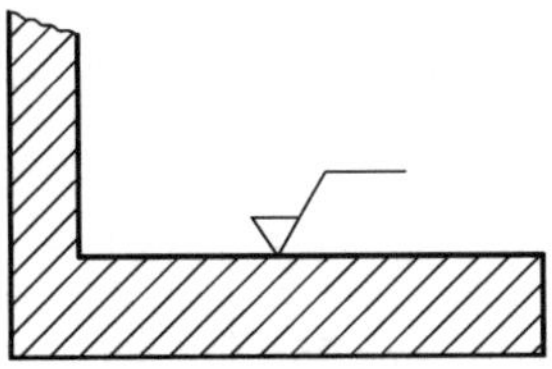	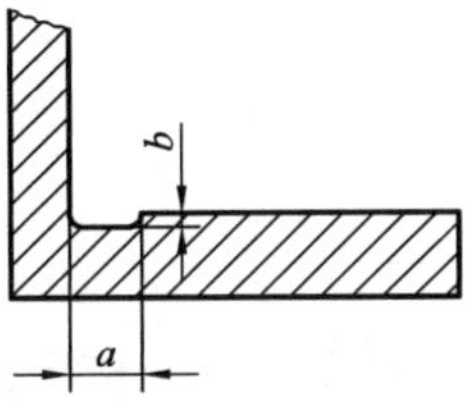 b　a	刨削时，在平面的前端必须留有让刀部位
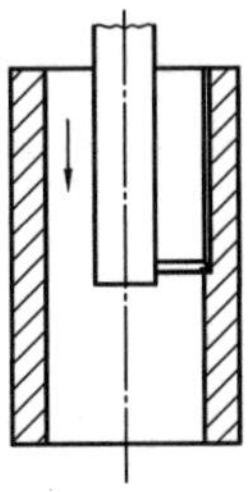	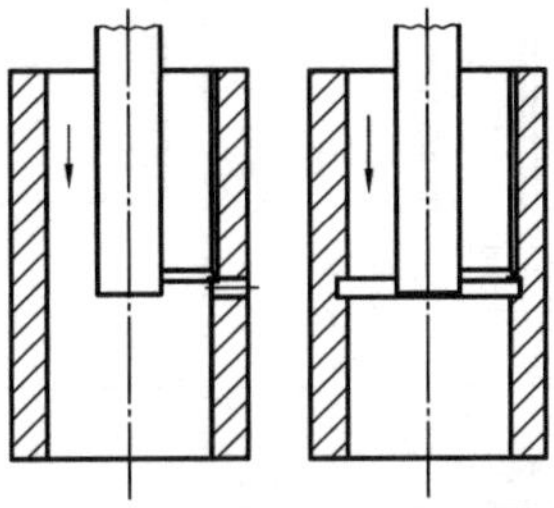	在套筒上插削键槽时，应在键槽前端设置一孔或车出空刀环槽，以利让刀
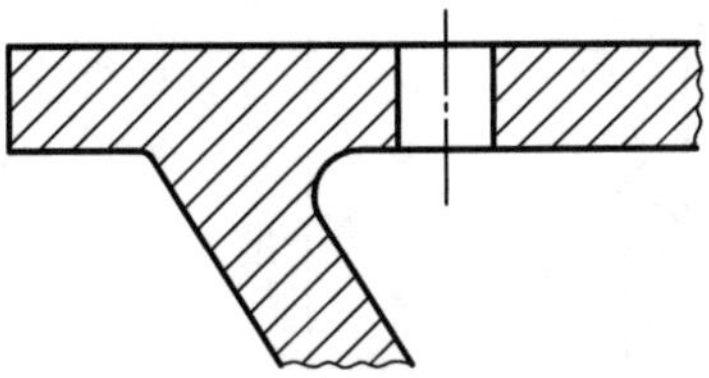	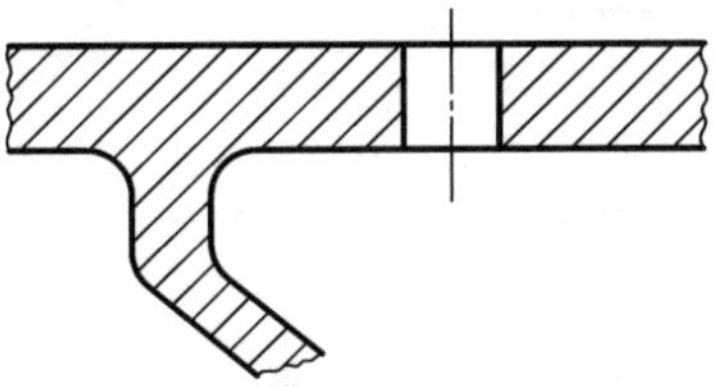	留有较大的空间，以保证钻削顺利
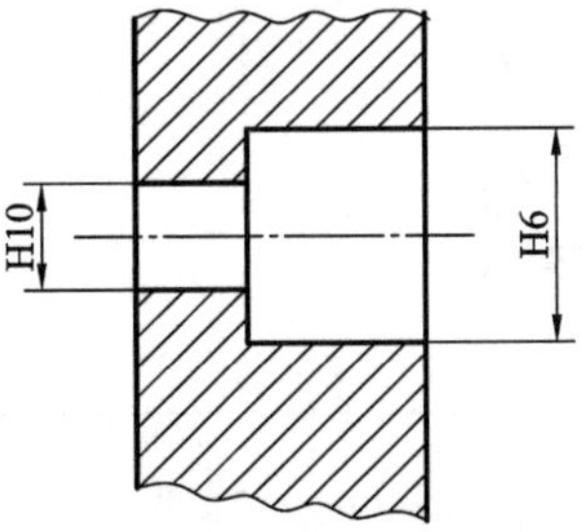 H10　H6	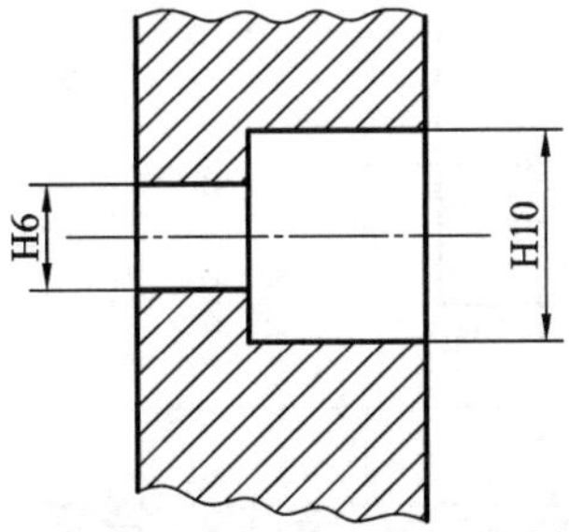 H6　H10	将加工精度要求高的孔设计成通孔，便于加工与测量
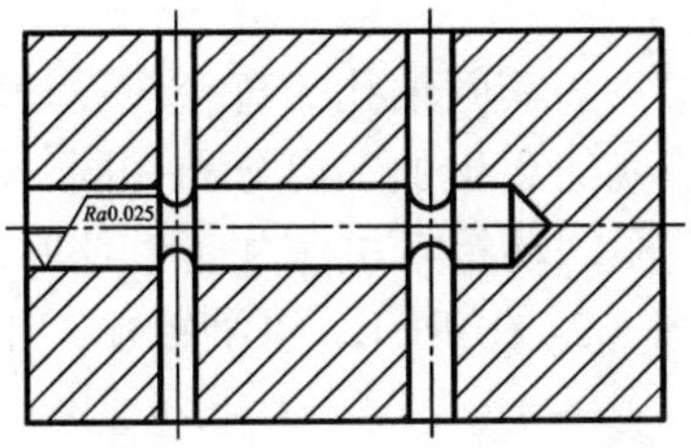 Ra0.025	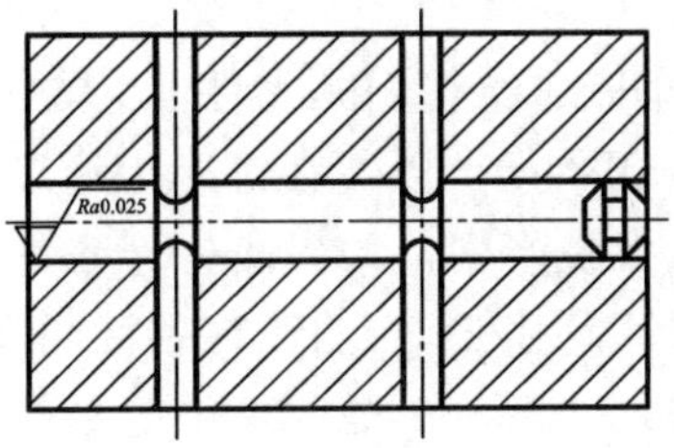 Ra0.025	

表 5.2-8　保证零件在加工时的刚度的图例

图　　例		说　　明
改　进　前	改　进　后	
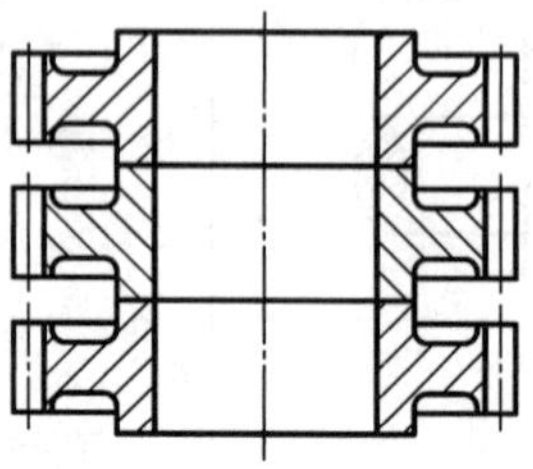	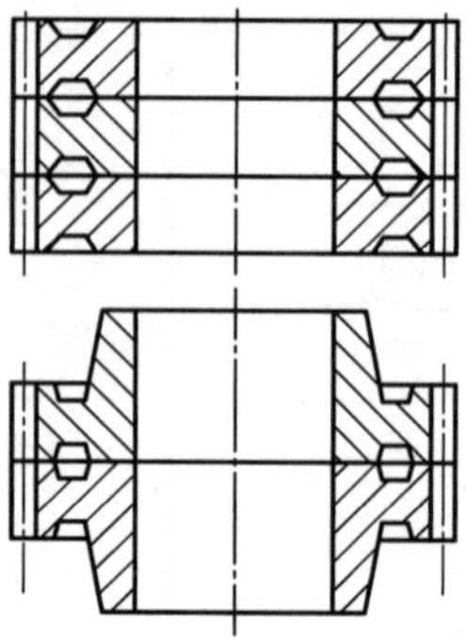	改进后的结构可提高加工时的刚度
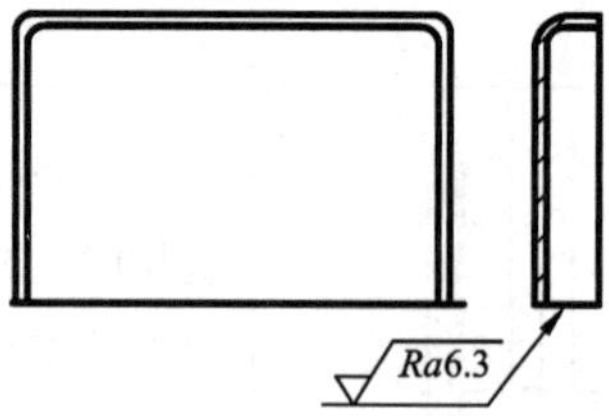	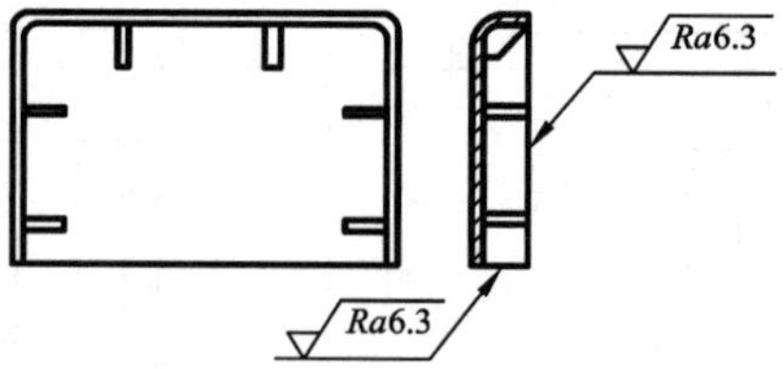	对较大面积的薄壁、悬臂零件应合理增设加强肋，提高工件刚度
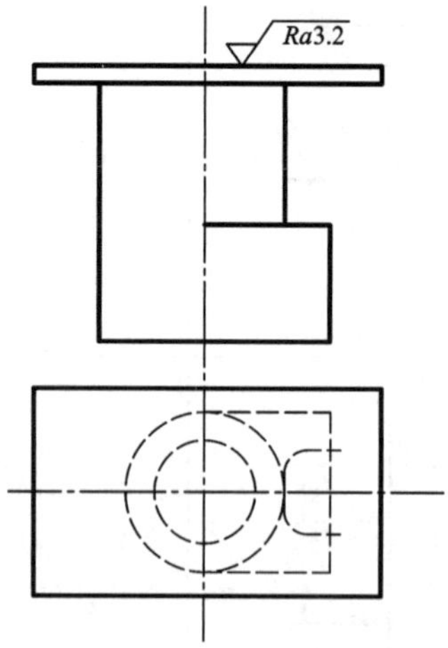	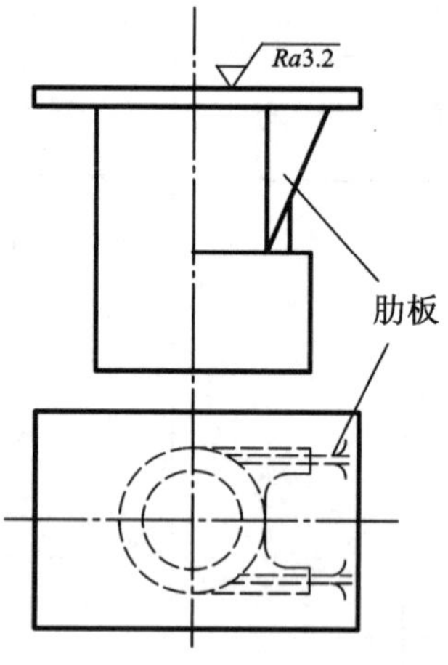	

5.2.3　从生产类型与加工方法进行分析

图 5.2-1 所示为车床进给箱箱体零件，在单件小批生产时，其同轴孔的直径应设计成单向递减的(如图 5.2-1(a)所示)，以便在镗床上通过一次安装就能逐步加工出分布在同一轴线上的所有孔。但在大批生产中，为提高生产率，一般用双面联动组合机床加工，这时应采用双向递减的孔径设计，用左、右两镗杆各镗两端孔，如图 5.2-1(b)所示，以缩短加工工时，平衡节拍，提高效率。

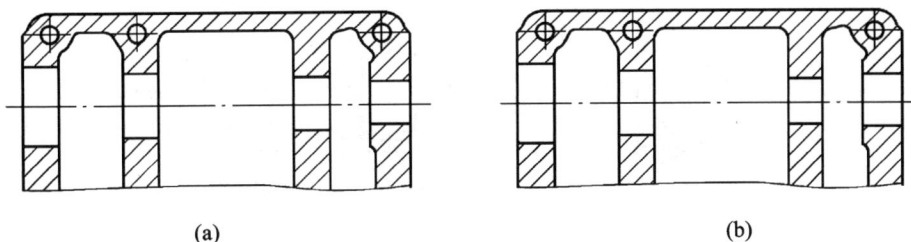

(a)　　　　　　　　　　　　　　　　(b)

图 5.2-1　生产类型对零件结构工艺性的影响

5.2.4　尽量统一零件轮廓内圆弧的有关尺寸，便于数控编程

零件的内腔和外形最好采用统一的几何类型和尺寸，这样可以减少刀具规格和换刀次数，方便编程，提高效益。

轮廓内圆弧半径 R 决定着刀具直径的大小，因而内圆弧半径不应过小。如图 5.2-2 所示，零件工艺性的好坏与被加工轮廓的高低、转接圆弧半径的大小等有关。图 5.2-2(b)与图 5.2-2(a)相比，转接圆弧半径大，可以采用较大直径的铣刀来加工。加工平面时，进给次数也相应减少，表面加工质量也会好一些，所以工艺性较好。通常 $R < 0.2H$（H 为被加工零件轮廓面的最大高度）时，可以判定零件的该部位工艺性差。

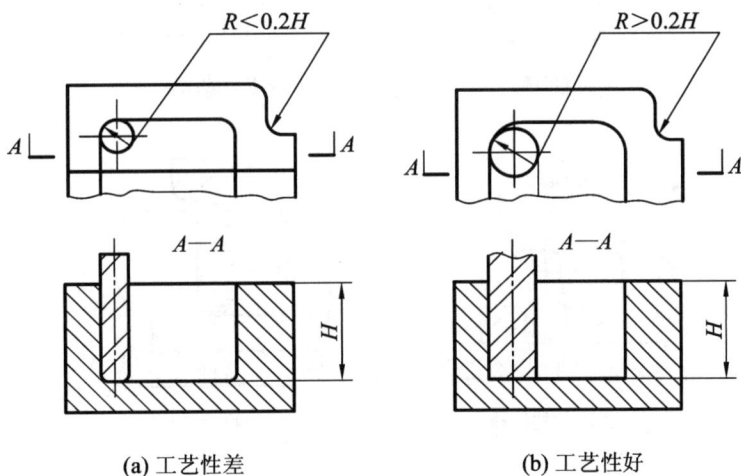

(a) 工艺性差　　　　　　　　　　　　　(b) 工艺性好

图 5.2-2　内圆弧对工艺性的影响

5.2.5　装配和维修对零件结构工艺性的要求

零件的结构设计应考虑便于装配和维修时的拆装。图 5.2-3(a)左图所示的结构无透气口，销钉孔内的空气难以排出，故销钉不易装入，改进后的结构如图 5.2-3(a)右图所示。在图 5.2-3(b)中为保证轴肩与支承面紧贴，可在轴肩处切槽或孔口处倒角。图 5.2-3(c)所示为两个零件配合，由于同一方向只能有一个定位基面，故图 5.2-3(c)左图不合理，而右图所示为合理的结构。在图 5.2-3(d)中，左图所示螺钉装配空间太小，螺钉装不进，改进后的结构如图 5.2-3(d)右图所示。

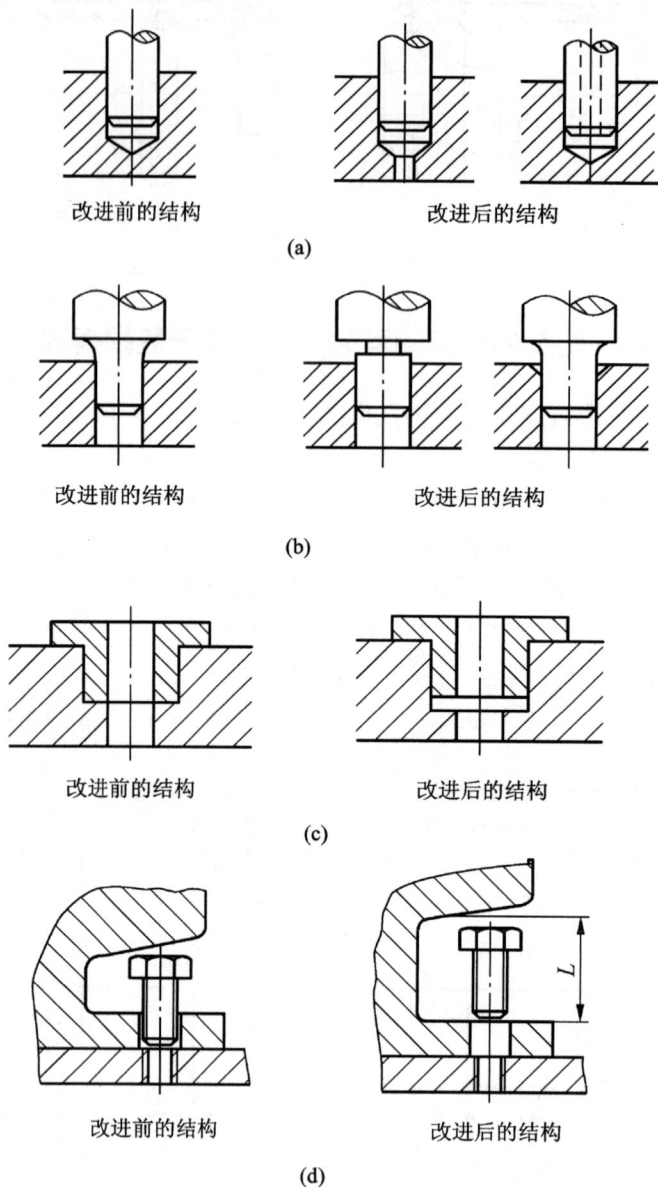

改进前的结构　　　　改进后的结构

(a)

改进前的结构　　　　改进后的结构

(b)

改进前的结构　　　　改进后的结构

(c)

改进前的结构　　　　改进后的结构

(d)

图 5.2-3　装配和维修对零件结构工艺性的要求

5.3　工件的定位

5.3.1　工件的定位原理及作用

使工件在夹具上迅速得到正确位置的方法称定位，工件上用来定位的各表面称定位基准面；在夹具上用来支持工件定位基准面的表面称支承面。基准面的选定应尽可能与工件的原始基准重合，以减少定位误差。工件的定位要符合六点定位原理。

1．工件的自由度

任何一个位置尚未确定的工件，均具有 6 个自由度，如图 5.3-1(a)所示。在空间直角坐标系中，工件可沿 X、Y、Z 轴有不同的位置，如图 5.3-1(b)所示；也可以绕 X、Y、Z 轴回转有不同的位置，如图 5.3-1(c)所示。这种工件位置的不确定性，通常称为自由度。沿空间 3 个直角坐标轴 X、Y、Z 方向的移动和绕它们转动的自由度分别以 $\vec{x}$、$\vec{y}$、$\vec{z}$ 和 $\hat{x}$、$\hat{y}$、$\hat{z}$ 表示。要使工件在机床夹具中正确定位，必须限制或约束工件的这些自由度。

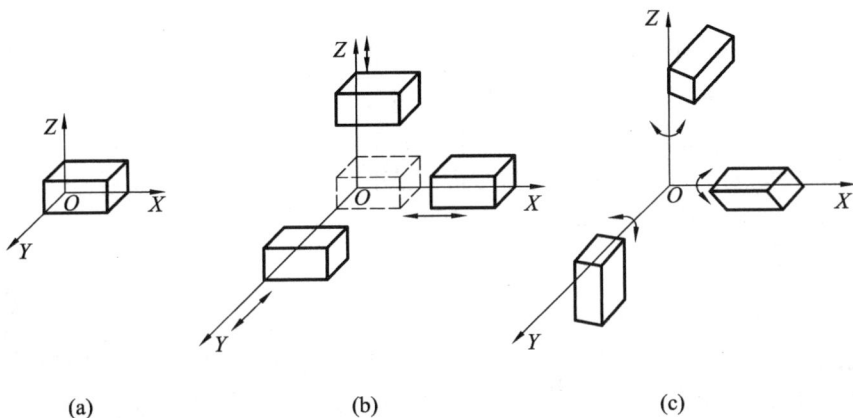

(a)　　　　(b)　　　　(c)

图 5.3-1　工件的 6 个自由度

2．六点定位原理

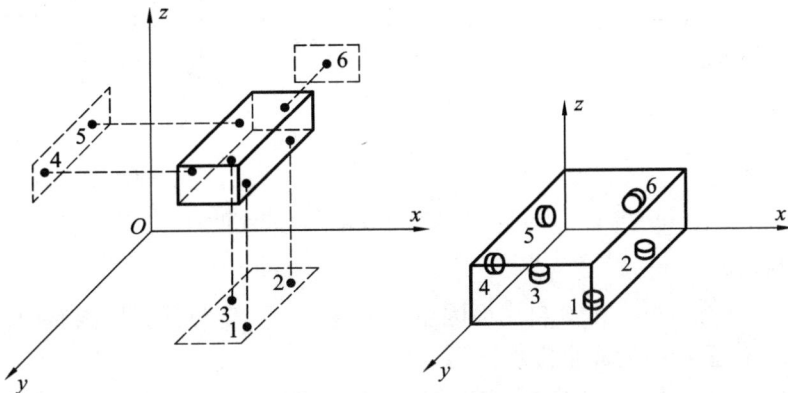

定位，就是限制自由度。用合理设置的 6 个支承点，限制工件的 6 个自由度，使工件在夹具中的位置完全确定，这就是工件定位的"六点定位原理"。

六点定位原理

在夹具上布置了 6 个支承点，当工件基准面靠紧在这 6 个支承点上时，就限制了它的全部自由度。图 5.3-2 所示的长方体定位时，工件底面紧贴在 3 个不共线的支承点 1、2、3 上，限制了工件的 $\hat{x}$、$\hat{y}$、$\vec{z}$ 3 个自由度；工件侧面紧靠在支承点 4、5 上，限制了 $\vec{x}$、$\hat{z}$ 2 个自由度；工件的端面紧靠在支承点 6 上，限制了 $\vec{y}$ 自由度，实现了工件的完全定位。

图 5.3-2　长方体定位时支承点的分布

　　在图 5.3-2 中，工件上布置 3 个支承点的面称为主要定位基准。选择定位基准时，一般应选择大的表面作为主要定位基准，这样有利于保证工件各表面间的位置精度，同时，对承受外力也有利。

　　工件上布置两个支承点的面称为导向定位基准。4、5 两个支承点之间的距离越大，长度不超过导向工件的轮廓，且两支承点置于垂直 Z 轴的直线上时，工件沿 Y 轴的导向越精确(即沿 X 轴的线性位移及绕 Z 轴的转角误差越小)。显然，此时应尽量选窄长表面作为导向定位基准。

　　工件上布置一个支承点的面称为止推定位基准。工件在加工时，常常还要受到切削力、冲击等，因此可选工件上窄小且与切削力方向相对的表面作为止推定位基准。

　　支承点位置的分布必须合理，上例中支承点 1、2、3 不能在一条直线上，支承点 4、5 的连线不能与支承点 1、2、3 所决定的平面垂直，否则它不仅没有限制 $\hat{z}$ 自由度，而且重复限制了 $\hat{y}$ 自由度，一般情况下这是不允许的。

3. 定位元件

　　在图 5.3-2 所示的定位方案中，按六点定位原理布置支承点，设置了 6 个支承钉作为定位元件，在实际夹具结构中支承点是以定位元件来体现的。例如，在圆环工件上钻孔，其工序图如图

典型定位元件的应用

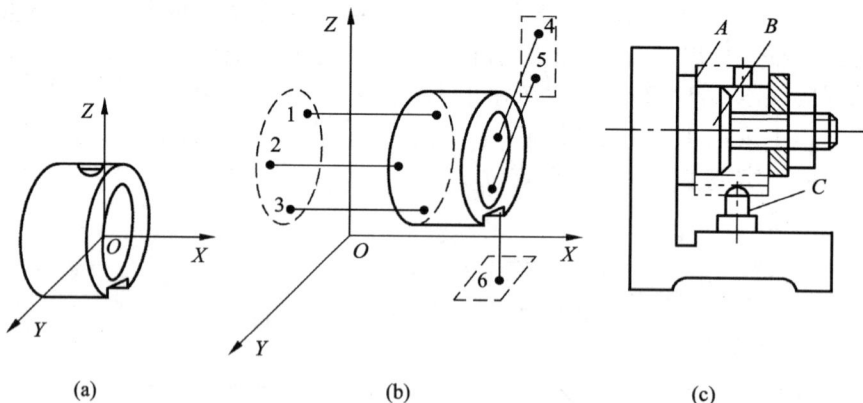

5.3-3(a)所示。按六点定位原理在夹具上布置了 6 个支承点，如图 5.3-3(b)所示，工件端面紧贴在支承点 1、2、3 上，限制了 3 个自由度；工件内孔紧靠支承点 4、5，限制了 2 个自由度；键槽侧面靠在支承点 6 上，限制了一个自由度，实现了工件的完全定位。实际的夹具结构如图 5.3-3(c)所示，夹具上以台阶面 A 代替 1、2、3 等 3 个支承点，限制了 3 个自由度；短销 B 代替 4、5 两个支承点，限制了 2 个自由度；插入键槽中的防转销 C 代替支承点 6，限制了 1 个自由度。

图 5.3-3　圆环工件定位时支承点的分布示例

4. 工件的定位

　　(1) 完全定位。工件的 6 个自由度因全部被夹具中的定位元件所限制而在夹具中占有完全确定的唯一位置，称为完全定位。

　　(2) 不完全定位。根据工件加工表面的不同加工要求，定位支承点的数目可以少于 6 个。有些自由度对加工要求有影响，有些自由度对加工要求无影响，这种定位情况称为不

完全定位。不完全定位是允许的。

例如，在车床上加工轴的通孔，根据加工要求，不需要限制 $\vec{x}$ 和 $\hat{x}$ 的自由度，故使用三爪卡盘夹外圆，限制工件的 4 个自由度，采用四点定位可以满足加工要求，如图 5.3-4(a)所示。

工件在平面磨床上采用电磁工作台装夹磨平面，且只有厚度及平行度要求，故只用三点定位，如图 5.3-4(b)所示。

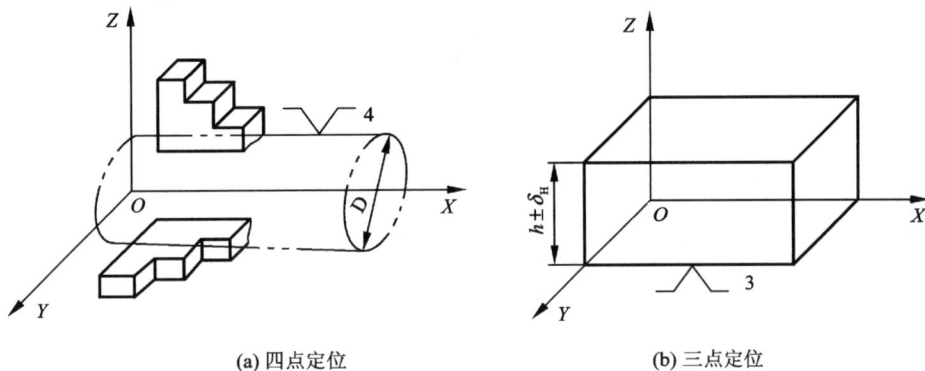

(a) 四点定位　　　　　　(b) 三点定位

图 5.3-4　不完全定位

(3) 欠定位。按照加工要求，应该限制的自由度没有被限制的定位称为欠定位。欠定位是不允许的，因为欠定位保证不了加工要求。如图 5.3-3 所示，钻孔工序按工序尺寸要求，需要采用完全定位，如果夹具定位中无防转销 C，仅限制工件的 5 个自由度，工件绕 X 轴回转方向上的位置将不确定，则属于欠定位，钻出孔的位置与键槽不能达到对称要求，这是不允许的。

(4) 过定位。夹具上的两个或两个以上的定位元件，重复限制工件的同一个或几个自由度的现象，称为过定位。过定位会导致重复限制同一个自由度的定位支承点之间产生干涉现象，从而导致定位不稳定，破坏定位精度。

图 5.3-5 所示为加工连杆小头孔工序中以连杆大头孔和端面定位的两种情况。图 5.3-5(b)中，长圆柱销限制了 $\vec{x}$、$\vec{y}$、$\hat{x}$、$\hat{y}$ 4 个自由度，支承板限制了 $\vec{z}$、$\hat{x}$、$\hat{y}$ 3 个自由度。显然 $\hat{x}$、$\hat{y}$ 被 2 个定位元件重复限制，出现了过定位。如果工件孔与其端面垂直度保证很好，则此过定位是允许的。但若工件孔与其端面垂直度误差较大，且孔与销的配合间隙又很小时，定位后会造成工件歪斜及端面接触不好的情况，压紧后就会使工件产生变形或圆柱销歪斜，结果将导致加工后的小头孔与大头孔的轴线平行度达不到要求。这种情况下应避免过定位的产生，最简单的解决办法是将长圆柱定位销改成短圆柱销，如图 5.3-5(a)所示，由于短圆柱销仅限制 $\vec{x}$、$\vec{y}$ 2 个移动自由度，$\hat{x}$、$\hat{y}$ 的重复定位被避免了。

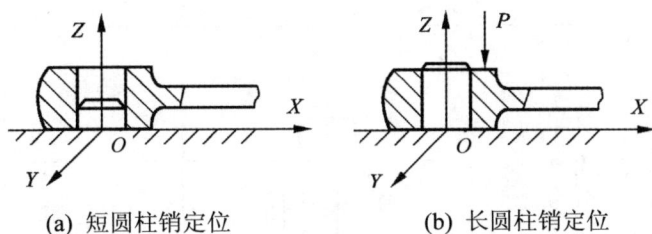

(a) 短圆柱销定位　　　　　　(b) 长圆柱销定位

图 5.3-5　连杆定位

实际生产应用中，过定位并不是必须完全避免的。有时因为要加强工件刚性或者特殊原因，必须使用过定位元件。常见的定位元件限制的自由度如表 5.3-1 所示。

表 5.3-1　常见定位元件及其组合所能限制的自由度

工件定位基准面	定位元件	定位元件定位简图	定位特点	限制的自由度
平面 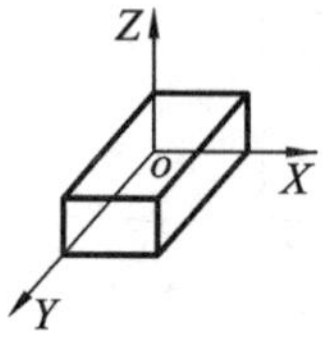	支承钉	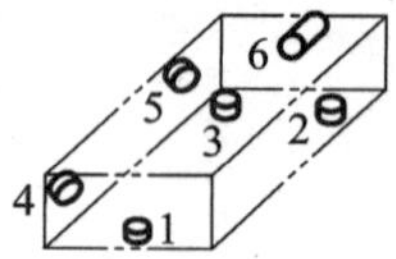		1、2、3—$\vec{z}$、$\hat{x}$、$\hat{y}$ 4、5—$\vec{x}$、$\hat{z}$ 6—$\vec{y}$
	支承板	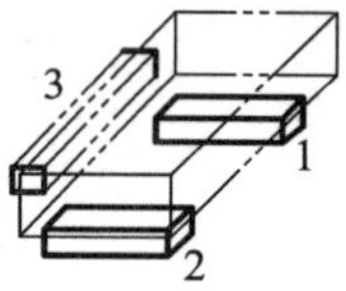		1、2—$\vec{z}$、$\hat{x}$、$\hat{y}$ 3—$\vec{x}$、$\hat{z}$
圆孔 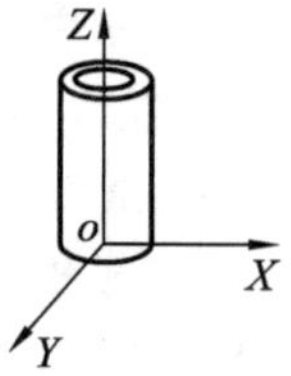	定位销(心轴)	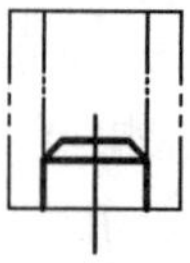	短销(短心轴)	$\vec{x}$、$\vec{y}$
		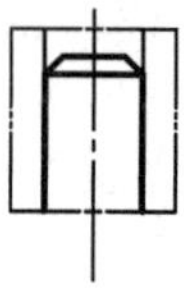	长销(长心轴)	$\vec{x}$、$\vec{y}$ $\hat{x}$、$\hat{y}$
	菱形销	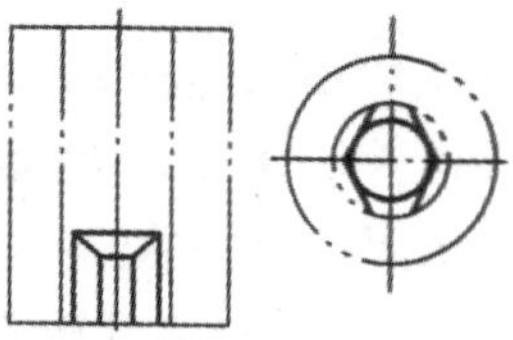	短菱形销	$\vec{y}$
		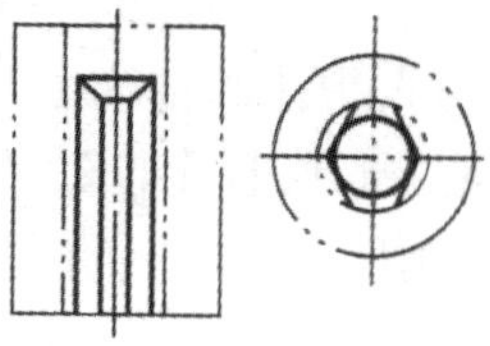	长菱形销	$\vec{y}$、$\hat{x}$
	锥销	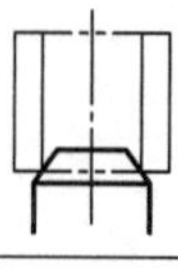	单锥销	$\vec{x}$、$\vec{y}$、$\vec{z}$
		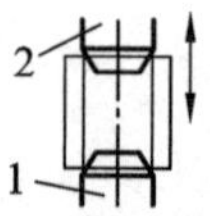	1—固定锥销 2—活动锥销	$\vec{x}$、$\vec{y}$、$\vec{z}$ $\hat{x}$、$\hat{y}$

工件定位基准面	定位元件	定位元件定位简图	定位特点	限制的自由度
外圆柱面 	支承板 或 支承钉	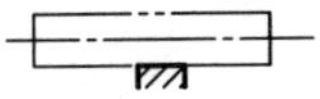	短支承板或支承钉	$\vec{z}$
		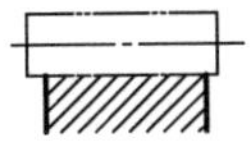	两个支承钉或支承板	$\vec{z}$、$\hat{y}$
	V形架	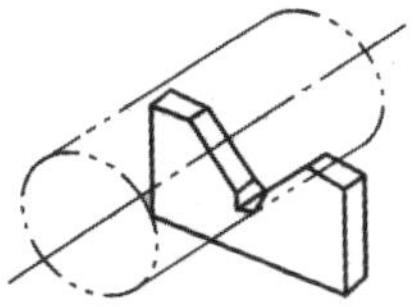	短V形架	$\vec{x}$、$\vec{z}$
		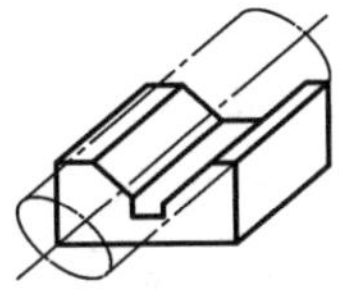	长V形架	$\vec{x}$、$\vec{z}$ $\hat{x}$、$\hat{z}$
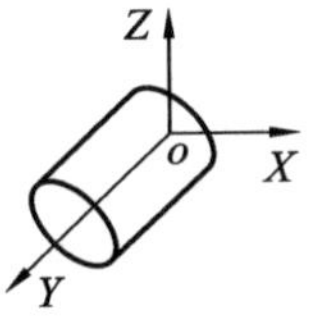	定位套	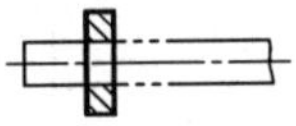	短定位套	$\vec{y}$、$\vec{z}$
		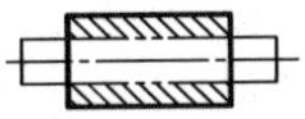	长定位套	$\vec{y}$、$\vec{z}$ $\hat{y}$、$\hat{z}$
	半圆套	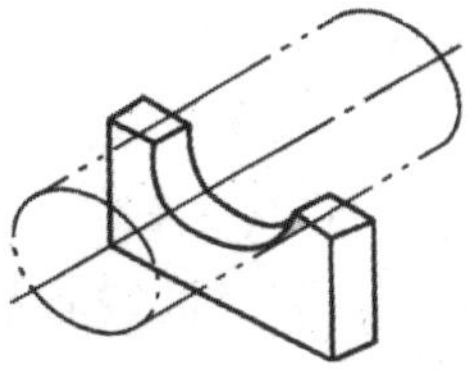	短半圆套	$\vec{x}$、$\vec{z}$
			长半圆套	$\vec{x}$、$\vec{z}$ $\hat{x}$、$\hat{z}$
	锥套	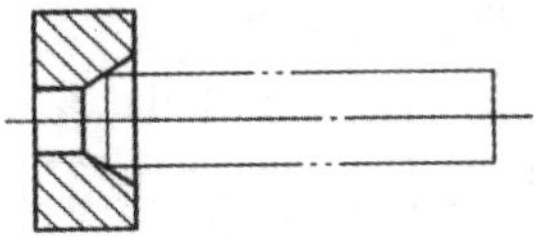	单锥套	$\vec{x}$、$\vec{y}$、$\vec{z}$
		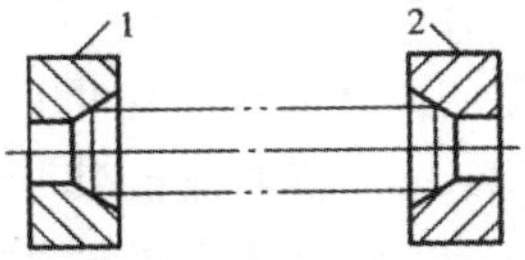	1—固定锥套 2—活动锥套	$\vec{x}$、$\vec{y}$、$\vec{z}$ $\hat{y}$、$\hat{z}$

5.3.2　常用定位方法及定位元件的应用

1. 工件以平面定位

工件用平面作为定位基面时，所用定位元件根据其是否起限制自由度作用、能否调整等情况分为以下几种。

(1) 固定支承。属于固定支承的定位元件有支承钉和支承板，分别如图 5.3-6 和图 5.3-7 所示。

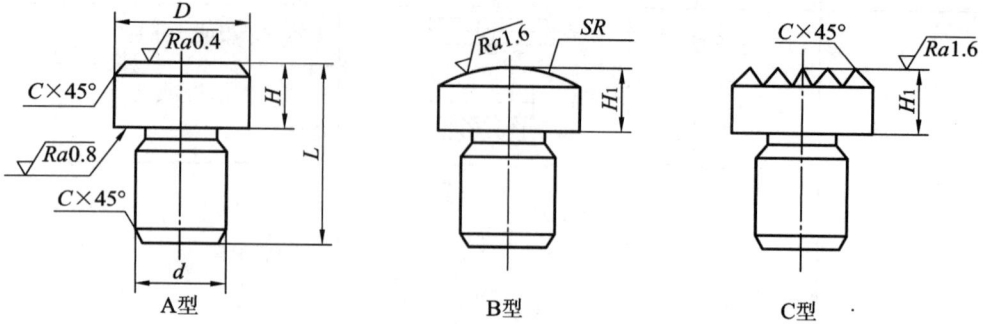

图 5.3-6　支承钉

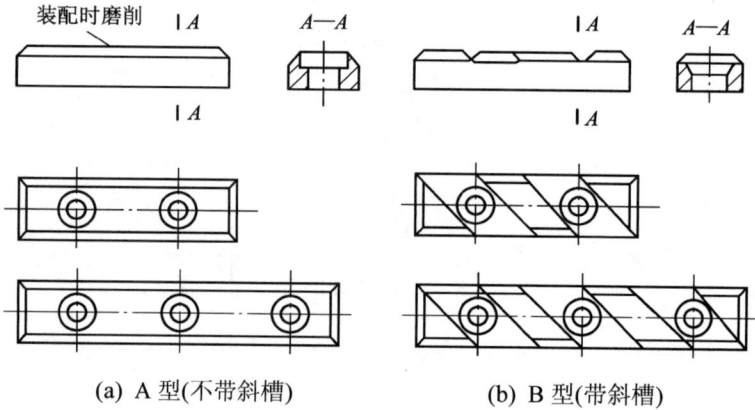

(a) A 型(不带斜槽)　　　(b) B 型(带斜槽)

图 5.3-7　支承板

如果工件平面较小，则定位元件应采用支承钉。支承钉分为 A 型、B 型和 C 型三种。工件定位基准面是毛坯表面时(粗基准)，因工件表面不平整，应采用布置较远的 3 个球头支承钉(B 型支承钉)，使其与毛坯面接触良好；而 C 型支承钉为齿纹头，用于粗基准的侧面定位，能增大摩擦系数，防止工件受力滑动。

工件以加工过的平面(精基准)作定位基准时，应该采用平头支承钉(图 5.3-6 中的 A 型)。如果工件平面较大，则定位元件可采用支承板，如图 5.3-7 所示。支承板分 A 型和 B 型两种，A 型容易黏切屑，且不易清除干净，适用于工件的侧面和顶面定位；B 型结构易于保证工作表面清洁，适用于工件底面定位。

上述支承钉、支承板均为标准件，夹具设计时也可根据具体情况，采用非标准结构形式。

采用支承钉或支承板做定位基准时，必须保证其装配后定位基准表面等高。一般采用将支承钉、支承板装配于夹具体后，再磨削各支承钉、支承板定位工作面，以保证它们在同一平面上。

(2) 可调支承。可调支承是指高度可以调整的支承，如图 5.3-8 所示。当夹具支承的高度要求能够调整时，可采用可调支承。可调支承常用于铸件毛坯、以粗基准定位的场合。由于铸件毛坯间尺寸有变化，如果采用固定支承会影响加工质量。将某个固定支承改为可调支承，根据毛坯的实际尺寸大小，调整夹具支承位置，避免引起工序余量变化，有利于保证工件加工的尺寸。例如，铣削加工箱体工件平面 B 工序，采用夹具如图 5.3-9 所示，

用可调支承对 A 面位置进行调整，调整尺寸 H_1 和 H_2，确保孔的余量均匀。

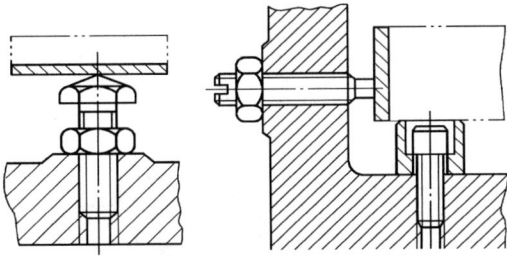

图 5.3-8 可调支承

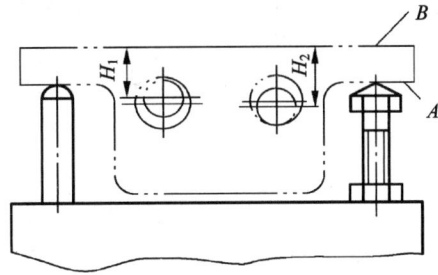

图 5.3-9 加工箱体可调支承应用

(3) 自位支承(或浮动支承)。自位支承是指支承本身的位置在定位过程中，能自适应工件定位基准面位置变化的一类支承，如图 5.3-10 所示。图 5.3-10(a)、(b)所示为两点式自位支承，图 5.3-10(c)所示为三点式自位支承，这类支承的工作特点是：浮动支承的位置能随着工件定位基准位置的不同而自动浮动。当基准面不平时，压下其中一点，其余点即上升，直到全部接触到止，其作用仍相当于一个固定支承，只限制一个自由度，未发生过定位。由于增加了接触点数，故可提高工件的安装刚性和稳定性，多用于工件刚性不足的毛坯表面或不连续的平面的定位。

(4) 辅助支承。在生产中，有时为了提高工件的安装刚度和定位稳定性，常采用辅助支承。图 5.3-11 所示为阶梯零件，当用平面 1 定位铣平面 2 时，于工件右部底面增设辅助支承 3，可避免加工过程中工件的变形。辅助支承的结构形式很多，但无论采用哪种，辅助支承都不起定位作用。辅助支承都是工件定位后才调整支承与工件表面接触并锁紧支承的，所以不限制自由度，同时也不能破坏基本支承对工件的定位。

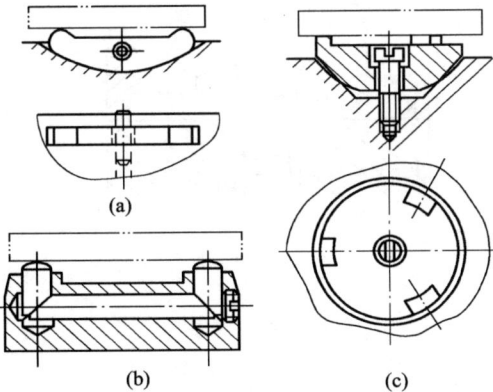

图 5.3-10 自位支承

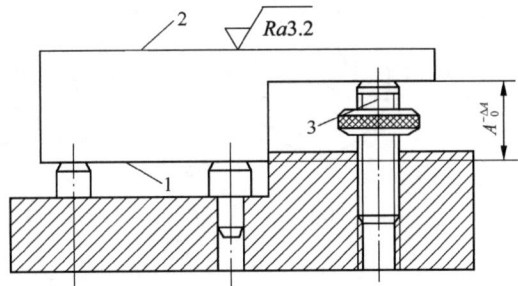

图 5.3-11 辅助支承的应用

2. 工件以圆孔定位

有些工件如套筒、法兰盘、拨叉等以孔作定位基准面，常用定位元件有圆柱定位销、定位心轴等。

(1) 圆柱定位销。圆柱定位销的结构类型如图 5.3-12 所示。当工作部分直径 $D < 10$ mm 时，为增加刚度，避免定位销因撞击而折断或热处理时淬裂，通常把根部倒成圆角 R。夹具体上应有沉孔，使定位销圆角部分沉入孔内而不影响定位，如图 5.3-12(a)所示。

为了便于工件顺利装入，定位销的头部应有 15° 倒角，如图 5.3-12(b)所示。

图 5.3-12(a)、(b)、(c)是将定位销直接压入夹具体中，图 5.3-12(d)是用螺栓经中间套与夹具配合，以便于大批量生产时更换定位销。

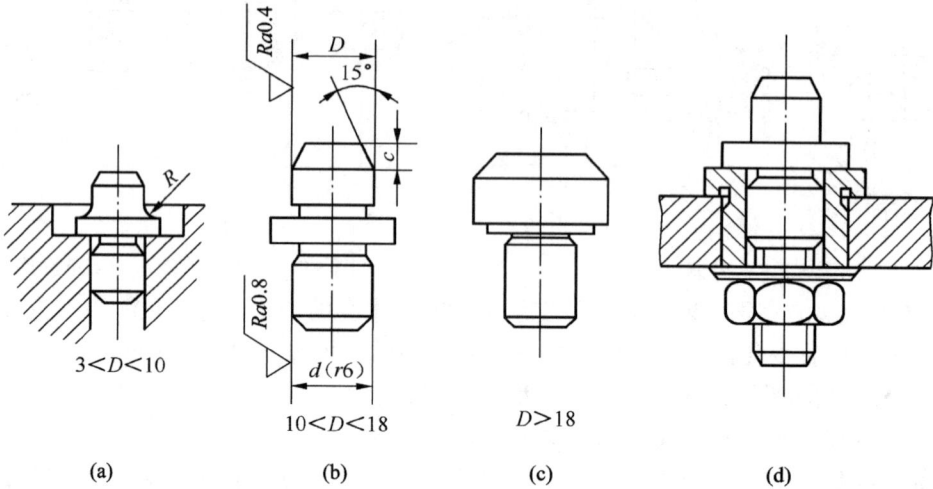

图 5.3-12 圆柱定位销

(2) 圆锥销。生产中工件以圆柱孔在圆锥销上定位的情况也是常见的，如图 5.3-13 所示。这时以孔端与锥销接触，限制了工件的 3 个自由度。图 5.3-13(a)圆锥销用于圆孔边缘形状精度较差时，即是粗基准；图 5.3-13(b)圆锥销用于圆孔边缘形状精度较好时，即是精基准；图 5.3-13(c)圆锥销用于平面和圆孔边缘同时定位。

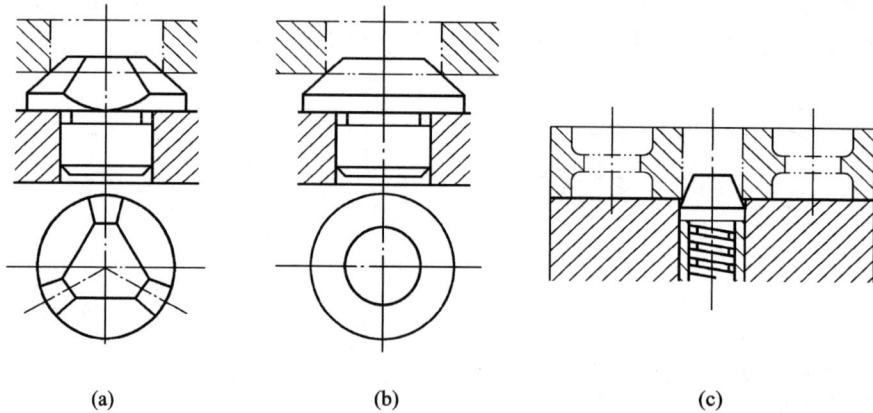

图 5.3-13 圆锥销定位

(3) 圆柱心轴。心轴主要用在车、铣、磨、齿轮加工等机床上加工套筒类和盘类零件。图 5.3-14 所示为常用的几种心轴结构形式。图 5.3-14(a)所示为间隙配合心轴，这种心轴装卸工件方便，但定心精度不高。为了减小定位时因配合间隙造成的倾斜，常以孔和端面联合定位，故要求孔与端面垂直，一般在一次安装中加工。为加速装卸工件，可使用开口垫圈，开口垫圈的两端面应互相平行。当工件的定位孔与其端面的垂直度误差较大时，应采用球面垫圈。图 5.3-14(b)所示为过盈配合心轴。由引导部分 1、工作部分 2、传动部分 3 组成。引导部分的作用是使工件迅速而正确地套入心轴，其直径 d_3 的基本尺寸为工件孔的最大极限尺寸，其长度为工件长度的一半。d_1 的基本尺寸为工件孔的最大极限尺寸，公差带为 r6。d_2 的基本尺寸为工件孔的最大极限尺寸，公差带为 h6。这种心轴制造简单、定心准确，但装卸工件不便，且易损伤工件定位孔，因此多用于定心精度要求较高的场合。

图 5.3-14(c)所示为花键心轴，用于加工以花键孔定位的工件。

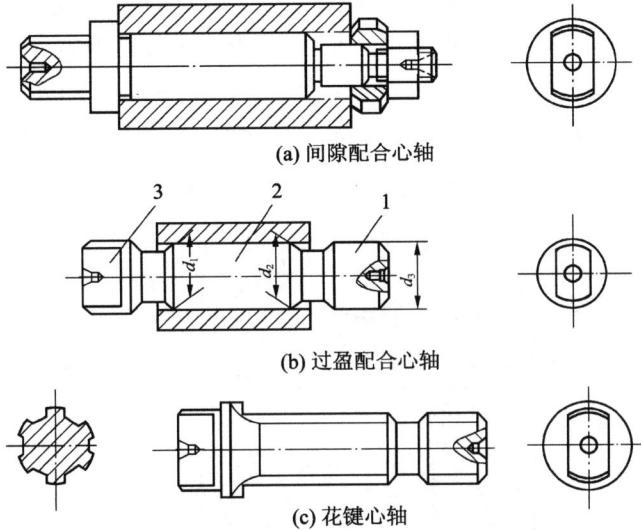

(a) 间隙配合心轴

(b) 过盈配合心轴

(c) 花键心轴

1—引导部分；2—工件部分；3—传动部分

图 5.3-14　圆柱心轴

心轴在机床上的安装方式如图 5.3-15 所示。

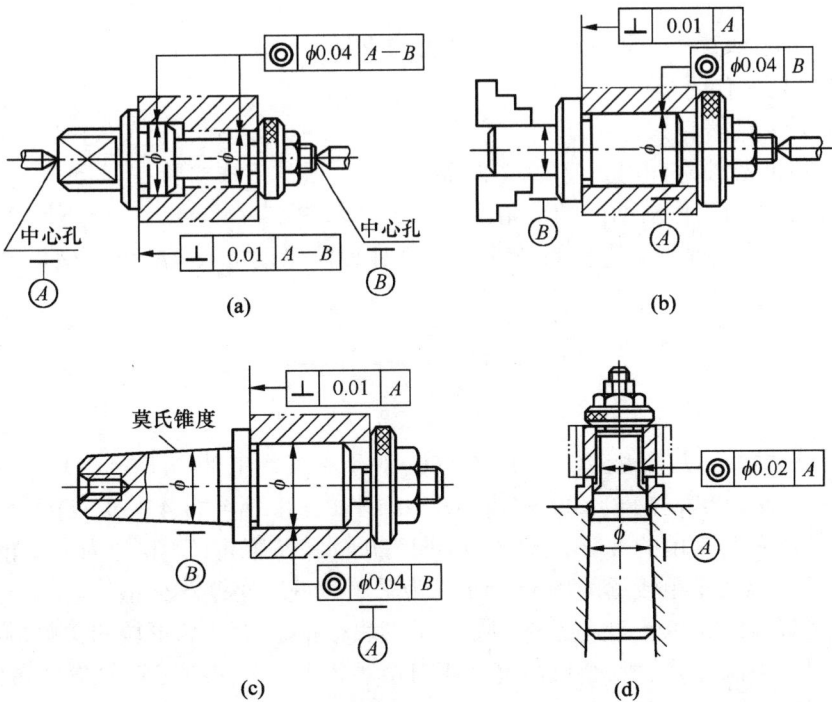

图 5.3-15　心轴在机床上的安装方式

3. 工件以外圆柱面定位

工件以外圆柱面作定位基面时，常用定位元件有 V 形块、圆孔、半圆孔、圆锥孔及定心夹紧装置。其中，最常用的是 V 形块定位和圆孔定位，现简介如下。

(1) V 形块定位。V 形块定位如图 5.3-16 所示。其优点是对中性好，即能使工件的定位基准轴线对中在 V 形块两斜面的对称平面上，而不受定位基准直径误差的影响，且安装方便。V 形块的典型结构和尺寸均已标准化，V 形块上两斜面间的夹角 α 一般选用 60°、90°和 120°，以 90°应用最广。当应用非标准 V 形块时，可按图 5.3-16 进行计算。

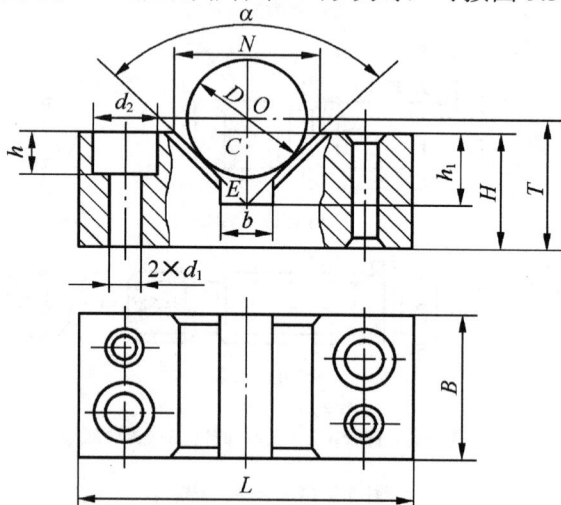

图 5.3-16　V 形块的应用

V 形块基本尺寸有：

D——标准心轴直径，即工件定位用的外圆直径；

H——V 形块高度；

N——V 形块的开口尺寸；

T——对标准心轴而言，是 V 形块的标准高度，通常用作检验；

α——V 形块两工作斜面间的夹角。

设计 V 形块应根据所需定位的外圆直径 D 计算，先设定 α、N 和 H 值，再求 T 值。T 值必须标注，以便于加工和检验，其值计算如下：

$$T = H + \frac{D}{2\sin\dfrac{\alpha}{2}} - \frac{H}{2\tan\dfrac{\alpha}{2}}$$

式中：H——参数对于大直径工件，$H \leqslant 0.5D$，对于小直径工件，$H \leqslant 1.2D$；

N——当 $\alpha = 90°$，$N = (1.09 \sim 1.13)D$，$\alpha = 120°$ 时，$N = (1.45 \sim 1.52)D$。

图 5.3-17 所示为常用的 V 形块结构。(a)图为短的精基准定位；(b)图为长的粗基准定位；(c)图为两段精基准面相距较远的场合。(d)图为采用铸铁底座镶淬火钢垫。

V 形块又有固定式和活动式之分。固定 V 形块根据工件与 V 形块的接触母线长度，相对接触较长时，限制工件的 4 个自由度；相对接触较短时，限制工件的 2 个自由度。活动 V 形块的应用如图 5.3-18 所示。图 5.3-18(a)所示为活动 V 形块限制工件在 Y 方向上的移动自由度的示意图。图 5.3-18(b)所示为加工连杆孔的定位方式，活动 V 形块限制一个转动自由度，用以补偿因毛坯尺寸变化而对定位的影响。活动 V 形块除定位外，还兼有夹紧作用。

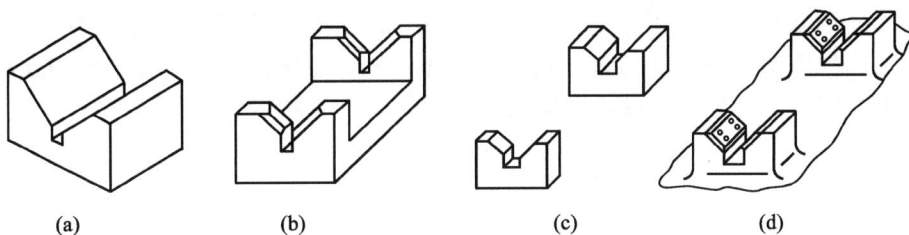

图 5.3-17　V 形块结构

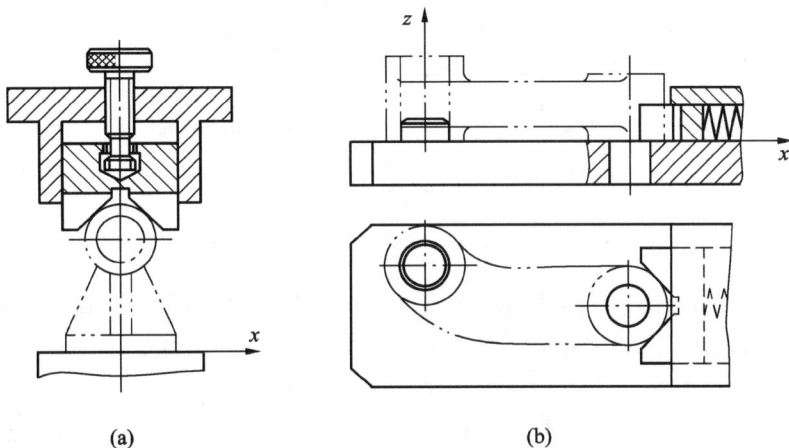

图 5.3-18　活动 V 形块的应用

(2) 圆孔定位。工件以外圆柱面作定位基准在圆孔中定位时，其定位元件常用钢套，这种定位方法所采用的元件结构简单，适用于精基准定位。图 5.3-19 所示为半圆孔定位，将同一圆周的孔分成两个半圆，上半圆装在夹具体上，起定位作用；下半圆装在可卸式或铰链式盖上，起夹紧作用。

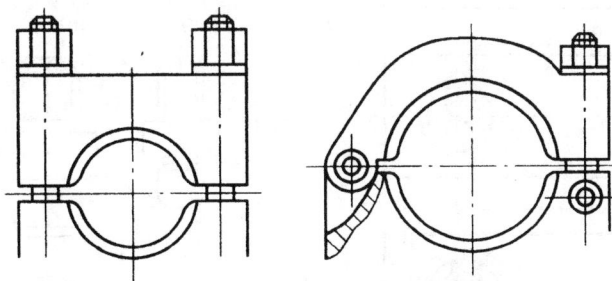

图 5.3-19　半圆孔定位座

4．组合定位

生产中工件往往不能用单一定位元件或单个表面解决定位问题，而是以两个或两个以上的表面同时定位的，即采取组合定位方式。组合定位的方式很多，生产中最常用的就是"一面两孔"定位，如加工箱体、杠杆、盖板等。这种定位方式简单、可靠、夹紧方便，易于做到工艺过程中的基准统一，保证工件的相互位置精度。

工件采用一面两孔定位时，定位平面一般是加工过的精基准面，两孔可以是工件结构上原有的，也可以是定位需要专门设置的工艺孔。相应的定位元件是支承板和两定位销。图 5.3-20 所示为某箱体钻孔工序夹具中以一面两孔定位的示意图。支承板限制工件的 3 个自由度，短圆柱销 1 限制工件的 2 个自由度，短圆柱销 2 限制工件的 2 个自由度，可见两个圆柱销重复限制了工件自由度，产生过定位现象，严重时将不能安装工件。

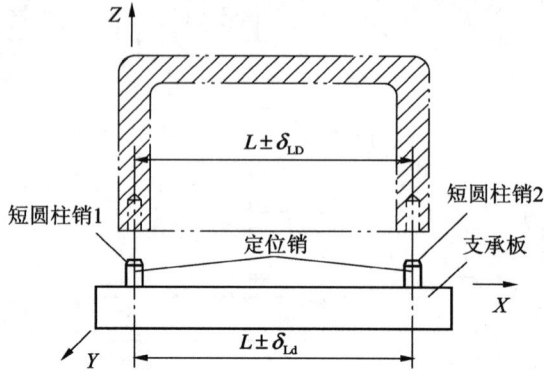

图 5.3-20 一面两孔组合定位

一批工件定位可能出现干涉的最坏情况为：中心距最大，销心距最小，或者反之。为使工件在两种极端情况下都能装到定位销上，可把定位销 2 上与工件孔壁相碰的那部分削去，即做成削边销。图 5.3-21 所示为削边销的形成原理。

为保证削边销的强度，一般多采用菱形结构，故又称为菱形销，图 5.3-22 所示为常用的削边销结构。安装削边销时，削边方向应垂直于两销的连心线。

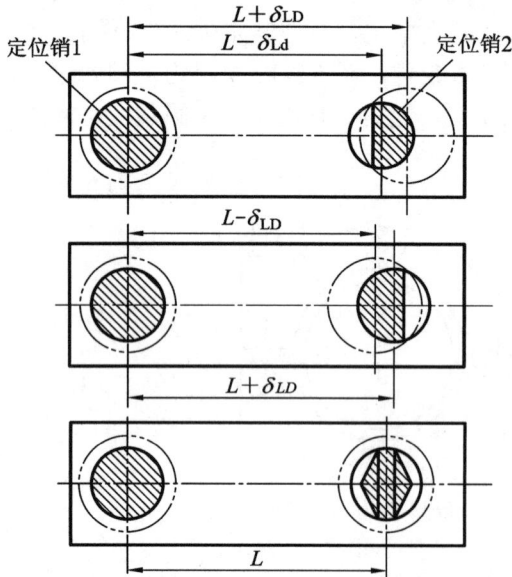

图 5.3-21 削边销的形成

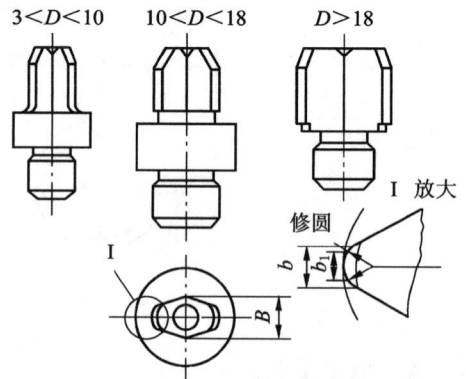

图 5.3-22 削边销结构

5.4 减速器箱体的工艺规程设计

减速器箱体机械加工工艺过程卡片见表 5.4-1。

表 5.4-1 减速器箱体机械加工工艺过程卡片

<table>
<tr><td rowspan="2" colspan="2">机械加工工艺过程卡片</td><td>产品型号</td><td>JSQ</td><td>零部件图号</td><td>JSX-001</td><td colspan="2" rowspan="2"></td></tr>
<tr><td>产品名称</td><td>减速器</td><td>零部件名称</td><td>减速器箱体</td><td>共 1 页</td><td>第 1 页</td></tr>
<tr><td>材料牌号</td><td>ZL107</td><td>毛坯种类</td><td>铸铝</td><td>毛坯外形尺寸</td><td></td><td>每毛坯可制件数</td><td>1</td><td>每台件数</td><td>1</td></tr>
<tr><td rowspan="2">工序号</td><td rowspan="2">工序名称</td><td rowspan="2">工序工步内容</td><td rowspan="2">设备名称型号</td><td colspan="3">工艺装备</td><td colspan="2">工时</td></tr>
<tr><td>夹具</td><td>刀具</td><td>量具</td><td>准终</td><td>单件</td></tr>
<tr><td>1</td><td>铸</td><td>铸造毛坯</td><td></td><td></td><td></td><td rowspan="7">钢直尺
游标卡尺
内径百分表
心轴
直角尺
塞尺</td><td></td><td></td></tr>
<tr><td>2</td><td>热处理</td><td>人工时效处理</td><td></td><td></td><td></td><td></td><td></td></tr>
<tr><td>3</td><td>钳</td><td>划线(划孔中心位置线及 A、B 平面加工线</td><td>平板</td><td>千斤顶,划针</td><td></td><td></td><td></td></tr>
<tr><td>4</td><td>铣</td><td>1. 按线找正平面，粗铣 A 面
2. 以 A 面为基准粗铣另一大端面，厚度尺寸加工至 110 mm
3. 以 A 面为基准粗铣 B 面，注意垂直度要求</td><td>铣床</td><td>专用铣夹具，划针</td><td>铣刀</td><td></td><td></td></tr>
<tr><td>5</td><td>铣</td><td>1. 精铣 A 面及另一大端面，保证厚度尺寸至 108 mm 及粗糙度要求
2. 以 A 面为基准精铣 B 面，保证垂直度要求</td><td>铣床</td><td>专用铣夹具</td><td>铣刀</td><td></td><td></td></tr>
<tr><td>6</td><td>镗</td><td>1. 粗镗 $\phi146_0^{+0.040}$ mm 孔至 $\phi145$ mm
2. 粗镗 $\phi48_0^{+0.025}$ mm 孔至 $\phi47$ mm
3. 粗镗 $\phi80_0^{+0.030}$ mm 孔至 $\phi79$ mm</td><td>镗床</td><td></td><td>镗刀</td><td></td><td></td></tr>
<tr><td>7</td><td>镗</td><td>精镗 $\phi146_0^{+0.040}$ mm、$\phi48_0^{+0.025}$ mm 和 $\phi80_0^{+0.030}$ mm 三孔至要求</td><td>镗床</td><td></td><td>镗刀</td><td></td><td></td></tr>
<tr><td>8</td><td>钳</td><td>清洗、去毛刺</td><td>钳工台</td><td></td><td>锉刀</td><td></td><td></td></tr>
<tr><td>9</td><td>检验</td><td>检验</td><td>平板</td><td></td><td></td><td></td><td></td></tr>
<tr><td colspan="2">编制</td><td>入库</td><td>入库</td><td>日期</td><td>校对</td><td>日期</td><td>审核</td><td colspan="2">日期</td></tr>
<tr><td colspan="2"></td><td></td><td></td><td></td><td></td><td></td><td></td><td colspan="2"></td></tr>
</table>

减速器箱体机械加工工序卡片见表 5.4-2。

表 5.4-2 减速器箱体机械加工工序卡片

机械加工工序卡片		产品型号及规格	图号	名称	工序名称	工艺文件编号
		减速器	JSX-001	减速器箱体	精镗孔	

	材料牌号及名称	毛坯外形尺寸
	ZL107	

零件毛重	零件净重	硬度

设备型号	设备名称
TX68	卧式镗床

专用工艺装备	
名称	代号
精镗孔夹具	T06J1

机动时间	单件工时定额	每台件数
30 min	300 min	

技术等级	切削液
	切削液或植物油

工序号	工步号	工序工步内容	刀具 名称规格	量检具 名称规格	切削用量			
					切削速度 /(m/min)	切削深度 /mm	进给量 /(mm/r)	转速 /(r/min)
6	1	精镗 $\phi146^{+0.040}_{0}$ mm 孔至要求	$\phi146$ mm 孔精镗刀	0~200 mm 游标卡尺,内径百分表,心轴,直角尺,塞尺	50	实测	0.5	
	2	精镗 $\phi48^{+0.025}_{0}$ mm 孔至要求	$\phi48$ mm 孔精镗刀					
	3	精镗 $\phi80^{+0.030}_{0}$ mm 孔至要求	$\phi80$ mm 孔精镗刀					

	编制	校对	会签	复制

修改标记	处数	文件号	签字	日期	修改标记	处数	文件号	签字	日期

5.5　箱体类零件的检验方法

箱体类零件的检验方法见表 5.5-1。

表 5.5-1　箱体类零件的检验方法

检验项目	示　图	检验工具	检验方法和计算
中心距	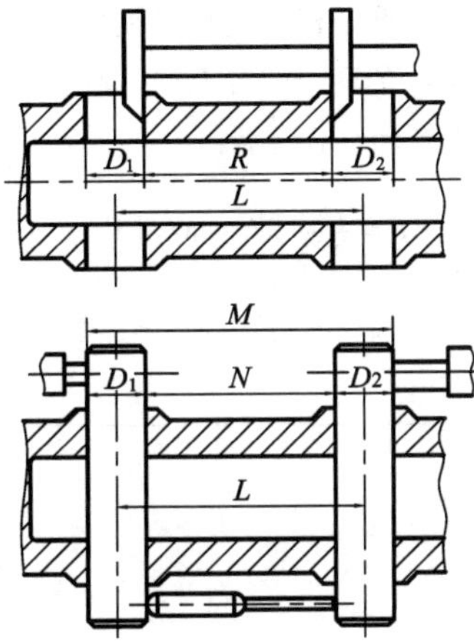	游标卡尺，外径千分尺，内径千分尺，圆棒	1. 用游标卡尺刀口部分测量尺寸 N：$$L = N + \frac{D_1}{2} + \frac{D_2}{2}$$ 2. 用两根圆棒无间隙地插入两孔内，用外径千分尺测量尺寸 M：$$L = M - \left(\frac{D_1}{2} + \frac{D_2}{2} \right)$$ 或用内径千分尺测量尺寸 N：$$L = N + \frac{D_1}{2} + \frac{D_2}{2}$$
平行度	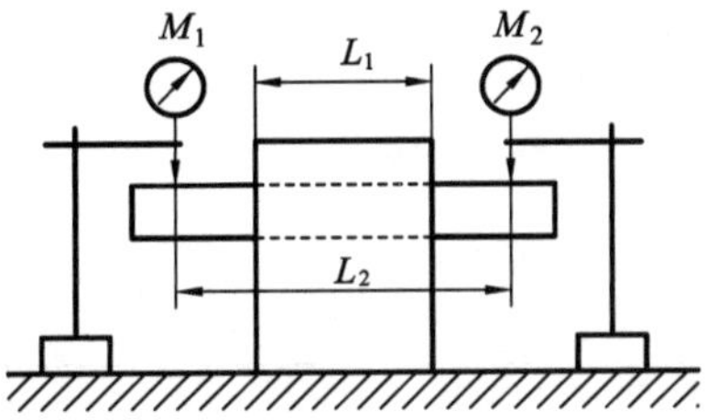	百分表，圆棒，游标卡尺，平板	$$f = \frac{L_1}{L_2} \mid M_1 - M_2 \mid$$
同轴度	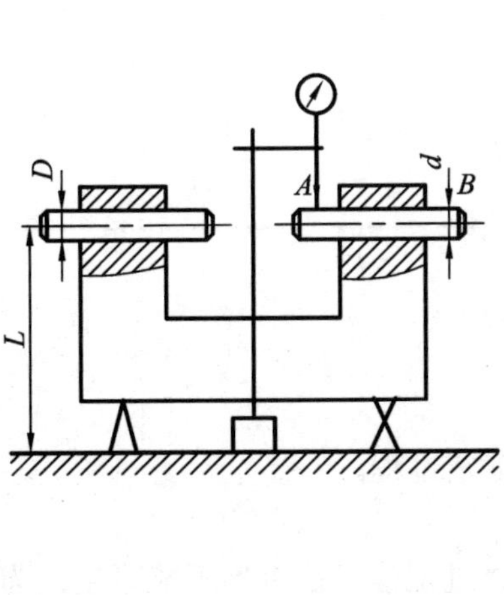	百分表，短心棒，固定支座，活动支座，平板	将两根心棒无间隙地插入两个孔中，并调整被测件使其基准轴线与平板平行。 在靠近被测端 A、B 两点检测，并求出该两点分别与高度 $\left(L + \frac{d}{2} \right)$ 的差值 f_{Ax} 和 f_{Bx}。然后把被测件翻转 90°，按上述方法测出 f_{Ay} 和 f_{By}，则 A 处的同轴度误差为 $$f_A = 2\sqrt{(f_{Ax})^2 + (f_{Ay})^2}$$ B 处的同轴度误差为 $$f_B = 2\sqrt{(f_{Bx})^2 + (f_{By})^2}$$ 取其中较大值作为该被测件的同轴度误差

续表

检验项目	示 图	检验工具	检验方法和计算
垂直度	(一) 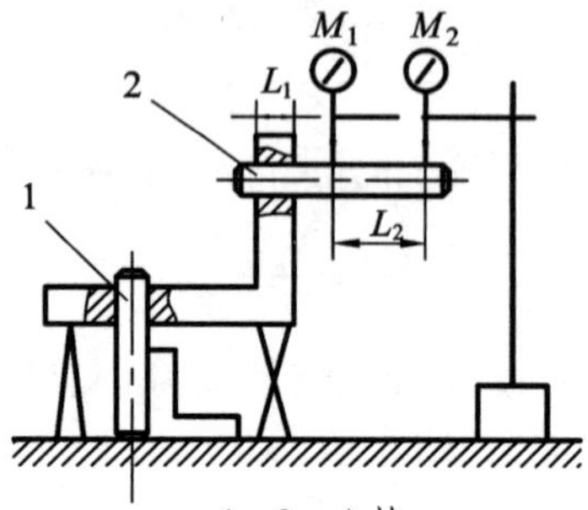 1、2—心棒	百分表,心棒,固定支座,活动支座,平板(或三坐标测量机)	基准轴线和被测轴线用心棒1、2模拟。调整基准心棒使其与平板垂直。在检验距离为L_2的两个位置上测得数值为M_1和M_2,并用下面公式计算: $$f = \frac{L_1}{L_2} \mid M_1 - M_2 \mid$$
	(二) 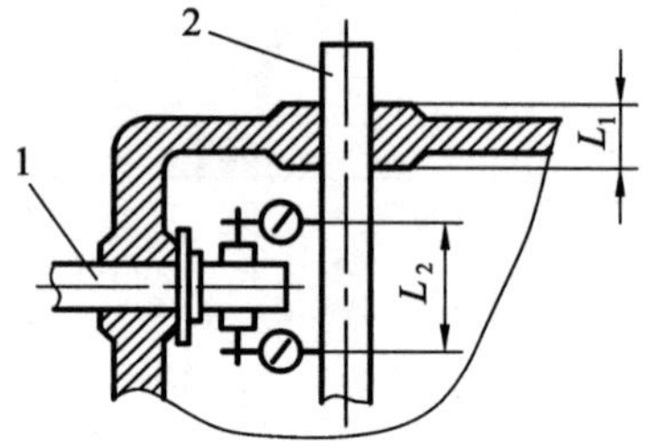 1、2—心棒	百分表,心棒	
	(三) 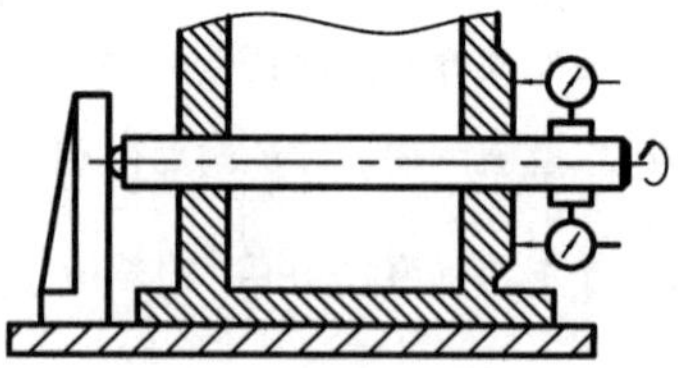 	百分表,心棒,平板支座	

习　题

1. 编制如图 5-1 所示箱体零件中批生产的加工工艺过程。

2. 什么是零件的结构工艺性?

3. 何谓"六点定位原理"? "不完全定位"和"过定位"是否均不能采用,为什么?

4. 为什么说夹紧不等于定位?

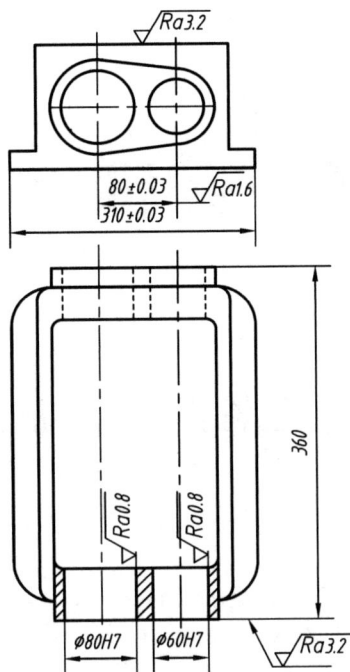

图 5-1　习题 1

5. 固定支承有哪几种形式？各适用于什么场合？

6. 自位支承有何特点？

7. 什么是可调支承？什么是辅助支承？它们有什么区别？使用时应注意什么问题？

项目六 直齿圆柱齿轮

6.1 圆柱齿轮类零件的加工工艺

6.1.1 圆柱齿轮类零件概述

圆柱齿轮是机械传动中应用极为广泛的零件之一，其功用是按规定的速比传递运动和动力。图 6.1-1 所示为直齿圆柱齿轮。

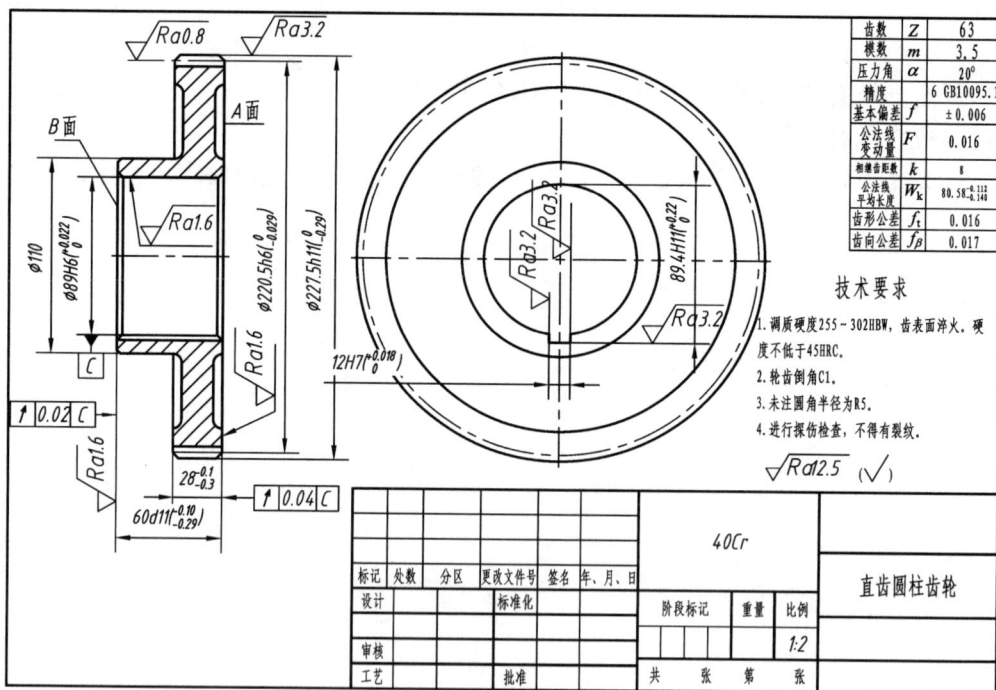

图 6.1-1 直齿圆柱齿轮

1. 圆柱齿轮的结构特点

齿轮在机器中的功用不同而被设计成不同的形状和尺寸，通常划分为齿圈和轮体两个部分。常见的圆柱齿轮的结构形式如图 6.1-2 所示，包括盘类齿轮、套类齿轮、内齿轮、轴类齿轮、扇形齿轮、齿条(即齿圈半径无限大的圆柱齿轮)。其中盘类齿轮应用最广。

一个圆柱齿轮可以有一个或多个齿圈。普通的单齿圈齿轮工艺性好，而双联或三联齿轮的小齿圈往往会受到轴肩的影响，限制了某些加工方法的使用，一般只能采用插齿。如果齿轮精度要求高，需要剃齿或磨齿时，通常将多齿圈齿轮做成单齿圈齿轮的组合结构。

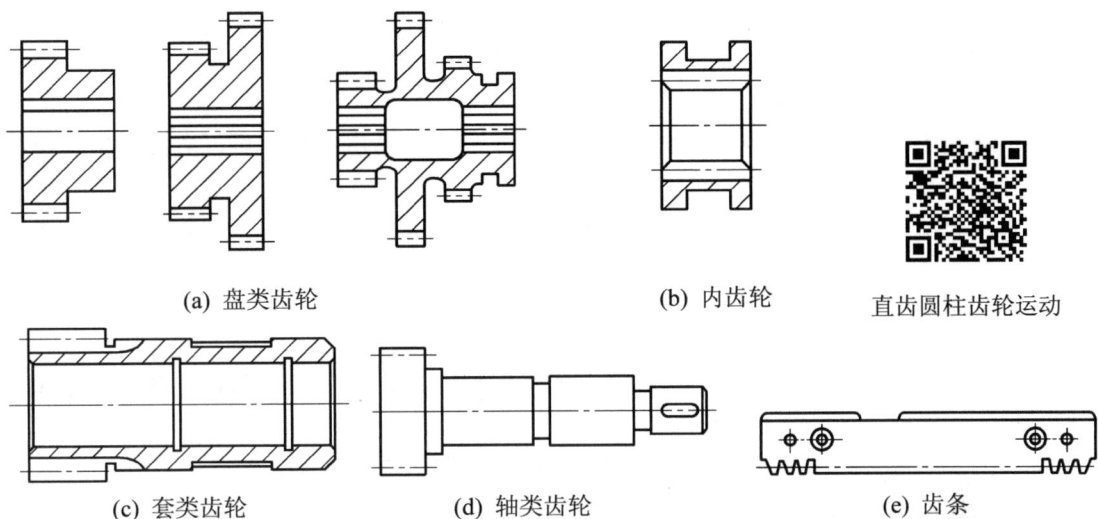

<table>
<tr><td>(a) 盘类齿轮</td><td>(b) 内齿轮</td><td>直齿圆柱齿轮运动</td></tr>
<tr><td>(c) 套类齿轮</td><td>(d) 轴类齿轮</td><td>(e) 齿条</td></tr>
</table>

图 6.1-2　常见的圆柱齿轮的结构形式

2．圆柱齿轮的精度要求

齿轮本身的制造精度，对整个机器的工作性能、承载能力及使用寿命都有很大影响。根据齿轮的使用条件，对齿轮传动提出以下几个方面的要求。

(1) 传动的准确性。要求齿轮转一圈，转角误差的最大值不能超过一定的限度。

(2) 工作平稳性。要求齿轮传动平稳，无冲击、振动和噪声小，这就需要限制齿轮在转过一个齿形角的转角误差。

(3) 载荷均匀性。要求齿轮工作时，齿面接触要均匀。

(4) 齿侧间隙。其作用是储存润滑油，使齿面工作时减少磨损；同时可以补偿热变形、弹性变形、加工误差和安装误差等因素引起的齿侧间隙减小，防止卡死。

6.1.2　齿轮的材料、热处理和毛坯

1．材料的选择

齿轮应按照使用的工作条件选用合适的材料。齿轮材料的选择对齿轮的加工性能和使用寿命都有直接的影响。

一般齿轮选用中碳钢(如 45 钢)和低、中碳合金钢(如 20Cr、40Cr、20CrMnTi)等。

要求较高的重要齿轮可选用 38CrMoAlA 渗氮钢，非传力齿轮也可以使用铸铁、夹布胶木或尼龙等材料。

2．齿轮的热处理

齿轮加工中根据不同的目的，安排两种热处理工序：

(1) 毛坯热处理。在齿轮加工前后安排预备热处理正火或调质，其主要目的是消除锻造及粗加工引起的残余应力、改善材料的可加工性的提高综合力学性能。

(2) 齿面热处理。齿形加工后，为提高齿面的硬度和耐磨性，常进行渗碳淬火、高频感应淬火、碳氮共渗和渗氮等热处理工序。

3. 齿轮毛坯

齿轮的毛坯形式主要有棒料、锻件和铸件。棒料用于小尺寸、结构简单且对强度要求低的齿轮。当齿轮要求强度高、耐磨和耐冲击时，多用锻件。直径大于 400～600 mm 的齿轮，常用铸造毛坯。为了减少机械加工量，对大尺寸、低精度齿轮，可以直接铸出轮齿；对于小尺寸、形状复杂的齿轮，可用精密铸造、压力铸造、粉末冶金、热轧和冷挤等新工艺制造出具有轮齿齿坯，以提高劳动生产率、节约原材料。

6.1.3　齿轮毛坯的机械加工工艺

齿坯加工方案的选择：对于轴齿轮和套筒齿轮的齿坯，其加工过程和一般轴、套基本相似，现主要讨论盘类齿轮齿坯的加工过程。

齿坯的加工工艺方案主要取决于齿轮的轮体结构和生产类型。

1. 大批大量生产的齿坯加工

大批大量加工中等尺寸齿坯时，多采用"钻→拉→多刀车"的工艺方案。

(1) 以毛坯外圆及端面定位进行钻孔或扩孔。

(2) 拉孔。

(3) 以孔定位在多刀半自动车床上粗、精车外圆、端面、切槽及倒角等。

这种工艺方案由于采用高效机床可以组成流水线或自动线，所以生产效率高。

2. 成批生产的齿坯加工

成批生产齿坯时，常采用"车→拉→车"的工艺方案。

(1) 以齿坯外圆或轮毂定位，精车外圆、端面和内孔。

(2) 以端面支承拉孔(或内花键)。

(3) 以孔定位精车外圆及端面等。

这种方案可由卧式车床或转塔车床及拉床实现。它的特点是加工质量稳定，生产效率较高。当齿坯孔有台阶或端面有槽时，可以充分利用转塔车床上的多刀来进行多工位加工，在转塔车床上一次完成齿坯的加工。

6.1.4　圆柱齿轮的机械加工工艺过程

圆柱齿轮的加工工艺过程一般应包括以下内容：齿轮毛坯加工、齿面加工、热处理工艺及齿面的精加工。在编制齿轮加工工艺时，常因齿轮结构、精度等级、生产批量以及生产环境的不同，而采用各种不同的方案。齿轮加工工艺过程大致可划分为如下几个阶段：

(1) 齿轮毛坯的形成：锻造、铸造或选用棒料。

(2) 半精加工：车削和滚、插齿面。

(3) 热处理：调质、渗碳、淬火、齿面高频感应淬火等。

(4) 精加工：精修基准、精加工齿面(磨、剃、珩、研、抛光等)。

1．定位基准的选择

齿轮定位基准的选择常因齿轮的结构不同有所差异。连轴齿轮主要采用顶尖定位，有孔且孔径较大时则采用锥堵。带孔齿轮加工齿面时采用以下两种定位夹紧方式。

(1) 以内孔和端面定位：即以工件内孔和端面联合定位，确定齿轮中心和轴向位置，并采用面向定位端面的夹紧方式。这种方式可使定位基准、设计基准、装配基准和测量基准重合，定位精度高，适于批量生产。但对夹具的制造精度要求较高。

(2) 以外圆和端面定位：若工件和夹具心轴的配合间隙较大，则应用千分表校正外圆以决定中心的位置，并以端面定位；从另一端面施以夹紧。这种方式因每个工件都要校正，故生产效率低；它对齿坯的内、外圆同轴度要求高，而对夹具精度要求不高，故适于单件、小批量生产。

2．齿轮毛坯的加工

齿面加工前的齿轮毛坯加工，在整个齿轮加工工艺过程中占有很重要的地位，因为齿面加工和检测所用的基准必须在此阶段加工出来；无论从提高生产率，还是从保证齿轮的加工质量，都必须重视齿轮毛坯的加工。

在齿轮的技术要求中，应注意齿顶圆的尺寸精度要求，因为齿厚的检测是以齿顶圆为测量基准的，齿顶圆精度太低，必然使所测量出的齿厚值无法正确反映齿侧间隙的大小。所以，在这一加工过程中应注意下列三个问题：

(1) 当以齿顶圆直径作为测量基准时，应严格控制齿顶圆的尺寸精度；

(2) 保证定位端面和定位孔或外圆相互的垂直度；

(3) 提高齿轮内孔的制造精度，减小与夹具心轴的配合间隙。

3．齿端的加工

齿轮的齿端加工有倒圆、倒尖、倒棱和去毛刺等方式。如图 6.1-3 所示。倒圆、倒尖后的齿轮在换挡时容易进入啮合状态，减少撞击现象。倒棱可除去齿端尖边和毛刺。图 6.1-4 是用指形齿轮铣刀对齿端进行倒圆的示意图。倒圆时，铣刀高速旋转，并沿圆弧作摆动，加工完一个齿后，工件退离铣刀，经分度再快速向铣刀靠近加工下一个齿的齿端。齿端加工必须在齿轮淬火之前进行，通常都在滚(插)齿之后，剃齿之前安排齿端加工。

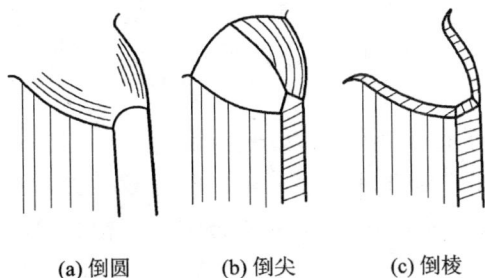

(a) 倒圆　　　(b) 倒尖　　　(c) 倒棱

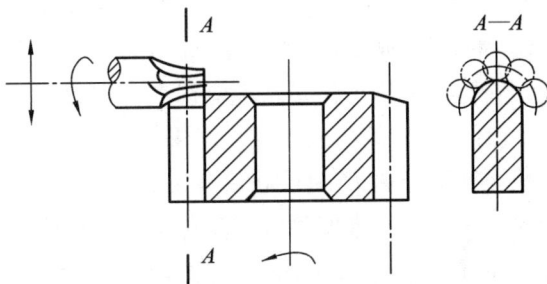

图 6.1-3　齿端加工　　　　　图 6.1-4　齿端倒圆加工示意图

4．齿形加工

齿形加工是整个齿轮加工的关键。按照加工原理，齿形加工可分为成形法和展成法两种。

成形法：所用刀具切削刃的形状与被切削齿轮齿槽的形状相同。常用方法有铣齿、拉齿，主要用于单件小批生产和加工精度要求不高的齿轮。

展成法：应用齿轮啮合的原理来加工工件。常用方法有滚齿、插齿、剃齿、珩齿、磨齿，主要用于加工精度要求较高齿轮，生产效率高，刀具通用性好，应用广泛。

展成法

常用的齿形加工方法见表 6.1-1。

表 6.1-1　常用的齿形加工方法

加工方法	加工原理	加工质量		生产率	设　备	应 用 范 围
		精度等级	齿面粗糙度 Ra/μm			
铣齿	成形法	9	6.3～3.2	较插齿、滚齿低	普通铣床	单件修配生产中，加工低精度外圆柱齿轮、锥齿轮、蜗轮
拉齿	成形法	7	1.6～0.4	高	拉床	大批量生产 7 级精度的内齿轮，因外齿轮拉刀制造甚为复杂，故少用
插齿	展成法	9～7	3.2～1.6	一般较滚齿低	插齿机	单件成批生产中，加工中等质量的内外圆柱齿轮、多联齿轮
滚齿	展成法	10～6	3.2～1.6	较高	滚齿机	单件和成批生产中，加工中等质量的外圆柱齿轮、蜗轮
剃齿	展成法	7～5	0.8～0.4	高	剃齿机	精加工未淬火的圆柱齿轮
珩齿	展成法	7～6	0.8～0.4	很高	珩齿机	光整加工已淬火的圆柱齿轮，适用于成批和大量生产
磨齿	成形法展成法	7～3	0.8～0.2	成形法高于展成法	磨齿机	精加工已淬火的圆柱齿轮

(1) 8 级精度以下的齿轮。调质齿轮用滚齿或插齿就能满足要求。对于淬硬齿轮可采用"滚(插)齿→剃齿或冷挤→齿端加工→淬火→校正孔"的加工方案。根据不同的热处理方式，在淬火前齿形加工精度应提高一级以上。

(2) 6、7 级精度齿轮。对于淬硬齿面的齿轮可采用"滚(插)齿→齿端加工→表面淬火→校正基准→磨齿(蜗杆砂轮磨齿)"的加工方案，该方案加工精度稳定；也可采用"滚(插)→剃齿或冷挤→表面淬火→校正基准→内啮合珩齿"的加工方案，这种方案加工精度稳定，生产率高。

(3) 5 级以上精度的齿轮。一般采用"粗滚齿→精滚齿→表面淬火→校正基准→粗磨齿→精磨齿"的加工方案；大批大量生产时可采用"粗磨齿→精磨齿→表面淬火→校正基准→磨削外珩自动线"的加工方案，这种加工方案加工的齿轮精度可稳定在 5 级以上，且齿面加工纹理十分错综复杂，噪声极低，是品质极高的齿轮。磨齿是目前齿形加工中精度最高、表面粗糙度值最小的加工方法，最高精度可达 3、4 级。

5．齿轮加工过程中的热处理要求

在齿轮加工工艺过程中，热处理工序的位置安排十分重要，它直接影响齿轮的力学性能及切削加工性。一般在齿轮加工中安排两种热处理工序，即毛坯热处理和齿形热处理。

6.2　机械加工精度

6.2.1　机械加工精度概述

1．加工精度的基本概念

加工精度是指零件加工后的几何参数(尺寸、形状、位置)与图纸要求的理想几何参数相符合的程度。符合程度越高，加工精度也越高。所以说机械加工精度包含尺寸精度、形状精度和位置精度三项内容。

零件实际加工过程中不可能把零件制造得绝对精确，不可避免地会产生与理想几何参数的偏差，这种偏差即为加工误差。

实际生产中加工精度的高低是用加工误差的大小来表示。加工精度用公差等级衡量，等级值越小，其精度就越高；加工误差用数值表示，加工误差越小，加工精度高，但随之而来的加工成本也会越高，生产效率相对越低。要保证零件的加工精度，只要保证加工误差控制在零件图纸允许的偏差范围内即可。

2．影响加工精度的因素

在机械加工中机床、夹具、刀具和工件构成了一个完整的机械加工系统，称为工艺系统。工艺系统的各个部分(机床、夹具、刀具和工件)都存在误差，统称为工艺系统误差。由于工艺系统误差是原始存在的，故也叫原始误差。

工艺系统误差在加工过程中必然影响工件和刀具相对运动关系，使工件产生加工误差。所以说工艺系统的误差是影响工件的加工精度的主要因素。工艺系统误差分类如图 6.2-1 所示。

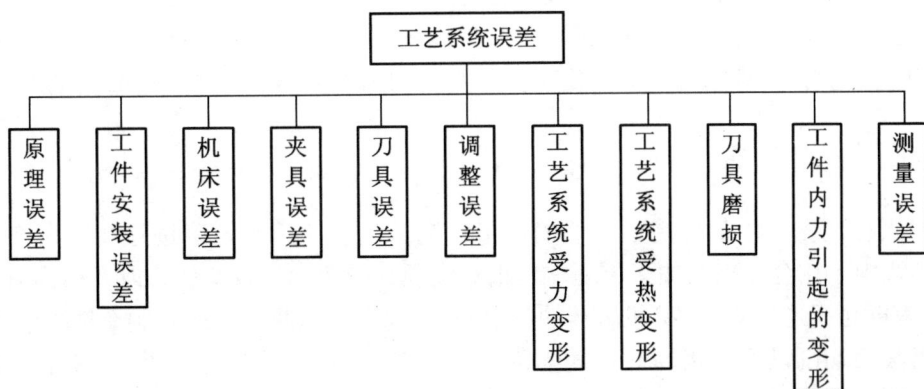

图 6.2-1　工艺系统误差

3. 机械加工精度获得的方法

1) 尺寸精度的获得方法

(1) 试切法。通过试切工件→测量→比较→调整刀具→再试切→…→再调整，直至获得要求的尺寸的方法。

(2) 调整法。调整法是用试切好的工件、标准件或对刀块等调整刀具相对工件定位基准的准确位置，并在保持此准确位置不变的条件下，对一批工件进行加工的方法。

(3) 定尺寸刀具法。在加工过程中采用具有一定尺寸的刀具或组合刀具，以保证被加工零件尺寸精度的一种方法。

(4) 自动控制法。通过由测量装置、进给装置和切削机构以及控制系统组成的控制加工系统，把加工过程中的尺寸测量、刀具调整和切削加工等工作自动完成，从而获得所要求的尺寸精度的一种加工方法。

2) 形状精度的获得方法

(1) 轨迹法。此法利用刀尖的运动轨迹形成要求的表面几何形状。刀尖的运动轨迹取决于刀具与工件的相对运动，即成形运动。这种方法获得的形状精度取决于机床的成形运动精度。

(2) 成形法。此法利用成形刀具代替普通刀具来获得要求的几何形状的表面。机床的某些成形运动被成形刀具的刀刃所取代，从而简化了机床结构，提高了生产效率。用这种方法获得的表面形状精度既取决于刀刃的形状精度，又有赖于机床成形运动的精度。

(3) 范成法。零件表面的几何形状是在刀具与工件的啮合运动中，由刀刃的包络面形成的。因而刀刃必须是被加工表面的共轭曲面，成形运动必须保持确定的速比关系，加工齿轮常用此种方法。

3) 位置精度的获得方法

(1) 一次装夹法。工件上几个加工表面是在一次装夹中加工出来的。

(2) 多次装夹法。即零件有关表面间的位置精度是由刀具相对工件的成形运动与工件定位基准面(或工件在前几次装夹时的加工面)之间的位置关系保证的。多次装夹法又可划分为如下几种。

① 直接装夹法。即在机床上直接装夹工件的方法。

② 找正装夹法。即通过找正工件相对刀具切削成形运动之间的准确位置的方法。

③ 夹具装夹法。即通过夹具确定工件与刀具切削刃成形运动之间的准确位置的方法。

6.2.2　加工原理误差

加工原理误差是由于采用了近似的成形运动或近似的刀刃轮廓进行加工所产生的误差。在实践中，完全精确的加工原理常常很难实现，或者加工效率低，或者极为复杂，难以制造。有时由于连接环节多，机床传动链中的误差增加，或机床刚度和制造精度很难保证。

如用滚刀切削渐开线齿轮时，滚刀应为一渐开线蜗杆。而实际上为了使滚刀制造方便，通常采用阿基米德基本蜗杆或法向直廓基本蜗杆代替渐开线蜗杆，从而在加工原理上产生了误差。另外由于滚刀刀刃数有限，齿形是由各个刀齿轨迹包络线形成的，所切出的齿形实际上是一条近似渐开线的折线而不是光滑的渐开线。又如用模数铣刀成形铣削齿轮，对于每种模数只用一套(8～26 把)铣刀来分别加工一定齿数范围内的所有齿轮，由于每把铣刀是按照一种模数的一种齿数设计制造的，因而加工其他齿数的齿轮时齿形就有了误差。

采用近似的成形运动或近似的刀刃轮廓虽然会带来加工原理误差，但往往因可简化机床或刀具的结构，反而能得到较高的加工精度。因此，只要其误差不超过规定的精度要求，在生产中仍能得到广泛的应用。

6.2.3　机床的几何误差

机床的几何误差是由机床的制造误差、安装误差和磨损等引起的。机床的几何误差的项目很多，下面着重分析对工件加工精度影响较大的误差，如导轨误差、主轴回转运动误差和传动链误差。

1. 导轨误差

机床导轨是机床各主要部件相对位置和运动的基准，它的精度直接影响机床成形运动之间的相互位置关系，因此它是工件产生形状误差和位置误差的主要因素之一。导轨误差可分为直线度误差、扭曲误差、相互位置误差三种形式。

(1) 机床导轨在水平面内的直线度误差。如图 6.2-2 所示，导轨在 y 方向产生了直线度误差，使车刀在被加工表面的法线方向产生了位移 Δy，从而造成工件半径上的误差 $\Delta R = \Delta y$。当车削长外圆时，则产生圆柱度误差。

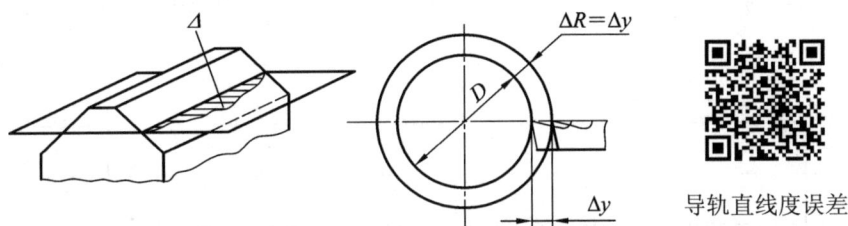

导轨直线度误差

图 6.2-2　导轨在水平面内的直线度误差引起的加工误差

(2) 机床导轨在垂直面内的直线度误差。如图 6.2-3 所示，导轨在垂直方向存在误差 Δ，使车刀在被加工表面的切线方向产生位移，造成半径上的误差 ΔR，该误差影响不大。但对平面磨床、龙门刨床、铣床等将引起工件相对砂轮或刀具的法向位移，其误差将直接反映到被加工表面，造成形状误差。

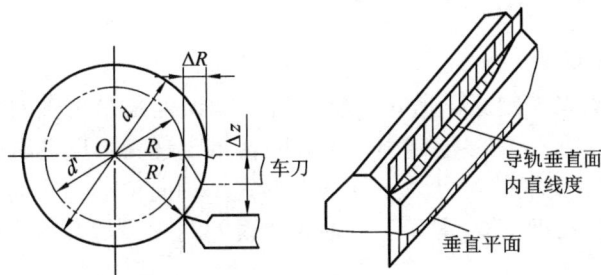

图 6.2-3　导轨在垂直面内的直线度误差引起的加工误差

(3) 导轨面间的平行度误差。如图 6.2-4 所示，车床两导轨的平行度误差(扭曲)使床鞍产生横向倾斜，刀具产生位移，因而引起工件形状误差。由图 6.2-4 所示几何关系可求出 $\Delta R \approx \Delta y = (H/B)\Delta$。一般车床的 $H/B \approx 2/3$，外圆磨床 $H \approx B$，故 Δ 对加工精度影响不容忽视。由于沿导轨全长上 Δ 的不同，将使工件产生圆柱度误差。

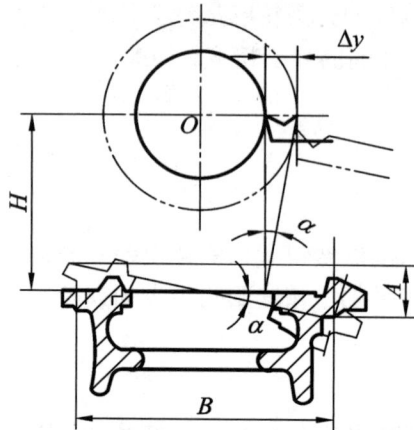

导轨间的平行度对
加工精度的影响

图 6.2-4　导轨的扭曲对加工精度的影响

(4) 机床导轨对主轴轴心线平行度误差的影响。在车床或磨床上加工，如导轨与主轴轴心线不平行，会引起工件的几何形状误差。以数控车床为例，当床身导轨在水平面内出现弯曲(如前凸)时，工件可能形成腰鼓形的圆柱度，如图 6.2-5(a)所示。当床身导轨与主轴轴心在水平面内不平行时，工件可能产生锥形的圆柱度误差，如图 6.2-5(b)所示。当床身导轨与主轴轴线在垂直面内不平行时，工件可能产生马鞍形的圆柱度误差，如图 6.2-5(c)所示。

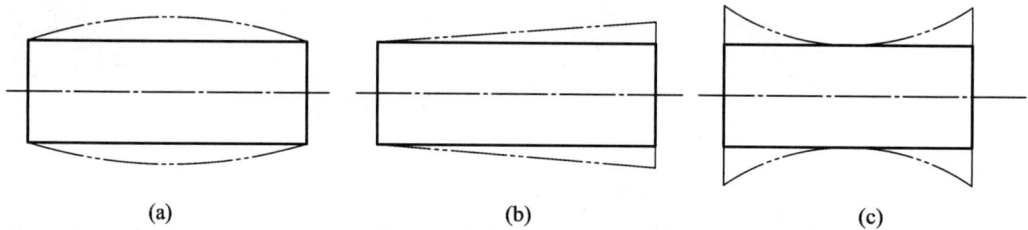

(a) 　　　　　　　　　　　(b) 　　　　　　　　　　　(c)

图 6.2-5　机床导轨误差对工件精度的影响

机床的安装对导轨精度影响较大，尤其是床身较长的机床，因床身刚度较差，经常由于自重引起基础下沉而造成导轨变形。因此，机床在安装时应有良好的基础，并严格进行测量和校正，而且在使用期还应定期复校和调整。

2. 主轴回转运动误差

(1) 主轴回转运动误差定义。所谓主轴回转运动误差是指主轴的实际回转轴线相对于其理论回转轴线的偏移值。偏移值越小，主轴回转精度越高，反之越低。

机床主轴的回转运动误差可分为三种基本形式：轴向窜动、径向跳动和角度摆动，分别如图 6.2-6(a)、(b)、(c)所示。实际上主轴回转误差的三种基本形式是同时存在的，如图 6.2-6(d)所示。

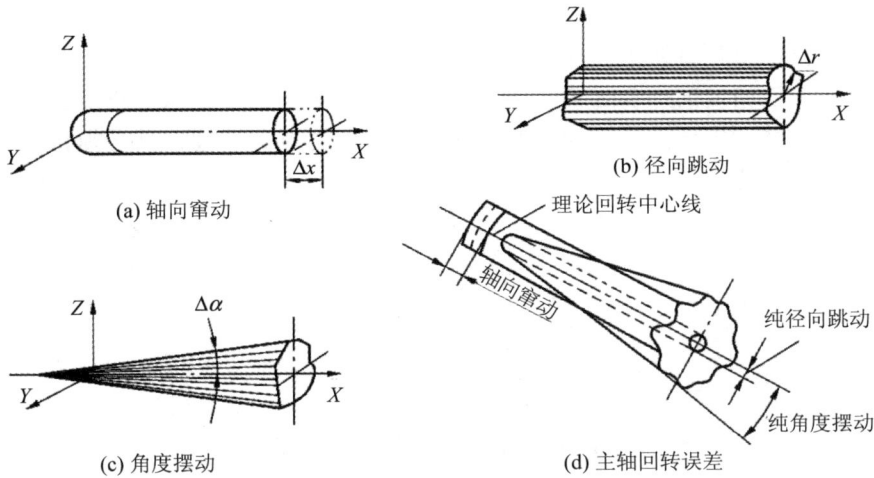

图 6.2-6　主轴回转误差的基本形式

(2) 产生主轴回转误差的因素及主轴回转误差对工件加工误差的影响。影响主轴回转精度的主要因素是主轴的制造误差、轴承间隙、与轴承相配合的零件(主轴、箱体孔等)的精度及主轴系统的径向不等刚度和热变形等。主轴转速对主轴回转误差也有一定影响。

产生主轴回转误差的因素集中在主轴的轴承部位，应从主轴轴径的精度、轴承的精度及安装轴承所用箱体孔的精度等方面寻找原因。

产生主轴径向跳动的主要原因有轴径与箱体孔圆度误差，轴承间隙、轴承滚道和滚动体的形状误差，轴与孔安装后同轴度误差等。加工时，主轴的径向跳动影响工件的圆度误差。

产生主轴轴向窜动的主要原因有推力轴承端面滚道的跳动及轴承间隙等。加工时主轴轴向窜动影响工件的端面平面度误差。加工螺纹时影响螺距误差。

产生主轴摆动的主要原因有前后轴承、前后轴承孔和前后轴径的同轴度误差。主轴的角度摆动会使工件产生圆度误差和圆柱度误差。镗孔加工时，主轴摆动使工件产生椭圆形圆度误差。

综上所述，主轴回转精度影响工件加工表面的形状误差，尤其是在精加工时，机床主轴的回转误差是影响工件圆度的主要因素。

(3) 提高主轴回转精度的措施。

① 主要通过提高机床主轴组件的设计、制造和安装精度，采用高精度的轴承等方法以提高机床的精度。

② 避免主轴回转精度对加工的影响。采用工件的定位基准或被加工面本身与夹具定位元件之间组成的回转副来实现工件相对于刀具的转动，避免了主轴回转精度对加工的影响。如磨削外圆时，在磨床上采用死顶尖定位，回转运动的基准是两个顶尖孔，避免了机床主轴回转误差对工件加工的影响。

3. 传动链误差

机床的切削运动是通过某些传动机构实现的。这些传动机构由于本身的制造误差、安装误差和工作中的磨损，必将引起传动链两端件之间的相对运动误差，这种误差称为传动链误差。

机床的传动误差严重地影响着切削运动的准确性，尤其在切削运动需要有严格内在联系的情况下，它是影响加工精度的主要因素。例如，在滚齿机上滚齿、车床上车螺纹等。图 6.2-7 所示为车削螺纹传动链示意图。当车螺纹时，要求工件旋转一周刀具必须直线移动一个导程，传动时必须保持 $S = iT$(S 为工件导程，T 为丝杠导程，i 为齿轮传动比)为恒定值不变。但实际车削中车床丝杠导程和各齿轮的制造误差都将引起工件螺纹导程的误差。

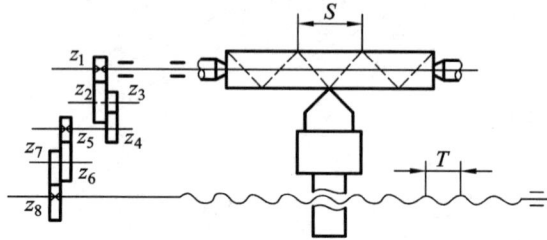

图 6.2-7　车削螺纹传动链

传动链误差是由于机床传动链中各传动零件(齿轮、分度蜗轮副、丝杠螺母副等)存在制造误差和装配误差引起的，使用过程中的磨损也会产生传动链误差。各传动零件在传动链中的位置不同，其影响程度不同。通过传动误差的谐波分析，可以判断误差来自传动链中的哪一个传动零件，并可根据其大小找出影响传动链误差的主要环节。

减少传动链误差的措施主要有：减少传动链中的零件数目，缩短传动链；提高传动零件的制造、装配精度；消除间隙；采用误差校正系统等。

6.2.4　工艺系统受力变形引起的误差及改善措施

切削加工时，由机床、刀具、夹具和工件组成的工艺系统，在切削力、夹紧力以及重力等的作用下，将产生相应的变形，使刀具和工件在静态下调整好的相互位置和切削时成形运动的正确几何关系发生变化，从而造成加工误差。

1. 现场加工中工艺系统受力变形的现象

在车床上加工一根细长轴时，纵向走刀过程中切屑的厚度会变化，越到中间切屑层越薄，加工出来的工件出现了两头细中间粗的腰鼓形误差。根据力学知识很容易判断，这是由于工件的刚性太差，因而一旦受到切削力就会朝着与刀具相反的方向变形，越到中间变形越大，实际背吃刀量也就越小，所以产生腰鼓形的加工误差(见图 6.2-8)。

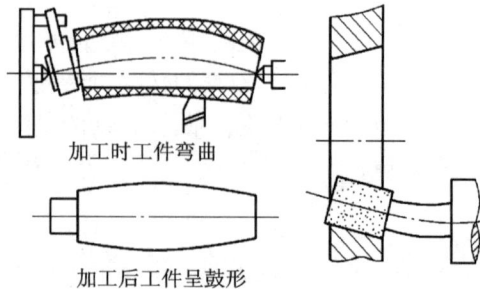

加工时工件弯曲

加工后工件呈鼓形

图 6.2-8　工艺系统受力变形引起的加工误差

　　在另外一些场合下，工件的刚性很好，在切削力的作用下工件并没有变形，却也产生了"让刀"的现象。例如在旧车床上加工刚性很好的工件时，经过粗车一刀后，再要精车的话，有时候不但不把刀架横向进给一点，反而要把它反向退回一点，才能保证精车时切去极薄的一层以满足加工精度和表面粗糙度的要求，否则可能使实际背吃刀量过多。

　　从上面细长轴的弹性变形思路出发，可以想象，产生这种现象的原因是：由于使用日久，工艺系统中的机床的某些与加工尺寸有关的部分(如头架、尾架或刀架)，在切削力作用下产生了受力变形。粗车时的切削力大，则受力变形也大，引起了刀具相对于工件的退让——让刀。粗车完毕后，受力变形恢复，这时候即使不进刀，甚至把刀架稍稍后退一点再走刀的话，刀尖仍然可以切到金属。因此，在这种情况下控制加工精度的问题，实际上主要就是控制工艺系统受力变形的问题。

2. 工艺系统的刚度

　　工艺系统变形通常是弹性变形。工艺系统反抗变形的能力越大，工件的加工精度越高。工艺系统抵抗变形的能力用刚度来描述。所谓工艺系统刚度是指作用于工件加工表面法线方向上的切削分力 F_n，与刀具在切削力作用下相对于工件在该方向上的位移之比，即

$$k = \frac{F_n}{y}$$

式中：k——静刚度(N/mm)；
　　　F_n——法向作用力(N)；
　　　y——法向位移(mm)。

　　工艺系统刚度应包括机床刚度、刀具刚度、夹具刚度和工件刚度。因此，必须先分别求出机床、刀具、夹具和工件的刚度，才能求出工艺系统的刚度。但部件刚度问题比较复杂，迄今没有合适的计算方法，只能用实验的方法加以测定。

3. 工艺系统受力变形对加工精度的影响

　　(1) 切削力作用点位置的变化引起的加工误差。切削过程中工艺系统的刚度会随切削力作用点位置的变化而变化，这将直接影响工件的几何形状误差。例如，在车床上用两顶尖夹持刚性好的工件，此时主要考虑工件和夹具的变形，加工出来的工件呈两端粗、中间细的菱形；用两顶尖夹持细长轴时，工件刚度最小、变形最大，加工后的工件呈鼓形。

　　(2) 切削力变化引起的加工误差。在切削加工中，由于工件毛坯加工余量或材料的硬度不均匀引起切削力变化，从而引起切削和工艺系统受力变形的变化，造成工件尺寸误差和形状误差。当毛坯误差较大，一次进给不能满足加工精度要求时，需要多次进给来消除误差，使误差减小到公差允许的范围内。

　　(3) 其他作用力引起工艺系统受力变形的变化所产生的加工误差。如夹紧力、工件的质量、机床移动部件的质量、传动力以及惯性力等，这些力也能使工艺系统中某些环节的受力变形变化，会产生加工误差。

　　如夹紧力引起的影响。对刚性较差的工件，若是夹紧时施力不当，也常引起工件的形状误差。最常见的是用三爪自定心卡盘夹持薄壁套筒进行镗孔，如图 6.2-9(a)所示，夹紧后套筒成为棱圆状；虽然镗出的孔呈正圆形，如图 6.2-9(b)所示；但松夹后，套筒的弹性恢复使孔产生了三角棱圆形，如图 6.2-9(c)所示。所以在生产中采用在套筒外加上一个厚

壁的开口过渡环,如图 6.2-9(d)所示,使夹紧力均匀地分布在薄壁套筒上,从而减少了变形。

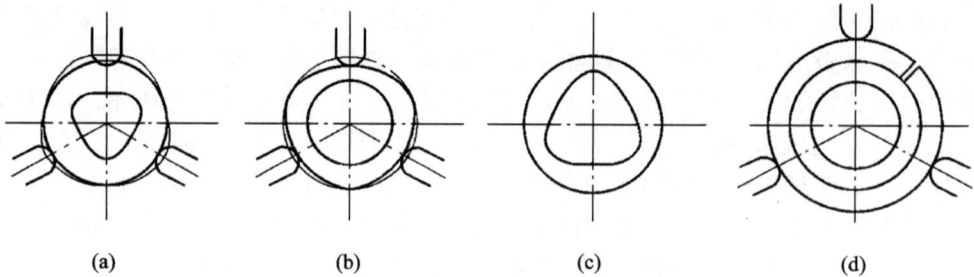

(a)　　　　　　　(b)　　　　　　　(c)　　　　　　　(d)

图 6.2-9　夹紧力引起工艺系统受力变形

4．减小工艺系统受力变形的主要措施

减小工艺系统的受力变形是机械加工中保证产品质量和提高生产效率的主要途径之一。根据生产的实际,可采取以下措施:

(1) 提高接触刚度。提高接触刚度常用的方法是改善机床部件主要零件接触面的配合质量。如对机床导轨及装配基面进行刮研,提高顶尖锥体同主轴和尾座套筒锥孔的接触质量,多次修研加工精密零件用中心孔等。通过刮研可改善配合表面粗糙度和形状精度,使实际接触面积增加,有效提高接触刚度。

提高接触刚度的另一措施是在接触面预加载荷,这样可消除配合面间的间隙,增加接触面积,减少受力后的变形量。如轴承的调整中就采用此项措施。

(2) 提高工件、部件刚度,减少受力变形。对刚度较低的叉架类、细长轴等工件,其主要措施是减小支承间的长度,如设置辅助支承、安装跟刀架或中心架。加工中还常采用一些辅助装置提高机床部件刚度。

(3) 采用合理的装夹方法。在夹具设计或工件装夹时都必须尽量减少弯曲力矩。夹紧时必须特别注意选择适当的夹紧方法,否则会引起很大形状误差,如图 6.2-9 所示。

6.2.5　工艺系统热变形及改善措施

在机床上进行加工时,工艺系统因受热而引起的变形称为工艺系统热变形。工艺系统的热变形破坏了工件与刀具相对运动的正确性,改变已调整好的加工尺寸,引起了背吃刀量和切削力的改变等而产生加工误差。特别是在精密加工中,热变形引起的加工误差会占总加工误差的 40%～70%。

1．工艺系统的热源

引起热变形的根源是工艺系统在加工过程中出现的各种"热源"。

(1) 切削和磨削加工时产生的切削热。

(2) 机床运动副。例如轴与轴承、齿轮副、摩擦离合器、工作台与导轨、丝杠与螺母等所产生的摩擦热和动力源(如电动机、油马达、液压系统、冷却系统)工作时所发出的热。

(3) 周围环境通过空气对流而传来的热。例如气温变化、局部室温差、热风、冷风、空气流动、地基温度变化等。

(4) 日光、灯光、加热器等产生的辐射热。例如靠近窗口受日光照射的机床，上、下午照射的情况不同而变形不同。

2. 工艺系统热变形产生的误差及改善措施

(1) 机床的热变形。机床受各种热源的影响，各部件将产生不同程度的热变形，不仅破坏了机床的几何关系，而且还影响各成形运动的位置关系和速度关系，从而降低了机床的加工精度。由于各类机床的结构和工作条件相差很大，所以引起机床热变形的热源和变形形式也是多种多样的。图 6.2-10 所示为几种机床在工作状态下热变形的趋势。从图中可以看出，机床床身、主轴、工作台、导轨等部件是易发生热变形的部位。对于车、铣、镗床类机床，其主要热源是主轴箱与主轴轴承和齿轮的摩擦热与主轴箱中油池的发热，使箱体和床身产生变形和翘曲，从而造成主轴的位移和倾斜；磨床类机床的主要热源为砂轮主轴轴承和液压系统的发热，引起砂轮架位移、机床头架位移和导轨的变形。

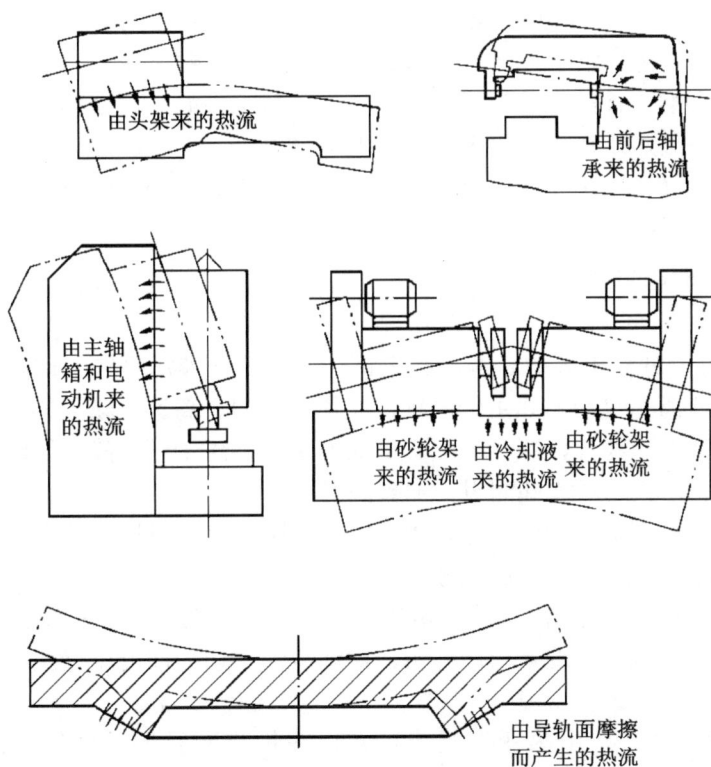

图 6..2-10　几种机床热变形的趋势

为了减小机床热变形对加工精度的影响，通常在机床大件的结构设计上采取对称结构或采用主动控制方式均衡关键件温度，以减少其因受热出现的弯曲或扭曲变形对加工的影响；在结构连接设计上，其布局应使关键部件的热变形位于对加工精度影响较小的方向上；对发热量较大的部件，应采取足够的冷却措施或采取隔离热源的方法。

在工艺措施方面，机床开机后可让机床空运转一段时间，使其达到或接近热平衡(传入热与散出热相等)时再进行加工，精密机床应安装在恒温室中使用。

(2) 工件的热变形。工件在加工过程中产生热变形主要来自于切削热的作用，因其热膨胀影响了尺寸精度和形状精度。由于加工方式的不同，传给工件的热量不等，加上工件受热的体积不同，工件的受热均匀与否，对其热变形的影响也很大。如轴类零件，在切削加工过程中不均匀受热，精加工时热变形影响很大，主要影响尺寸精度；当细长工件在顶尖间加工时，切削热引起的工件热伸长会导致轴向力不断增加，致使工件弯曲变形，加工后的工件呈鼓形，形成圆柱度和直径尺寸的误差。

零件在单面加工时，由于工件单面受热，上下表面之间形成温差，平板翘曲，产生弯曲变形，形成平面度误差。

为了减小热变形对加工精度影响，可采取措施：在切削区施加充足的切削液；提高切削速度或进给量，减少传入工件的热量；粗、精加工分开，使粗加工的余热不带到精加工工序中；刀具和砂轮应在过分磨钝前就进行刃磨和修正，以减少切削热和磨削热；对大型或较长的工件，在夹紧状态下应使其能自由伸缩(如采用弹簧后顶尖等)。

(3) 刀具的热变形。切削时产生的切削热大部分被切屑带走，传给刀具的热量不多，但因为刀具工作部分质量小、热容量小，所以变形也较大，从而影响工件的加工精度。

刀具的热变形一般会影响工件的尺寸精度。但在加工某些工件时，也会影响工件的几何形状精度，如车削长轴外圆，或在立式车床上车削大型平面。

一般情况下，在合理选择切削用量或刀具几何角度并给予充分冷却和润滑的情况下，刀具的热变形对加工精度的影响并不明显。

3．减少工艺系统热变形的主要途径

(1) 减少热源的发热。

① 分离热源。凡是可能分离出去的热源，如电机、变速箱、液压系统、切削液系统等尽可能移出。对于不能分离的热源，如主轴轴承、丝杠螺母副、高速运动导轨副等则可从结构、润滑等方面改善其摩擦特性，减少发热。例如，采用静压轴承、静压导轨，改用低黏度润滑油、锂基润滑脂，或循环冷却润滑、油雾润滑等措施。

② 减少切削热或磨削热。通过控制切削用量、合理选择和使用刀具来减少切削热。当零件要求精度高时，应注意粗加工和精加工分开进行。

③ 提高散热能力。使用大流量切削液或喷雾等方法冷却，可带走大量切削热或磨削热。大型数控机床、加工中心机床普遍采用冷冻机，对润滑油、切削部位进行强制冷却，以提高冷却效果。

(2) 保持工艺系统的热平衡。由热变形规律可知，在机床刚开始运转的一段时间内，温升较快，热变形大。当达到热平衡状态后，热变形趋于稳定，加工精度才易保证。因此，对于精密机床特别是大型机床，可预先高速运转，或设置控制热源，人为地给机床加热，使之较快达到热平衡状态，然后进行加工。精密机床尽可能连续加工，避免中途停车。

(3) 均匀温度场。当机床零部件温升均匀时，机床本身就呈现一种热稳定状态，从而使机床产生不影响加工精度的均匀热变形。

(4) 控制环境温度。精密机床一般安装在恒温车间。一般精密级机床温控在±1℃，精密级为±0.5℃，超精密级为±0.1℃。恒温车间平均温度一般为 20℃，但可根据季节和地

区调整。如冬季可取 17℃，夏季可取 23℃，以节省能源。

6.2.6　工件内应力引起的误差及改善措施

工件内应力是指当外部载荷去除后，仍残存在工件内部的应力，也称残余应力。

工件经铸造、锻造或切削加工后，内部存在的各个内应力互相平衡，可以保持形状精度的暂时稳定。但是它的内部组织有强烈要求恢复到一种稳定的没有内应力的状态，一旦外界条件产生变化，如环境温度的改变、继续进行切削加工、受到撞击等，内应力的暂时平衡就会被打破而重新分布，这时工件将产生变形，从而破坏原有的精度。

1. 产生内应力的原因

(1) 毛坯制造中产生的内应力。在铸、锻、焊及热处理等加工工艺过程中，由于工件各部分冷热收缩不均匀以及金相组织转变时的体积变化，毛坯内部产生了很大的内应力。毛坯的结构越复杂，各部分壁厚越不均匀，散热的条件差别越大，毛坯内部产生的内应力也越大。

(2) 冷校直带来的内应力。细长轴类零件车削后，常因棒料在轧制中产生的内应力要重新分布，而使其产生弯曲变形。为了纠正这种弯曲变形，有时采用冷校直。其方法是在与变形相反的方向加力，使工件反向产生塑性变形，以达到校直的目的。

(3) 切削加工产生的内应力。在切削加工过程中，由于刀具刃口半径不能为零，因而切屑的形成存在着剧烈的撕裂和摩擦，加上后刀面的挤压，使工件表面组织产生塑性变形。晶格被扭曲、拉长、体积膨胀，比重减小，比容增大。膨胀受到里层组织的阻力，使表面残留压应力，里层产生与其平衡的拉应力。因此，对精度要求高的零件，在粗加工、半精加工之后都要安排低温时效工序以消除表面内应力。

2. 减少或消除内应力的措施

(1) 合理设计零件结构，在零件结构设计中，应尽可能简化结构，使壁厚均匀、减小壁厚差、增大零件刚度。

(2) 进行时效处理。自然时效处理是把毛坯或经粗加工后的工件放在露天，利用温度自然变化，经过多次热胀冷缩，使工件内部组织发生微观变化，从而逐渐消除内应力。这种方法一般需要半年至五年时间，会造成再制品和资金的积压，但效果较好。

人工时效处理是将工件进行热处理，分高温时效和低温时效。前者是将工件放在炉内加热到500～680℃，保温4～6 h，再随炉冷却至100～200℃出炉，在空气中自然冷却。低温时效是加热到 100～160℃，保温几十小时后出炉自然冷却，低温时效效果好，但时间长。

震动时效是工件受到激振器的敲击，或工件在大滚筒中回转互相撞击，一般震动30～50 min 即可消除内应力。这种方法节省能源、简便、效率高，近几年来发展很快。此方法适用于中小零件及有色金属件等。

(3) 合理安排工艺。机械加工时，应注意粗、精加工分开；注意减小切削力，如减小余量、减小切削深度并进行多次走刀，以避免工件变形。

尽量不采用冷校直工序，对于精密零件，严禁进行冷校直。

6.3　机械加工表面质量

6.3.1　机械加工表面质量的概念

零件的机械加工质量除了加工精度之外，还包括加工表面质量。产品的工作性能，尤其是它的可靠性、耐久性，在很大程度上取决于其主要零部件的表面质量。表面质量是零件加工后表面层状态完整性的表征。机械加工后的表面，总存在一定的微观几何形状的偏差，表面层的物理力学性能也会发生变化。因此，机械加工表面质量包括加工表面的几何特征和表面层的物理力学性能两个方面的内容。

1. 加工表面的几何特征

机械加工的表面不可能是理想的光滑的表面，而是存在着表面粗糙度、表面波度等表面几何形状以及划痕、裂纹等缺陷。加工表面的微观几何特征主要包括表面粗糙度和表面波度两部分，如图 6.3-1 所示。表面粗糙度是波距 L 小于 1 mm 的表面微小波纹；表面波度是指波距 L 在 1～20 mm 之间的表面波纹。通常情况下，当 L/H(波距/波高) < 50 时为表面粗糙度，L/H = 50～1000 时为表面波度。

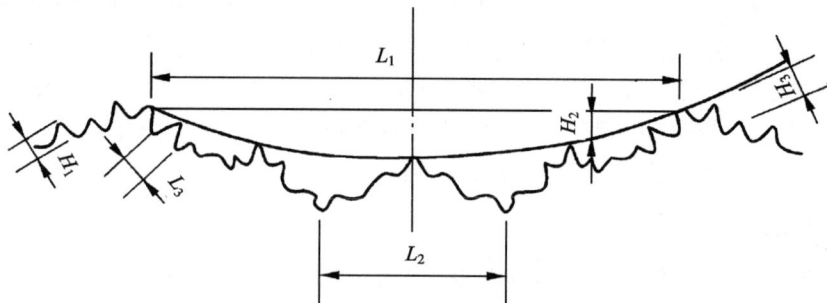

图 6.3-1　表面粗糙度与表面波度

(1) 表面粗糙度是指已加工表面的微观几何形状误差，是由刀具的形状以及切削过程中塑性变形和震动等因素引起的。

(2) 表面波度主要是由加工过程中工艺系统的低频振动引起的周期性形状误差(如图 6.3-1 所示的 L_2/H_2)，介于形状误差($L_1/H_1 > 1000$)与表面粗糙度($L_3/H_3 < 50$)之间。

2. 加工表面层的物理力学性能

加工表面层的物理力学性能包括表面层的加工硬化、残余应力和表面层的金相组织变化。机械零件在加工中由于受切削力和热的综合作用，表面层金属的物理力学性能相对于基体金属的物理力学性能发生了变化。该层总称为加工变质层。图 6.3-2(a)所示为零件表面层沿深度方向的变化。最外层生成有氧化膜或其他化合物，并吸收、渗进气体粒子，称为吸附层，该层的总厚度一般不超过 8 nm。压缩层是由于切削力的作用造成的塑性变形区，其上部是由于刀具的挤压摩擦而产生的纤维层。如淬火、回火一样，切削热的作用也会使工件表面层材料产生相变及晶粒大小变化。

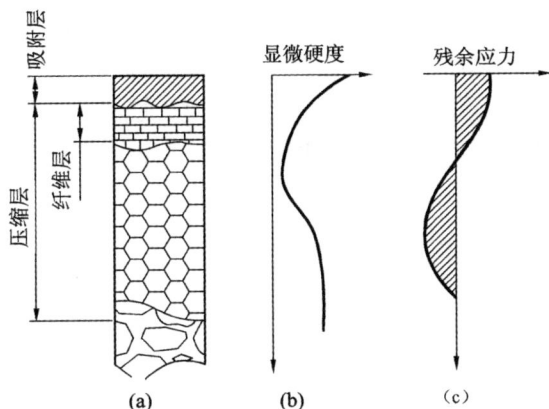

图 6.3-2　加工表面层的性能变化

加工表面层影响性能变化的几个过程具体如下：

(1) 加工表面层的冷作硬化。切削过程中表面层产生的塑性变形使晶体间产生剪切滑移，晶格严重扭曲，并产生晶格的拉长、破碎和纤维化，使材料的强度和硬度提高，这就是冷作硬化现象。

表面层的冷作硬化程度决定于产生塑性变形的力、变形速度以及变形时的温度。切削力越大，塑性变形越大，因而硬化程度也就越大；变形速度越大，塑性变形越不充分，硬化程度也就减少。变形时的温度在$(0.25\sim0.3)t_{熔}$范围内，会产生变形后的金相组织的恢复现象，也就是会部分消除冷作硬化。

(2) 表面层金相组织的变化——热变质层。加工过程(特别是磨削)中的高温作用，使工件表层温度升高，当温度超过材料相变临界点时，就会产生金相组织的变化，大大降低零件使用性能，这种变化包括晶粒大小、形状、析出物和再结晶等。金相组织的变化主要通过显微组织观察来确定。

(3) 表面层残余应力。在加工过程中，由于塑性变形、金相组织的变化和温度造成的体积变化的影响，表面层会残留有应力。目前对残余应力的判断大多是定性的，它对零件使用性能的影响大小取决于它的方向、大小和分布状况。

6.3.2　表面质量对零件使用性能的影响

1. 对零件耐磨性的影响

零件的耐磨性主要与摩擦副的材料、热处理状态及润滑条件有关，但在这些条件已经确定的情况下，零件的表面质量就起决定作用。一般来说，零件表面粗糙度值越小，零件表面就越光滑，耐磨性越好。但并不是粗糙度越小越耐磨，过于光滑的表面会挤出接触面间的润滑油，形成干摩擦，导致分子之间亲和力加强，从而产生表面咬焊、咬合，反而使磨损加剧。就零件的耐磨性而言，最佳表面粗糙度 Ra 在 $0.8\sim0.2\ \mu m$ 之间。

零件表面层材料的冷作硬化，能提高表面层硬度，增强表面层的接触刚度，减少摩擦副接触部分的弹性和塑性变形，使金属之间咬合的现象减少，因而增强了耐磨性。但当硬化过度时，会降低金属组织稳定性，使表层金属变脆、脱落，致使磨损加剧，所以硬化的程度和深度应控制在一定的范围内。

2．对零件疲劳强度的影响

在交变载荷的作用下，零件表面粗糙度、划痕和裂纹等缺陷容易引起应力集中，当应力超过材料的疲劳强度时，就会产生和扩展疲劳裂纹，造成疲劳损坏。试验证明，对于承受交变载荷的零件，减少粗糙度，可以使疲劳强度提高 30%～40%。

表面层一定程度的加工硬化能阻碍疲劳裂纹的产生和已有裂纹的扩展，能提高疲劳强度。但若硬化过度，就会产生大量显微裂纹而降低疲劳强度。

表面层的残余压应力能够部分抵消工作载荷引起的拉应力，延缓疲劳裂纹的产生和扩展，提高零件的疲劳强度。而残余拉应力使表面裂纹扩大，降低零件的疲劳强度。

3．对零件配合精度的影响

对间隙配合表面，如表面粗糙，磨损后会使配合间隙增大，改变原配合性质。过盈配合中，轴压入孔中表面的凸峰将被挤平，而使实际过盈量比预定的小，降低了配合可靠性。所以，配合精度要求越高，配合表面粗糙度应该越小。

4．对零件抗腐蚀性的影响

当零件在潮湿的空气中或在有腐蚀性的介质中工作时，会发生化学腐蚀或电化学腐蚀。腐蚀性物质沉积于粗糙表面的凹谷处而发化学反应，最后使粗糙的凸出部分腐蚀掉，特别是当腐蚀作用和摩擦作用同时存在时，已被腐蚀的凸出处将因摩擦作用而很快被磨掉，从而加速其腐蚀过程。表面光洁的零件，凹谷较浅，沉积腐蚀介质的条件差，腐蚀不太容易进行。

零件表面层的残余压应力和一定程度的强化都有利于提高零件的抗腐蚀能力，因为表面层的强化和压应力都有利于阻碍表面裂纹的产生和扩展。

5．表面质量对零件其他性能的影响

降低零件的表面粗糙度可以提高密封性能，提高零件的接触刚度，降低相对运动零件的摩擦系数，提高运动的灵活性，从而减少发热和功率消耗，减少设备的噪声等。

6.3.3　影响加工表面粗糙度的因素及改善措施

机械加工时，表面粗糙度形成的原因主要有几何因素、物理因素、机床、刀具和工艺系统的震动几方面。

1．几何因素

在理想的切削条件下，刀具相对于工件作进给运动时，在加工表面上遗留下来的切削层残留面积形成理论的粗糙度，如图 6.3-3 所示。H 为残留面积最大高度，f 为进给量。

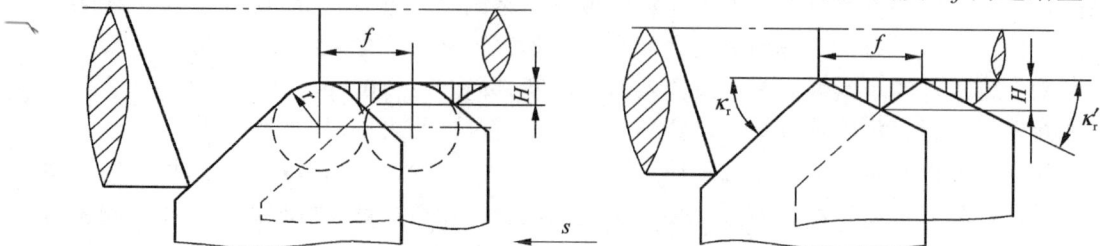

图 6.3-3　切削层残留面积

2．物理因素

在切削时，刀具的刃口圆角及刀具后刀面引起的挤压变形与摩擦使金属材料发生塑性变形，增大了表面粗糙度。另外在切削过程中出现的刀瘤与鳞刺，会使表面粗糙度严重地恶化，在加工塑性材料(如低碳钢、铬钢、不锈钢、铝合金等)时，它们是影响粗糙度的主要因素。

刀瘤(积屑瘤)是切削过程中切屑底层与前刀面发生冷焊的结果，刀瘤形成后并不是稳定不变的，而是不断地形成、长大，然后黏附在切屑上被带走或留在工件上，图 6.3-4(a)说明了这种情况。由于刀瘤有时会伸出切削刃之外，其轮廓也很不规则，因而使加工表面上出现深浅和宽窄都不断变化的刀痕，大大增加了表面粗糙度。

鳞刺是已加工表面上出现的鳞片状毛刺般的缺陷。加工中出现鳞刺是由于切屑在前刀面上的摩擦和冷焊作用造成周期性的停留，代替刀具推挤切削层，造成切削层与工件之间出现撕裂现象，如图 6.3-4(b)所示。如此连续发生，就在加工表面上出现一系列的鳞刺，构成已加工表面的纵向粗糙度。鳞刺的出现并不依赖于刀瘤，但刀瘤的存在会影响鳞刺的生成。

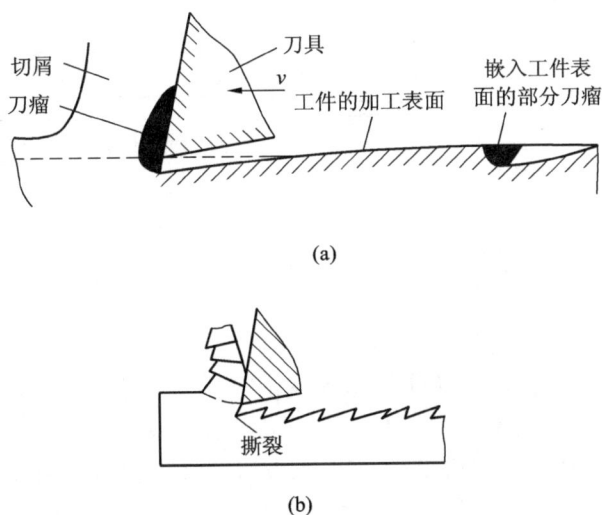

(a)

(b)

图 6.3-4　刀瘤和鳞刺的产生

3．机械加工过程中的震动

1) 机械加工中震动的产生和影响

机械加工中的震动使刀具与工件之间产生相对位移，严重破坏了工件和刀具之间正常的运动轨迹，震动不仅恶化加工表面质量，缩短了刀具和机床的使用寿命，而且震动严重时加工无法进行，同时发出刺耳噪声，使劳动者容易疲劳，身心受到损害，工作效率降低，污染环境。为了避免震动，常常不得不降低切削用量，从而降低了生产率。

① 自由震动：工艺系统受初始干扰力或原有干扰力取消后产生的震动。

② 强迫震动：工艺系统在外部激振力作用下产生的震动。

③ 自激震动：工艺系统在输入输出之间有反馈特性，并有能源补充而产生的震动，在机械加工中也称为"颤震"。

图 6.3-5 给出了工艺系统震动的分类及产生的主要原因。

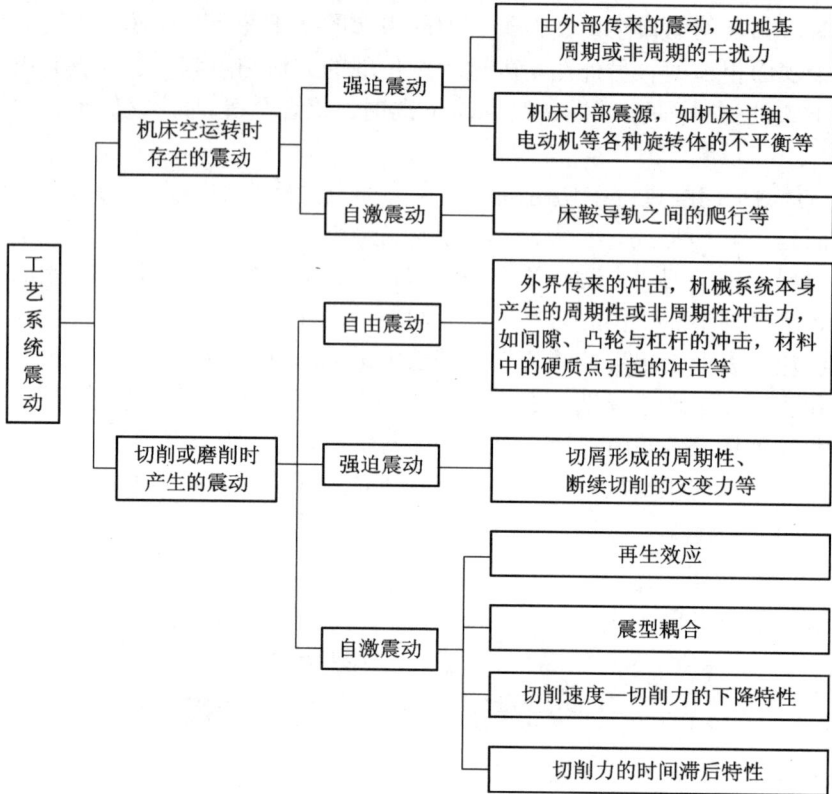

图 6.3-5　工艺系统震动的分类及产生原因

2) 减小机械加工震动的途径

当机械加工过程中出现影响加工质量的震动时，首先应该判别这种震动是强迫震动还是自激震动，然后再采取相应措施来消除或减小震动。消减震动的途径有三：消除或减弱产生震动的条件；改善工艺系统的动态特性；采用消震减震装置。

(1) 消除或减弱产生震动的条件。首先减小机内外干扰力。机床上高速旋转的零部件(例如，磨床的砂轮、车床的卡盘以及高速旋转的齿轮等)，必须进行平衡，使质量不平衡量控制在允许范围内。尽量减小传动机构的缺陷，提高带传动、链传动、齿轮传动及其他传动装置的稳定性。对于高精度机床，尽量不用或少用齿轮、平带等可能成为震源的传动元件，并使电动机、液压系统等动力源与机床本体分离。其次调整震源频率。当干扰力的频率接近系统某一固有频率时，就会发生共振。因此，可通过改变电动机转速或传动比，使激振力的频率远离机床加工薄弱环节的固有频率，以避免共振。再者采取隔震措施，使震源产生的部分震动被隔震装置所隔离或吸收。常用的隔震材料有橡皮、金属弹簧、空气弹簧、泡沫乳胶、软木、矿渣棉、木屑等。

(2) 改善工艺系统的动态特性。提高工艺系统薄弱环节的刚度，可以有效地提高机床加工系统的稳定性。增强连接结合面的接触刚度，对滚动轴承施加预载荷，加工细长工件外圆时采用中心架或跟刀架，镗孔时给镗杆设置镗套等措施，都可以提高工艺系统的刚度。

(3) 采用各种消震减震装置。如动力减震器是通过一个弹性元件和阻尼元件将附加质量连接到主震系统上，当主震系统震动时，利用附加质量的动力作用，使加到主振系统上的附加作用力与激振力大小相等、方向相反，从而达到抑制主振系统震动的目的。

4．降低表面粗糙度的措施

由几何因素引起的粗糙度过大，可通过减小切削层残留面积来解决。减小进给量和刀具的主、副偏角，增大刀尖圆角半径，均能有效地降低表面粗糙度。

由物理因素引起的粗糙度过大，主要应采取措施减少加工时的塑性变形，避免产生刀瘤和鳞刺，对此影响最大的是切削速度和被加工材料的性能。

1) 加工材料

一般韧性较大的塑性材料，加工后表面粗糙度较大，而韧性较小的塑性材料加工后易得到较小表面粗糙度。对于同种材料，其晶粒组织越大，加工表面粗糙度越大。因此，为了减小加工表面粗糙度，常在切削加工前对材料进行调质或正火处理，以获得均匀细密的晶粒组织和较好的硬度。

2) 切削用量

进给量越大，残留面积高度越高，零件表面越粗糙。因此，减小进给量可有效地减小表面粗糙度。

切削速度对表面粗糙度的影响也很大。在中低速切削塑性材料时，容易产生积屑瘤，且塑性变形较大，加工后零件表面粗糙度较大。通常采用低速或高速切削塑性材料，可有效避免积屑瘤产生，这对减小表面粗糙度有积极作用。

3) 刀具的几何形状、材料、刃磨质量的影响

刀具的前角对切削过程的塑性变形有很大影响。前角增大时，塑性变形程度减小，粗糙度也减小。前角为负值时，塑性变形增大，粗糙度也增大。后角过小会增加摩擦。刃倾角的大小又会影响刀具的实际前角，因此都会影响表面粗糙度。刀具材料与刃磨质量对产生刀瘤、鳞刺等现象影响很大，如用金刚石车刀精车铝合金时，由于摩擦因数较小，刀面上就不会产生切屑的黏附、冷焊现象，因此能减小粗糙度。

4) 切削液

切削液的冷却和润滑作用能减小切削过程中的界面摩擦，降低切削区温度，使切削层金属表面的塑性变形程度下降，抑制刀瘤、鳞刺的生成，因此可大大减小表面粗糙度。

以上分析了影响切削加工表面粗糙度的两个主要因素，实际加工中以哪个因素为主，还要根据加工方法以及加工表面的实际轮廓形状来确定。

6.3.4 影响冷作硬化的工艺因素

由于切削力作用，使被加工表面产生塑性变形，加工表面层晶格间剪切滑移，晶粒拉长、破碎，阻碍金属进一步变形，造成加工表面层材料强化和硬度增加，称为加工硬化。切削力越大，塑性变形越大，硬化程度就越大。表面强化层的深度有时可达 0.5 mm，硬化层的硬度比基体金属硬度高 1～2 倍。

表面层的硬化程度除了与产生塑性变形的力有关外，还与变形速度以及变形时的温度有关。变形速度越快，塑性变形越不充分，则硬化程度降低。表层金属在塑性变形时，还产生一定数量的热，使金属表面层温度升高，当温度达到一定范围时，就会产生冷硬回

复，回复作用的速度取决于温度的高低和冷硬程度的大小。

减小刀具前角和增大刀尖圆弧半径都将增大已加工表面层塑性变形，从而使冷硬层的深度和硬化程度也随之增加。

切削速度增加，硬化层深度和硬化程度都随之减小。因为切削速度增加，切削温度升高，从而有利于冷硬回复。另外，切削速度增加，刀具与工件的接触时间缩短，塑性变形程度减小。

进给量增大，使切削厚度增加，切削力和材料的塑性变形都随之增大，因此硬化现象增强。但进给量太小时，因形成薄层切屑使表面层受挤压的作用增加，塑性变形也增加，故冷硬作用也随之增加。

被加工工件材料的硬度越低，塑性越好，则切削时的塑性变形也越大，冷硬现象就越严重。

6.3.5　影响残余应力的工艺因素

工件经机械加工后，其表面层均存在残余应力。残余压应力可提高工件表面的耐磨性和疲劳强度，残余拉应力则使耐磨性和疲劳强度降低。若拉应力值超过工件材料的疲劳强度时，则使工件表面产生裂纹，加速工件损坏。引起残余应力的原因有下述三个方面：

1. 冷塑变形的影响

在机械加工过程中，因切削力的作用使工件表面受到强烈的塑性变形，尤其是切削刀具对已加工表面的挤压和摩擦，使表面层产生冷态塑性变形，表面体积趋向增大，但受基体金属牵制而产生了残余应压力，与里层残余应力相平衡。

2. 热塑变形的影响

切削加工时，表面层受到切削热的作用使局部温度远高于里层，因此表面层金属产生热膨胀变形也大于里层。当切削过程结束时，表层温度下降较快，故收缩变形也大于里层。由于受到里层的限制，于是工件表面产生残余拉应力。切削温度越高，则残余拉应力越大，甚至出现裂纹。

3. 金相组织的影响

在机械加工过程中产生的高温会引起表面层的相变。由于不同的金相组织有不同的密度，表面层金相变化的结果造成了体积的变化。表面层体积膨胀时，因为受到基体的限制，产生了压应力，反之则产生拉应力。例如磨削淬火钢时，原来工件表面是马氏体比热容最大，当表层出现回火结构(回火烧伤)，即回火托氏体或索氏体(密度接近珠光体)时，体积收缩受里层金属的阻碍，故工件表面产生残余拉应力。若表层产生二次淬火层(淬火烧伤)，即原表面层的残余奥氏体变为马氏体，比热容增大，体积膨胀受阻，工件表面就形成残余压应力。

实际上，已加工表面残余应力是以上三方面综合作用的结果。在一定条件下，其中某一种或两种原因起主导作用。如切削加工中，当切削温度不高时，起主导作用的往往是冷塑性变形，表面层常产生残余压应力而使表面强化。而磨削时，磨削温度较高，相变和热塑性变形占主导地位，所以表层产生残余拉应力而使表面弱化。

6.3.6 影响金相组织变化的工艺因素

一般切削加工时，切削热大部分被切屑带走，加工表面温度不高，故不影响工件表面层的金相组织。而磨削时，磨粒在高速下以很大的负前角切削薄层金属，在工件表面引起很大的摩擦和塑性变形，其单位切削功率消耗远远大于一般切削加工。因为消耗的功率大部分转化为热能，故工件表面温度很高，有时高达1000℃左右，引起表面层金相组织发生变化，使表面硬度下降，并伴随出现残余拉应力甚至产生细微裂纹，从而降低零件物理、力学性能，这种现象称为磨削烧伤。

烧伤严重时，还会在工件表面出现黄、褐、紫、青等高温下产生的氧化膜颜色。不同的烧伤颜色表示表面层金属经历的不同温度和不同烧伤深度，它表明工件表面已经受到热损伤的程度。但并非无色就等于没有烧伤，有时通过多次光磨磨掉了表面烧伤的氧化膜，却并未完全去掉烧伤层，给工件带来隐患。

磨削烧伤使零件的使用寿命和性能大大降低，有些零件甚至因此而报废，所以磨削时应尽量避免烧伤。引起磨削烧伤直接的因素是磨削温度，大的磨削深度、过高的砂轮线速度是引起工件表面烧伤的重要因素。此外，零件材料也是不容忽视的一个方面，一般而言，导热系数低、比热容小、密度大的材料，磨削时容易烧伤。使用硬度太高的砂轮，也容易发生烧伤。

6.4 加工工艺过程的技术经济分析

6.4.1 时间定额

在制订工艺规程时，要在保证产品质量的前提下，提高劳动生产率、降低成本。机械加工劳动生产率是指工人在单位时间内制造合格产品的数量。

经济性一般指生产成本的高低。生产成本不仅要计算工人直接生产产品所消耗的价值，还要计算设备、工具、材料、动力等消耗的价值。

工艺设计中的内容之一是确定时间定额，时间定额是在一定生产条件下，规定生产一件产品或完成一道工序所消耗的时间。时间定额是安排生产计划，核算产品成本的重要依据之一。对于新建工厂(或车间)，它又是计算设备数量、工人数量、车间布置、生产组织的依据。

工艺文件中的时间定额是单件时间，在机械加工中完成零件加工工艺过程中的一道工序所规定的时间，称为单件时间 T_d，它包括下列组成部分。

1. 基本时间 T_j

基本时间是指直接改变生产对象的尺寸、形状、相互位置、表面状态或材料性质等工艺过程所消耗的时间。对切削加工而言，就是直接用于切除余量所消耗的时间(包括刀具的切出、切入时间)，可以由计算确定。

2. 辅助时间 T_f

辅助时间是指为实现工艺过程所必须进行的各种辅助动作所消耗的时间。它包括在机床上装卸工件，开、停机床，进刀、退刀操作，测量工件等所用的时间，基本时间和辅助时间之和称为作业时间 T_z。显然作业时间是直接用于制造零件所消耗的时间。

3. 布置工作地点时间 T_b

布置工作地点时间是指为使加工正常进行，工人照管工作地(如更换刀具、润滑机床、清理切屑、收拾工具等)所消耗的时间。一般可按作业时间的 2%～7%计算。

4. 休息与生理需要时间 T_x

休息与生理需要时间是指工人在工作班内为恢复体力和满足生理上的需要所消耗的时间。一般可按作业时间的 2%～4%计算。

综上所述，单件时间 T_d 用公式表示

$$T_d = T_j + T_f + T_b + T_x$$

5. 准备与终结时间 T_e

对成批生产来说，准备与终结时间是工人为加工一批工件进行准备和结束工作所消耗的时间。例如熟悉工艺文件、领取毛坯、借取和安装刀具及夹具、调整机床、归还工艺装备、送交成品等。准备与终结时间对一批工件只消耗一次，如每批工件数(批量)记为 N，则分摊到每个工件上的准备与终结时间为"T_e/N"。所以成批生产时的单件时间为

$$T_d = \frac{T_j + T_f + T_b + T_x + T_e}{N}$$

6.4.2 提高生产率的途径

在制订工艺规程时，要在保证产品质量的前提下，提劳动生产率、降低成本。机械加工生产率是指在单位时间内工人制造合格产品的数量。经济性一般指生产成本的高低。生产成本不仅要计算工人直接生产产品所消耗的价值，还要计算设备、工具、材料、动力等消耗的价值。

提高劳动生产率涉及产品的设计、制造工艺、生产管理等多方面因素。仅就机械加工而言，提高劳动生产率的工艺途径是：缩短单件工时和采用自动化加工等现代化生产方法。

1. 缩短单件时间

采取合理的工艺措施以缩短各工序的单件时间，是提高劳动生产率的有效措施之一，下面从单件时间的组成进行分析。

(1) 缩短基本时间。

① 提高切削用量。提高切削用量是缩短基本时间的有效方法。目前广泛采用的是高速车削和高速磨削，高速切削中采用硬质合金车刀的切削速度一般达到 200 m/min，陶瓷刀具的切削速度达到 500 m/min，人造金刚石车刀在切削普通钢材时的切削速度达到 900 m/min，而在切削 60HRC 以上的淬火钢时，切削速度达到 90 m/min。高速滚齿机的切削速度可达 65～75 m/min。磨削方面，高速磨削达到 60 m/s 以上。此外，采用强力磨削的深度可达 6～12 mm，金属去除率比普通磨削提高数倍。

② 减少工作行程。切削加工过程中可以采用多刀切削、多件加工、合并工步等方法来减少工作行程，如图 6.4-1 所示。

(a) 合并工步　　　(b) 多刀车削　　　(c) 横向切入法车削

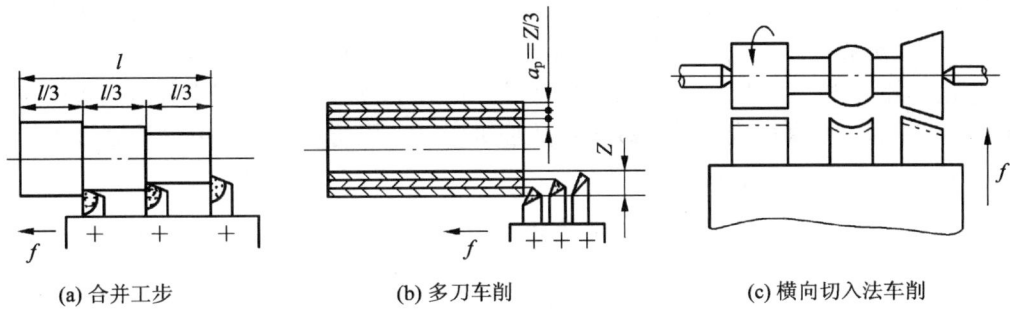

图 6.4-1　减少工作行程的方法

③ 采用多件加工，如图 6.4-2 所示。

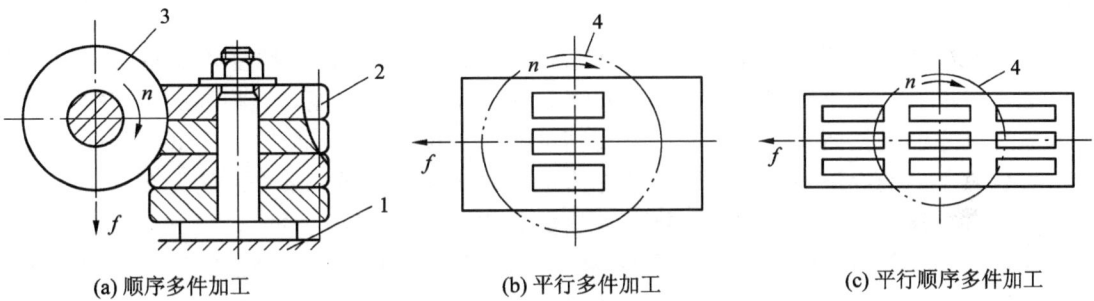

(a) 顺序多件加工　　　(b) 平行多件加工　　　(c) 平行顺序多件加工

图 6.4-2　多件同时加工方法

(2) 缩短辅助时间。当辅助时间为单件时间的 50%～70% 时，若用提高切削用量来提高生产率，不会取得大的效果，此时应考虑缩减辅助时间的方法。

① 采用高效夹具。如气动、液压、电动及多件夹紧等夹具，可减少装夹工件时间。

② 采用主动检验或数字显示自动测量装置，减少加工中的停机测量时间。

③ 将辅助时间与基本时间全部或部分地重合，如采用多工位夹具、回转工作台等措施。图 6.4-3 所示为转位(双工位)夹具加工，图 6.4-4 所示为立式铣床采用回转工作台进行连续加工，这样使工件的装卸时间完全和基本时间重合，可以间接减少辅助时间。

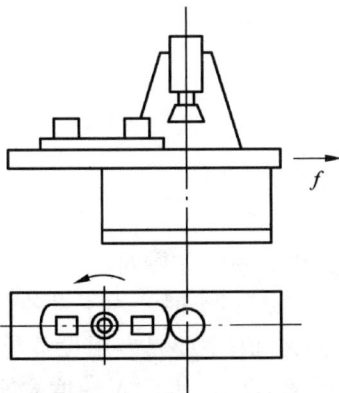

图 6.4-3　双工位夹具加工　　　图 6.4-4　回转工作台连续加工

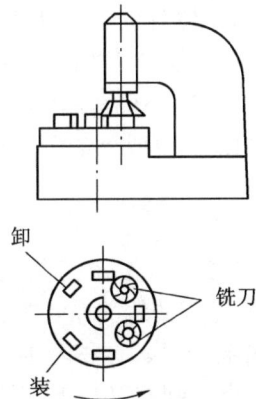

(3) 缩短布置工作地点时间。主要的措施有：提高刀具或砂轮的耐用度以减少换刀次数；采用刀具微调装置、专用对刀样板等可减少刀具调整时间；数控机床上也可采用机外

对刀仪机外调刀，省去了数控机床上的对刀时间；使用不重磨刀片，当刀刃磨损需换切削刀时只要通过松紧螺钉，更换标准刀片或刀片转位即可重新使用，缩短换刀时间。

(4) 缩短准备和终结时间。成批生产时尽量扩大工件的批量，减少分摊到每个工件上的准备终结时间。如采用成组技术或采用数控机床、液压仿形机床、顺序控制机床等。

2. 采用自动化生产方法

采用先进的毛坯制造方法，提高毛坯精度，减少切削加工的劳动量。采用少或无切削加工工艺，如滚压加工、特种加工等。在大批量生产中，采用组合机床、自动线加工；在单件小批、中批生产中，采用数控加工及成组加工，都可有效提高生产率。

6.4.3　工艺过程的技术经济分析

制订机械加工工艺过程时，在同样能满足被加工零件的加工精度和表面质量的要求下，通常可以有几种不同的加工方案来实现。其中有些方案可能具有很高的生产率，但设备和工夹具方面的投资较大，另一些方案则可能投资较节省，但生产率较低，因此，不同的方案就有不同的经济效果。为了选取在给定的生产条件下最经济合理的方案，对不同的工艺方案进行技术经济分析和评比就具有重要意义。

制造一个零件或一台产品所必需的一切费用的总和就是零件或产品的生产成本。这种制造费用实际上可分为与工艺过程有关的费用和与工艺过程无关的费用两类，其中，与工艺过程有关的费用约占 70%～75%。因此，对不同的工艺方案进行经济分析和评比时，就只需分析、评比它们与工艺过程直接有关的生产费用，即所谓工艺成本。工艺成本并不是零件的实际成本，它由两部分构成：可变费用和不变费用。前者包括材料费、操作费用、工人的工资、机床电费、通用机床折旧费和修理费、通用夹具和刀具费等与年产量有关并与之成正比的费用；后者包括调整工人的工资、专用机床折旧费和修理费、专用刀具和夹具费等与年产量的变化没有直接关系的费用，即当年产量在一定范围内变化时，这种费用基本上保持不变。因此，一种零件(或一道工序)的全年工艺成本 S 可用下式表示：

$$S = NV + C$$

式中：V——每个零件的可变费用(元/件)；

　　　　N——零件的生产纲领(件)；

　　　　C——全年的不变费用(元)。

因此，单件工艺(或一个工序)成本就是

$$S_i = V + \frac{C}{N}$$

可见，全年的工艺成本 S 与生产纲领 N 成线性正比关系，如图 6.4-5(a)所示；而单件工艺成本 S_i 与 N 成双曲线关系，如图 6.4-5(b)所示，即当 N 很小时，由于设备负荷很低，单件工艺成本 S_i 会很高。这种双曲线变化关系表明：当 C 值(主要是专用设备费用)一定时，若生产纲领较小，则 C/N 与 V 相比在成本中所占比重就较大，因此 N 的增大就会使成本显著下降，这种情况就相当于单件生产与小批生产；反之，当生产纲领超过一定范围，使 C/N 所占比重很小，此时就需采用生产效率更高的方案，使 V 减小，才能获得好的经济效果，这就相当于大量、大批生产的情况。

(a) 全年工艺成本与N的关系　　　(b) 单件工艺成本与零件年产量N的关系

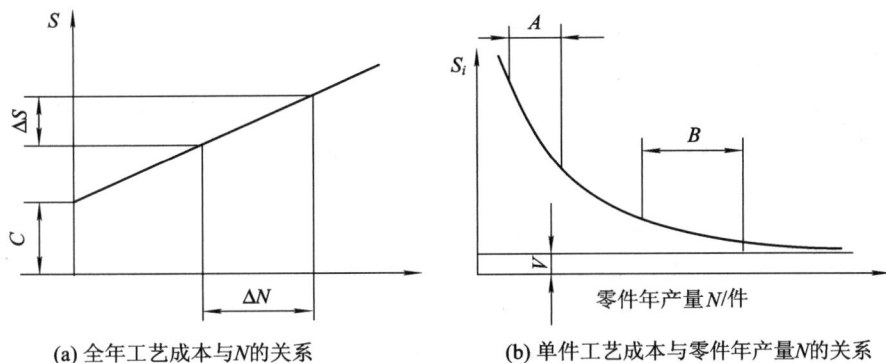

图 6.4-5　工艺成本与生产纲领 N 的关系

6.5　直齿圆柱齿轮的工艺规程设计

1. 零件图的分析

图 6.1-1 所示的直齿圆柱齿轮，由外圆柱面、内孔面、键槽、齿面和倒角等组成。根据工作要求，齿面、$\phi85$ mm 内圆柱面和左右两大端面为重要的加工表面。

铣削加工齿轮

2. 确定毛坯

根据齿轮工作要求及批量，毛坯选用锻造毛坯，尺寸取 $\phi240$ mm × 65 mm，毛坯上预制通孔 $\phi80$ mm。

3. 确定主要表面的加工方法

$\phi85$ mm 内圆柱面的公差等级为 IT6 级，表面粗糙度 Ra 为 1.6 μm，较小，需要磨削加工。内孔表面的加工方案为：粗车→半精车→磨削。

左右两端面对 $\phi85$ mm 内圆柱面的径向圆跳动公差分别为 0.02 mm 和 0.014 mm，表面粗糙度 Ra 为 1.6 μm，精度很高，需要磨削加工。尤其是 A 面，要作为滚齿加工时的定位基准。加工方案为：粗车→半精车→磨削，A 面需在一次装夹中和内孔一起磨出，再以 A 面为基准在平面磨床上磨削 B 面，以保证对孔的径向圆跳动要求。

齿轮的精度等级为 6 级，基节偏差为 0.006 mm，公法线变动量为 0.016 mm，齿向公差为 0.007 mm，齿形公差为 0.007 mm，以上精度均较高，需要采用滚齿机滚齿并磨齿。

4. 确定定位基准

该齿轮零件需要采用车削、滚齿和磨削等加工方法。车削时采用自定心卡盘装夹，以外圆柱面为定位基准。其他加工过程均采用 $\phi85$ mm 内圆柱面配合端面作为定位基准。

5. 划分加工阶段

对精度要求较高的零件，其粗、精加工应分开，以保证零件的质量。该直齿圆柱齿轮的加工总体上应划分为三个阶段：粗车、半精车和磨削。

6. 加工尺寸和切削用量

具体加工尺寸参见表 6.5-1 圆柱齿轮的机械加工工艺过程卡片的工序内容。

切削用量的选择，可根据加工情况由操作人员确定，一般可从《机械加工工艺手册》

或《切削用量手册》中选取。

7. 拟定工艺过程

为保证齿轮加工质量，机械加工前应安排正火处理，磨削前应安排钳工去毛刺并进行淬火处理。全部加工完成后安排检验工序。

（齿轮滚刀加工）

综上所述，该齿轮的加工路线为：

锻造→正火→粗车→半精车→滚齿→倒角→去毛刺→淬火→插键槽→磨削→检验

圆柱齿轮的机械加工工艺过程卡片见表 6.5-1。圆柱齿轮工序 10 的机械加工工序卡片见表 6.5-2。

表 6.5-1　圆柱齿轮的机械加工工艺过程卡片

机械加工工艺过程卡片		产品型号	YG026	零部件图号	YG026-0001			
		产品名称	织物强力机	零部件名称	阶梯轴	共 1 页		第 1 页
材料牌号	40Cr	毛坯种类	锻造	毛坯外形尺寸	$\phi240 \times 65$	每毛坯可制件数	1	每台件数	2

工序号	工序名称	工序工步内容	设备名称型号	工艺装备			工时	
				夹具	刀具	量具	准终	单件
1	锻毛坯	毛坯锻造$\phi240 \times 65$						
2	热处理	正火						
3	车	1. 夹 A 端，找正后： (1) 粗车、半精车 B 端面，留余量 0.3 mm，粗、粗车$\phi227$ mm 圆柱面至尺寸，倒角 (2) 粗镗、半精镗内孔，留磨削余量 0.3～0.4 mm 2. 调头夹 B 端，找正后： (1) 车 A 端面至总长 60.6 mm (2) 车$\phi110$ 外圆柱面至尺寸，保证大端长度 28.3 mm，倒角	车床	自定心卡盘	车刀	0～300 mm 游标卡尺		
4	磨	夹 B 端，靠台肩，磨内孔及 A 面至尺寸	内圆磨床	自定心卡盘	砂轮	内径千分尺0～100 mm，百分表		
5	磨	以 A 面为基准，磨 B 面至总长	平面磨床		砂轮	0～300 mm 游标卡尺，百分表		
6	滚齿	以 A 面和内孔定位滚齿，留磨齿余量 0.3 mm	滚齿机	专用夹具	齿轮滚刀	齿厚游标卡尺		
7	倒角	齿倒圆角，去毛刺	倒角机					
8	热处理	齿面高频感应淬火 52HRC						
9	磨齿	磨齿至图样尺寸	磨齿机	专用夹具	砂轮	公法线，千分尺		
10	插键槽	插键槽至图样尺寸	插床		插刀	0～125 mm 游标卡尺		
11	检验	检验						

编制	日期	编写	日期	校对	日期	审核	日期

表 6.5-2　直齿圆柱齿轮机械加工工序卡片

机械加工工序卡片	产品型号及规格	图号	名称	工序名称	工艺文件编号
	YG026 织物强力机	YG026-0001	直齿圆柱齿轮	插键槽	

<table>
<tr><td rowspan="10"></td><td colspan="2">材料牌号及名称</td><td colspan="2">毛坯外形尺寸</td></tr>
<tr><td colspan="2">40Cr</td><td colspan="2"></td></tr>
<tr><td>零件毛重</td><td>零件净重</td><td colspan="2">硬度</td></tr>
<tr><td></td><td></td><td colspan="2"></td></tr>
<tr><td colspan="2">设备型号</td><td colspan="2">设备名称</td></tr>
<tr><td colspan="2">B5032</td><td colspan="2">插床</td></tr>
<tr><td colspan="4">专用工艺装备</td></tr>
<tr><td colspan="2">名称</td><td colspan="2">代号</td></tr>
<tr><td colspan="2"></td><td colspan="2"></td></tr>
</table>

机动时间	单件工时定额	每台件数
15 min	60 min	
技术等级		切削液
		切削液或植物油

工序号	工步号	工序工步内容	刀具 名称规格	量检具 名称规格	切削速度 /(m/min)	切削深度 /mm	进给量 /(mm/r)	转速 /(r/min)
10	1	装夹，按线找正						
	2	粗插键槽至深度，两侧面留精加工量 1 mm	粗插刀	0~150 mm 游标卡尺，样板规	15	0.3		
	3	精插至尺寸	精插刀		15	0.1		

					编制	校对	会签	复制

修改标记	处数	文件号	签字	日期	修改标记	处数	文件号	签字	日期

6.6　齿轮类零件的检验方法

齿轮类零件的检验方法如表 6.6-1 所示。

表 6.6-1　齿轮类零件的检验方法

检验项目	示　图	检验工具	检验方法和计算
齿厚（弦齿厚）	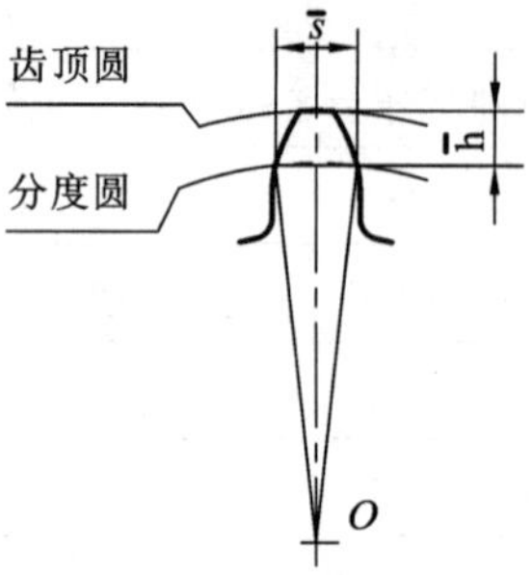 $\bar{s}$—弦齿厚 $\bar{h}$—弦齿高	齿轮游标卡尺或光学齿厚仪	齿厚是弧长尺寸，无法直接检验，它可以通过弦齿厚计算方法得到 $$\bar{h}=mz\sin\frac{90°}{z}$$ $$\bar{s}=m+\frac{mz}{2}\left(1-\cos\frac{90°}{z}\right)$$
齿厚（弦齿厚）及齿厚偏差 ΔE_s	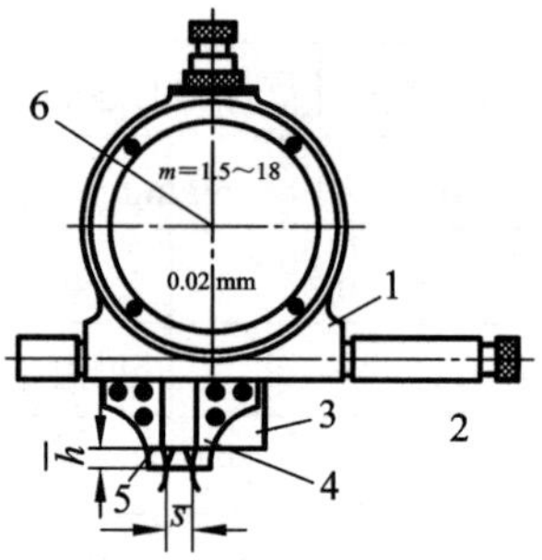 光学齿厚仪 1—主体；2—手轮； 3—定位板；4—活动量爪； 5—固定量爪；6—观察孔	齿轮游标卡尺或光学齿厚仪	即将齿轮卡尺垂直尺调整到 $\bar{s}$。水平尺的测量面贴住齿形看看是否是 $\bar{h}$ 左右，是否在公差范围之内
齿厚（固定弦齿厚）	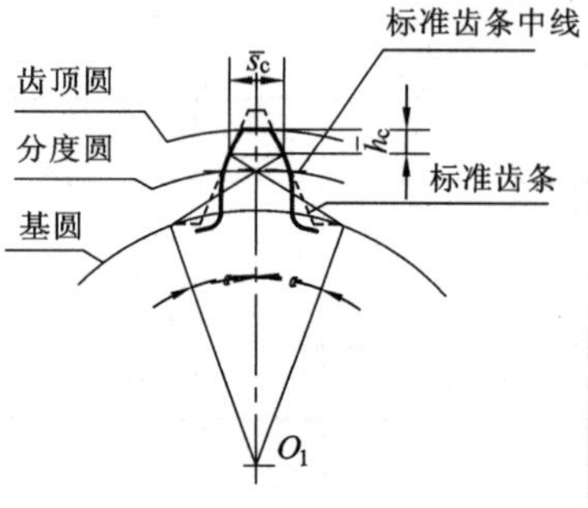 $\bar{s}_c$—固定弦齿厚 $\bar{h}_c$—固定弦齿高	齿轮游标卡尺或光学齿厚仪，齿轮卡尺	用固定弦齿厚和固定弦齿高检测法。 下表

压力角 α	固定弦齿厚 $\bar{s}_c$	固定弦齿高 $\bar{h}_c$
$14\frac{1}{2}°$	$1.4723m$	$0.80961m$
$15°$	$1.4656m$	$0.80365m$
$20°$	$1.38705m$	$0.74757m$
$22\frac{1}{2}°$	$1.34m$	$0.7223m$

检验项目	示　图	检验工具	检验方法和计算
齿厚（公法线长度代替）	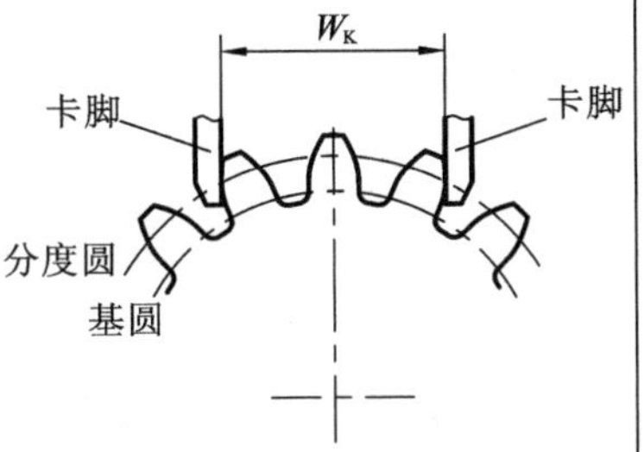	公法线长度千分尺或专用检测装置	将公法线长度千分尺的两个测量面插入几个齿(左图是 3 个齿)的齿间，慢慢地转动尺的活动套管，使测量面接触渐开线齿面，无间隙后测得公法线长度 W_k 的实际值。 表见下 检验时，必须在齿轮圆周上均匀分布的四个位置上进行，取其四次检验的平均值
公法线长度变动 ΔF_w		公法线长度千分尺或游标卡尺或专用量仪	公法线长度变动 ΔF_w 是指在同一齿轮上公法线的最大长度与最小长度之差。检验时必须在整个圆周上逐步依次进行才能得出公法线长度的最大和最小值，即 $$\Delta F_w = W_{kmax} - W_{kmin}$$
齿圈径向跳动 ΔF_r	 专用测量仪 1—拨动手柄；2—千分表架； 3—升降螺母；4—紧固螺钉； 5—滑动顶尖座；6—底座； 7—定位手柄；8—手轮	齿圈径向跳动测量仪，万能测齿仪	齿圈径向跳动可用专用测量仪检验(见左图)。使用时先按模数选择测量头($d = 1.68m$)，并将它安装在百分表上。被测齿轮安装在心轴上并放在两顶尖之间，用手轮 8 可使它轴向移动。接着使齿槽对准百分表上测量头，并让测量头进入齿槽，然后一齿一齿地检验。这样经过整圈齿槽检验后，就可知道齿圈的径向跳动量

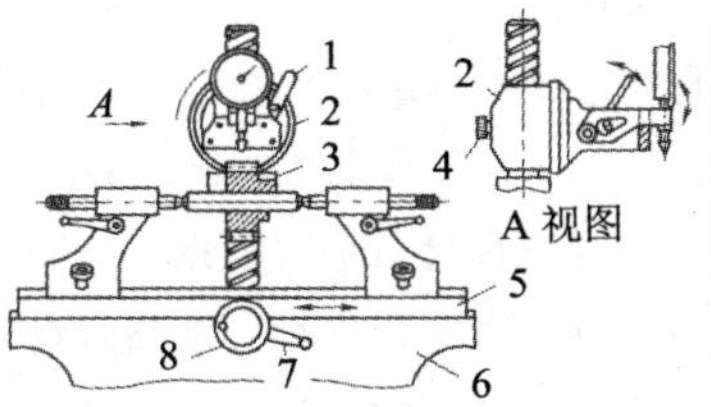

压力角 α	公法线长度计算公式 W_k	跨齿数计算公式 k
$14\frac{1}{2}°$	$m[3.0415(k-0.5)+0.00537z]$	$z/12+0.5$
$15°$	$m[3.0345(k-0.5)+0.00594z]$	$z/11+0.5$
$20°$	$m[2.9521(k-0.5)+0.014z]$	$z/9+0.5$
$22\frac{1}{2}°$	$m[2.9025(k-0.5)+0.01988z]$	$z/8+0.5$

检验项目	示　图	检验工具	检验方法和计算
齿圈径向跳动 ΔF_r	万能测齿仪 1—弓形支架；2—测量工作台； 3—螺旋支承轴； 4—测量径向跳动的附件	齿距仪或万能测齿仪	齿圈径向跳动也可以在万能测齿仪上进行。被测件在心轴上垂直安装在两顶尖之间。检测头安装在附件 4 上，然后一齿一齿地进行检验
基圆齿距偏差 Δf_{pb}	基圆齿距检查仪 M2-16 mm 1—微动螺杆；2—螺杆； 3—固定量爪；4—辅助支脚； 5—活动量爪	基圆齿距仪或万能测齿仪	活动量爪5通过杠杆和齿轮与指示表相联，旋转微动螺杆 1 可调节固定量爪 3 的位置。利用仪器附件和被测基圆齿距的公称值 pb 组合的量块组，调节量爪 3 与 5 之间的距离，并使指示表对零。 测量时将量爪 3 与辅助支脚 4 插入相邻齿槽，利用螺杆 2 调节辅助支脚 4 的位置，使它们与齿廓接触。两量爪与两相邻同侧齿廓接触后，指示表的读数即为实际基圆齿距与公称基圆齿距之差。 基圆齿距也可以在万能测齿仪上进行检验
齿形误差 Δf_f	1—基圆盘；2—被测齿轮； 3—直尺；4—杠杆； 5—丝杆；6—拖板 7—指示表	基圆盘式渐开线检查仪	被测齿轮 2 与基圆盘 1 装在同一心轴上，直径等于被测齿轮基圆直径 d_b 的基圆盘与装在拖板 6 上的直尺 3 相切。当丝杆 5 使拖板 6 移动时，直尺与基圆盘相互作纯滚动，量头与被测齿廓接触点相对于基圆盘的是理想渐开线。若被测实际齿廓不是理想渐开线，则杠杆 4 在弹簧作用下产生摆动，由指示表 7 读出其齿形误差

续表三

检验项目	示　　图	检验工具	检验方法和计算
齿向误差 ΔF_β	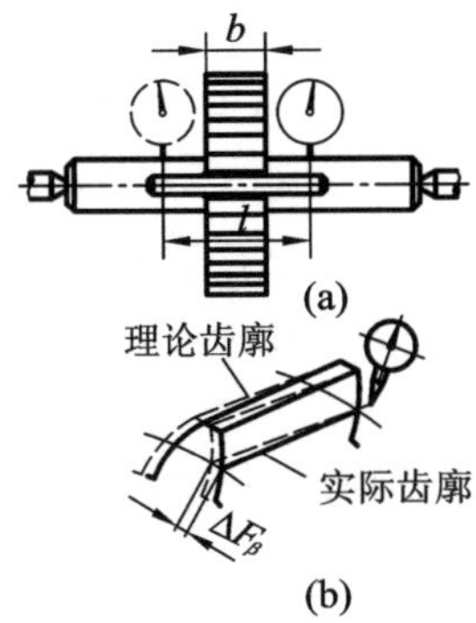 (a) 理论齿廓 实际齿廓 (b) b—被测齿宽(mm) l—检测长度(mm)	齿圈径向仪或两顶尖座检验工具	将精密圆棒放入齿槽(圆棒直径 $d_p = 1.68m$)，移动指示表架，测量圆棒两端 A、B 处的高度差 Δh $$\Delta F_\beta = \frac{b}{l}\Delta h$$
综合检验	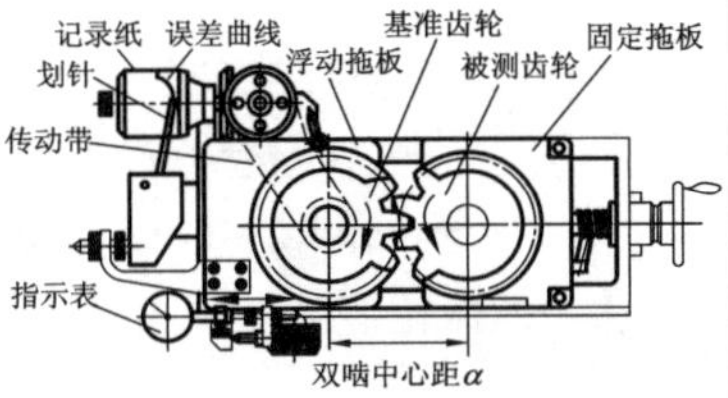 记录纸　误差曲线　基准齿轮　固定拖板 划针　　　　　浮动拖板　被测齿轮 传动带 指示表 双啮中心距 α	双面啮合检查仪	被测齿轮安装在固定板的心轴上，基准齿轮(其精度比被测齿轮高 2～3 级)安装在浮动板心轴上，在弹簧作用下，与被测齿轮作紧密无侧隙的双面啮合。使被测齿轮回转一周，双啮中心距 α 的变动将综合反映被测齿轮的各项误差。通过指示器读出或记录装置画出曲线误差。它可以检验径向综合误差 ΔF_i 和径向相邻齿综合误差 Δf_i
齿面接触斑点	正确  中心距太大  中心距太小  中线不平行 	万能齿轮检验仪或专用设备	齿面接触斑点可以在滚动检验机或其他专用设备上进行单面啮合试验。一般是在小齿轮齿面上涂一层极薄的红丹粉(或普鲁士蓝等)，经短时间对滚以后，根据啮合面上呈现的亮点的位置和面积判断其接触斑点是否符合要求。 　　一般在齿的高度上，接触面不少于 30%～50%；在齿的宽度上不少于 40%～70%。具体要看精度要求。 　　也有将被测齿轮装上产品后试验再看其啮合情况

续表四

检验项目	示　图	检验工具	检验方法和计算
模数	(一)	游标卡尺或外径千分尺和深度尺	从一个已知的齿轮中测模数。 【例】 有一直齿圆柱齿轮,测得: $d_a = 167.4$ mm,$h = 8.76$ mm,$z = 40$,求 m。 **解:** $m = h/2.25 = 8.76/2.25 = 3.89$ mm 又 $m = d_a/(z+2) = 167.4/(40+2) = 3.98$ mm 标准模数中只有 3.75 和 4 两种,看来 4 是符合的,即这个齿轮的模数 $m = 4$ mm
	(二)	游标卡尺或外径千分尺	有两根轴,一根轴上的齿轮存在,另一根轴上的齿轮丢失,要配一个已丢失的齿轮。 现测得两轴中心距为 50 mm,保存的齿轮 $d_a = 43.8$ mm,$h = 4.4$ mm,$z = 20$,按计算公式: $m = h/2.25 = 4.4/2.25 = 1.95$ mm $m = d_a/(z+2) = 43.8/(20+2) = 1.99$ mm $m = 2$ mm 又 $a = m(z_1 + z_2)/2$ $z_2 = 2a/m - z_1 = (2 \times 50)/2 - 20 = 30$ 已丢失的齿轮是:$m = 2$ mm,$z = 30$
奇数齿的齿顶圆直径	 $AB = d_a$ $BC = H$	游标卡尺	1. 用游标卡尺的刀口测量面测出尺寸 L 和 D_0,然后用下列公式: $$d_a = 2L + D_0$$ 2. 用外径千分尺或游标卡尺测出 H,并数出 z,然后用下列公式: $$d_a = \frac{H}{\cos\dfrac{90°}{z}}$$
斜齿圆柱齿轮分度圆螺旋角 β		外径千分尺,游标尺,量角器	在已有齿轮上检测螺旋角 β_0,将齿轮在白纸上滚出几牙印痕,然后用量角器测出角度 β_1。但 β_1 是齿顶圆上螺旋角,这时可以用下列公式: $$\cos\beta = \frac{2.25 d_a}{1.25 d_a + d_f}\cot\beta_1$$

注: 齿轮的几个主要尺寸(参数)也可以用万能工具显微镜检验。

习　题

1. 不同生产类型的条件下，齿坯加工是怎样进行的？如何保证齿坯内外圆同轴度及定位用的端面与内孔的垂直度？齿坯精度对齿轮加工精度有什么影响？

2. 编制如图 6-1 所示双联齿轮单件小批生产的加工工艺过程。

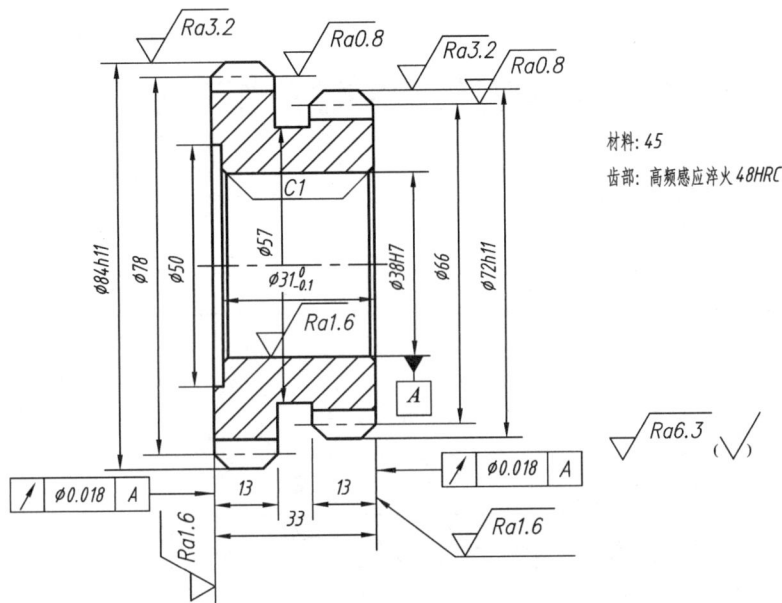

材料: 45
齿部: 高频感应淬火 48HRC

图 6-1　习题 2

3. 简述机械加工精度、加工误差的概念，以及它们之间的区别是什么？

4. 加工误差是怎样形成的？在工艺系统中产生加工误差的原因有哪些？

5. 什么是加工原理误差？举例说明造成加工原理误差的因素有哪些？

6. 什么是误差？主轴回转分为哪几种基本形式？对工件加工精度影响如何？

7. 机床导轨误差有哪几种，机床导轨误差怎样影响加工精度？

8. 何谓工艺系统刚度？影响机床部件刚度的因素有哪些？

9. 在机械加工中的工艺系统热源有哪些？试分析这些热源对机床、刀具、工件热变形的影响如何？

10. 机械的加工表面质量包括哪些内容？表面质量对零件使用性能有哪些影响？

11. 工件表面冷作硬化的影响因素有哪些？

12. 试述切削加工过程中影响表面粗糙度的因素及改善措施。

13. 制订工艺规程时，如何来提高劳动生产率？

项目七 数控加工工艺

7.1 过渡回转套的数控加工工艺

7.1.1 过渡回转套零件图

过渡回转套零件图如图 7.1-1 所示。

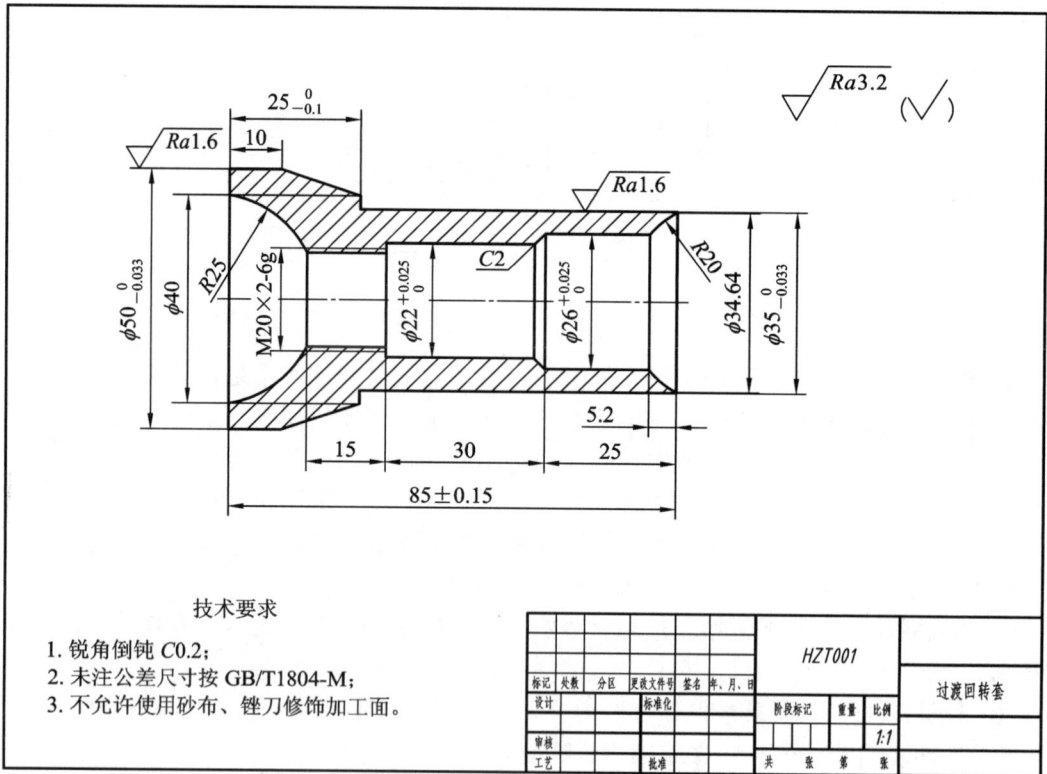

图 7.1-1 过渡回转套零件图

7.1.2 零件的工艺分析

1. 零件图分析

通过对零件图 7.1-1 进行分析，确定零件的加工内容、加工要求，初步确定各加工结构的加工方法。

1) 加工内容

如图 7.2-1 所示，该零件主要由外圆柱面、圆锥面、圆弧孔、内螺纹等结构组成，因为零件是回转体，毛坯可以选择棒料，尺寸为 $\phi55 \times 87$ mm，加工内容包括：$R40$ mm、$R20$ mm 圆弧孔；阶梯孔 $\phi26^{+0.025}_{0}$ 和 $\phi22^{+0.025}_{0}$；$M20 \times 2$-6g 内三角螺纹；孔内有 $C2$ 的 $45°$ 倒角，其余各个连接部位以锐角倒钝。

2) 加工要求

零件的主要加工要求：$\phi50^{0}_{-0.022}$ mm 外圆、$\phi35^{0}_{-0.022}$ 外圆及外圆锥面，表面粗糙要求较高，Ra 为 1.6 μm。通孔 $\phi26$ mm 和 $\phi22$ mm 尺寸公差要求较高，其他的一般加工要求可按自由尺寸公差等级 IT11～IT12 处理，表面粗糙度要求不高，与同两端内圆弧表面粗糙度要求相同($Ra = 3.2$ μm)；螺纹要求较高，用塞规检测其尺寸。

3) 各结构的加工方法

考虑到钻削应力对零件加工的影响，在加工前先将螺纹底孔 $\phi16$ mm 钻出，以减少零件应力变形。由于数控机床的自动化优势，可将右端 $\phi35$ mm 外圆和外圆锥同时加工，选择粗车→精车的方案；由于零件内孔的加工要求较高，$\phi22$ mm、$\phi26$ mm 孔径可选择钻中心孔→钻孔→粗镗(或扩孔) + 精镗的方法，螺纹确定孔径后，可以直接利用数控程序加工完成。

2. 数控车床

图 7.1-2 所示为 CK6140A 型数控车床外形图。

(1) 数控车床的结构：由床身、主轴箱、刀架进给机构、尾座、数控装置、润滑系统、冷却系统组成。

(2) 数控车床的分类：数控车床根据不同的分类方法有不同的种类，按主轴位置、数控系统、数控系统功能分以下几类。

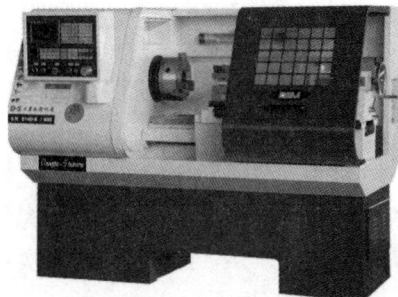

图 7.1-2 CK6140A 型数控车床外形图

按主轴位置分类：立式数控车床(见图 7.1-3)和卧式数控车床。卧式数控车床又分为水平导轨式和倾斜导轨式(见图 7.1-4)两种。

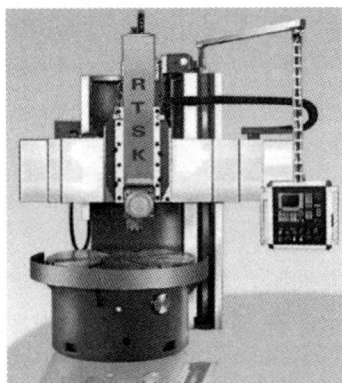

图 7.1-3 立式数控车床

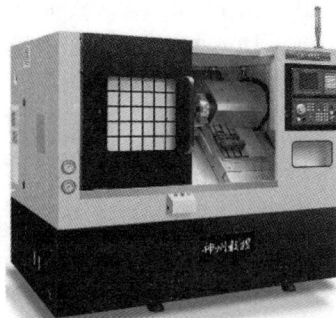

图 7.1-4 倾斜导轨式数控车床

按数控系统分类：FANUC(法那克)数控系统、SIEMENS(西门子)数控系统、华中数控系统、广州数控系统、三菱数控系统等。

按数控系统功能分类：经济型数控车床、普通数控车床和车削加工中心等。

(3) 数控车削加工过程：数控车床是用计算机控制数字化信号的机床。操作时将编制好的加工程序输入机床专用的计算机中，再由计算机指挥机床各坐标轴的伺服电动机去控制车床各部件运动的先后顺序、速度和移动量，并与选定的主轴转速相配合，车出各种形状不同的工件。数控车床加工过程如图 7.1-5 所示。

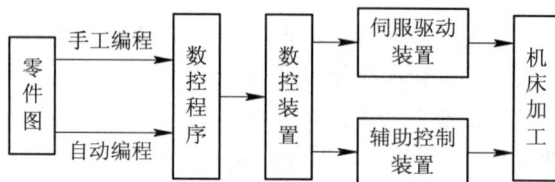

图 7.1-5　数控车床加工过程

本项目零件加工可选择 CK6140 数控车床加工，机床的数控系统为 FANUC-Mate-TC；主电机功率为 7.5 kW，主轴最高转速为 6000 r/min，主轴最大回转直径为 400 mm；Z 轴行程为 1.5 m。

3．数控车床刀具选择

针对不同的结构要素，可以选择不同的刀具，外圆与圆锥部分可选用机夹 93° 涂层刀具，通孔可以选用 93° 内偏刀，螺纹则选用内三角螺纹刀具。带有涂层的螺纹涂层刀具有更高的耐热性和切削加工性，可以用来粗精加工。

4．加工顺序的确定

按照基面先行、先面后孔、先粗后精的原则确定加工顺序。由零件图可知，套类零件具有钻孔加工要求，需要优先考虑材料的钻削力与塑性变形对零件的影响，优先钻孔。从装夹方面考虑，尽可能减少装夹次数，两次装夹即可完成零件加工，具体操作如下：

第一次装夹：

(1) 粗、精车 ϕ35 mm 外圆。

(2) 粗、精车 R20 mm 圆弧、ϕ26 mm、ϕ22 mm 孔径。

第二次装夹：

(1) 加持 ϕ35 外圆，粗、精车 ϕ50 外圆。

(2) 粗、精车 R25 圆弧及螺纹底孔 ϕ18 mm。

(3) 粗、精车 M20 × 2-6g 内螺纹。

5．确定装夹方案

在车加工当中，轴套类零件属于规则零件，可选用三爪自定心卡盘进行装夹，根据零件的结构特点，两次装夹即可完成零件加工。

第一次装夹：加工右端外圆及内孔，选用三爪卡盘夹紧，如图 7.1-6 所示。

第二次装夹：加工左端 ϕ50 mm 外圆轮廓及 R25 mm 内圆弧，最后加工内螺纹，如图 7.1-7 所示。

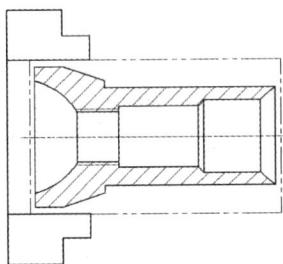

图 7.1-6 加工右端

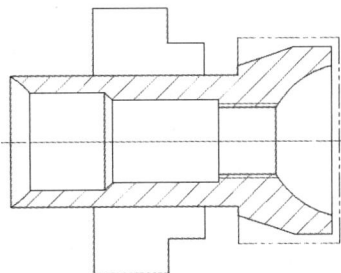

图 7.1-7 加工左端

6. 刀具与切削用量选择

该套类零件加工刀具与切削用量的选择工序卡片如表 7.1-1 所示。

表 7.1-1 数控加工刀具卡片

产品名称或代号			零件名称	过渡回转套	零件图号	HZT001	程序编号	
刀步号	刀具号	刀具名称	刀柄型号	刀具		补偿值	备注
				参数	长度		
1	T01	93°正偏刀	BVJNR2020K16	$R0.4$	125		
2	T02	镗孔刀	C16Q-SCLCR09	$R0.4$	200		
3	T03	中心钻	BT40-Z10-45	$\phi3$	128		
4	T04	麻花钻	BT40-M2-75	$\phi16$	150		
5	T05	内螺纹车刀	HNR0025S16	$\phi16$	200		
编制		审核	批准	年 月 日		共1页	第1页	

7. 过渡回转套的数控车削

过渡回转套的数控车削加工工序卡片如表 7.1-2 所示。

表 7.1-2 过渡回转套的机械加工工序卡片

机械加工工序卡片	产品型号及规格	图号	名称	工序名称	工艺文件编号
	GSC-00255	A4	过渡回转套	数控车削	GDHZT-1011

材料牌号及名称		毛坯外形尺寸
45 钢		$\phi55 \times 87$ mm
零件毛重	零件净重	硬度
0.45 kg	0.12 kg	HRC9
设备型号		设备名称
CK6140		数控车床
专用工艺装备		
名称		代号
卡盘		400
机动时间	单件工时定额	每台件数
3.5 h	4 h	1
技术等级		切削液
M 中等级		乳化液

工序号	工步号	工序工步内容	刀具号	刀具规格/mm	切削用量			
					主轴转速/(r/min)	切削速度/(m/s)	进给量/(mm/r)	背吃刀量/(mm)
1	1	夹持工件外圆,留出65 mm长,车平端面	T01	$\phi16 \times 125$	1200	2.9	0.2	1.3
2	2	钻$\phi16$ mm通孔	T04	$\phi16$	240	2.7	手动	8
3	3	粗车整体外轮廓$\phi35$ mm,长度尺寸60 mm、在Z向留精车余量0.1 mm	T01	$\phi16 \times 125$	1200	2.5	0.3	1.3
	4	精车整体外轮廓$\phi35$ mm,保证60 mm长度尺寸	T01	$\phi16 \times 125$	1600	3.1	0.12	0.5
4	5	粗车右端R20 mm圆弧、$\phi26$ mm、$\phi22$ mm以及C2倒角,长度预留0.1精车余量	T02	$\phi16 \times 125$	1200	2.8	0.3	1.3
	6	精车右端R20 mm圆弧、$\phi26$ mm、$\phi22$ mm以及C2倒角,按图纸要求控制各处长度	T02	$\phi16 \times 125$	1500	2.9	0.12	0.5
5	7	调头加持零件$\phi35$外圆,车削端面,控制总长85 mm	T01	$\phi16 \times 125$	1600	3.2	0.2	0.2
6	8	粗车R25 mm内圆弧、$\phi18$mm螺纹底孔,长度18 mm	T02	$\phi16 \times 125$	1400	3.1	0.2	0.3
	9	精车R25 mm内圆弧、$\phi18$mm螺纹底孔,长度18 mm	T02	$\phi16 \times 125$	1600	3.2	0.12	1.2
7	10	粗、精车M20 × 2-6g内螺纹	T05	$\phi16 \times 125$	600	2.4	2	0.2

修改标记	处数	文件号	签字	日期	修改标记	处数	文件号	签字	日期	编制	校对	会签	复制

8. 加工程序

(略)

7.2 端盖的数控加工工艺

7.2.1 端盖零件图

端盖零件图如图 7.2-1 所示。

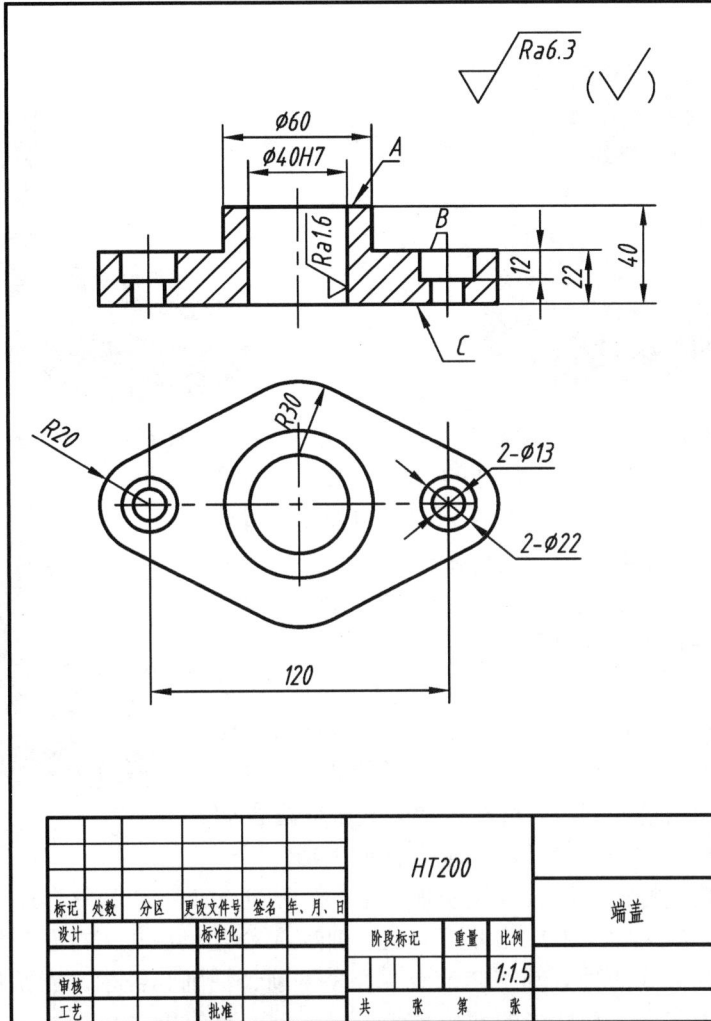

图 7.2-1　端盖零件图

7.2.2　数控机床

1. 数控铣床

数控铣床是用计算机控制数字化信号的铣床。

按机体主轴的布置形式及机床的布局特点，可将数控铣床分为数控立式铣床、数控卧式铣床和数控龙门铣床等。

(1) 数控立式铣床。如图 7.2-2 所示，数控立式铣床主轴与机床工作台面垂直，工件安装方便，加工时便于观察，但不便于排屑。数控立式铣床一般采用固定式立柱结构，工作台不可升降。主轴箱做上、下运动，通过立柱内的重锤平衡主轴箱的质量。为保证机床的刚性，主轴轴线距立柱导轨面的距离不能太大，因此这种结构主要用于中小尺寸的数控铣床。

(2) 数控卧式铣床。如图 7.2-3 所示，数控卧式铣床的主轴与机床工作台平面平行，尽管加工时不便于观察，但排屑顺畅。数控卧式铣床一般配有回转工作台，便于加工不同的侧面。

图 7.2-2　数控立式铣床

图 7.2-3　数控卧式铣床

(3) 数控龙门铣床。对于大尺寸的数控铣床，一般采用对称的双立柱机构，保证机床的整体刚性和强度，即数控龙门铣床，如图 7.2-4 所示。这种铣床有工作台移动和龙门架移动两种形式，适用于加工飞机整体结构体的零件、大型箱体零件和大型模具等。

2. 加工中心

加工中心是从数控铣床发展而来的。与数控铣床的最大区别在于加工中心具有自动交换加工刀具的能力，通过在刀库上安装不同用途的刀具，可在一次装夹中通过自动换刀装置改变主轴上的加工刀具，实现多种加工功能。

图 7.2-4　数控龙门铣床

加工中心按功能特征可以分为镗铣加工中心、钻削加工中心和复合加工中心。

(1) 镗铣加工中心。如图 7.2-5 所示，镗铣加工中心是机械加工行业应用最多的一类数控设备，有立式和卧式两种。其工艺范围主要是铣削、钻削和镗削。镗铣加工中心数控系统控制的坐标多为三个，高性能的数控系统可以达到五个或更多。

(2) 钻削加工中心。钻削加工中心的功能以钻削为主，其刀库形式以转塔头形式为主，适用于中、小批量零件的钻孔、扩孔、铰孔、攻螺纹及连续轮廓铣削等多工序加工。钻削加工中心如图 7.2-6 所示。

图 7.2-5　镗铣加工中心

图 7.2-6　钻削加工中心

（3）复合加工中心。在一台设备上可以完成车、铣、镗、钻等多种工序的加工中心称为复合加工中心，可代替多台机床实现多工序加工。这种方式既能减少装卸时间，提高机床生产率，减少半成品库存量，又能保证和提高几何精度。复合加工中心如图7.2-7所示。

图 7.2-7　复合加工中心　　　　　图 7.2-8　卧式加工中心

按主轴位置的不同，加工中心分为卧式加工中心、立式加工中心和五面加工中心。

（1）卧式加工中心。卧式加工中心如图7.2-8所示。卧式加工中心的是指主轴轴线为水平设置。卧式加工中心有固定柱式和固定工作台式。

（2）立式加工中心。立式加工中心如图7.2-9所示。立式加工中心的主轴轴线为垂直设置，其机构多为固定立柱式，工作台为十字滑台。

（3）五面加工中心。五面加工中心如图7.2-10所示。这种加工中心具有立式和卧式加工中心的功能，在工件的一次装夹后，能完成除安装面外的所有五个面的加工。这种加工方式可以使工件的几何误差降到最低，省去了二次装夹的工装，从而提高了生产率，降低了生产成本。

图 7.2-9　立式加工中心　　　　　图 7.2-10　五面加工中心

7.2.3　零件的工艺分析

1. 零件图分析

通过对零件图7.2-11进行分析，确定零件的加工内容、加工要求，初步确定各加工结构的加工方法。

1）加工内容

如图7.2-11所示，该零件主要由平面、孔系及外轮廓组成，因为毛坯是长方块体，尺寸为 170 mm × 110 mm × 50 mm，加工内容包括：$\phi40H7$ 的内孔；阶梯孔 $\phi13$ mm 和 $\phi22$ mm；A、B、C3 个平面；$\phi60$ mm 外圆轮廓；安装底板的菱形并用圆角过渡的外轮廓。

2) 加工要求

零件的主要加工要求：$\phi40H7$ 内孔的尺寸公差为 H7，表面粗糙要求较高($Ra=1.6\,\mu m$)。其他的一般加工要求为阶梯孔 $\phi13$ mm 和 $\phi22$ mm 只标注了基本尺寸，可按自由尺寸公差等级 IT11、IT12 处理，表面粗糙度要求不高($Ra=12.5\,\mu m$)；平面与外轮廓表面粗糙度($Ra=6.3\,\mu m$)。

3) 各结构的加工方法

由于 $\phi40H7$ 内孔的加工要求较高，拟选择"钻中心孔→钻孔→粗镗(或扩孔)→半精镗→精镗"的方案。阶梯孔 $\phi13$ mm 和 $\phi22$ mm 可选择"钻孔→锪孔"方案。A、C 两个平面可用面铣刀粗铣＋精铣的方法。C 面和 $\phi60$ 外圆轮廓可用立铣刀粗铣和精铣同时加工。菱形和圆角过渡的外轮廓亦可用立铣刀粗铣＋精铣加工。

2．数控机床选择

零件加工的机床选择数控立式升降台铣床，机床的数控系统为 FANUC0-MD；主轴电机容量为 5.5 kW；主轴变频调整变速范围为 100～6000 r/min；工作台面积为 800 mm(长)×450 mm(宽)；Z 轴行程为 500 mm；铣削进给速度范围为 1～5000 mm/min；工作台允许最大承载为 600 kg。选用的机床能够满足本零件的加工。

3．加工顺序的确定

按照基面先行、先面后孔、先粗后精的原则确定加工顺序。由零件图可知，零件的高度 Z 向基准是 C 面，长、宽方向的基准是 $\phi40H7$ 的内孔的中心轴线。从工艺的角度看，C 面也是加工零件各结构的基准定位面，因此，在对各个加工内容加工的先后顺序的排列中，第一个要加工的面是 C 面，且 C 面的加工与其他结构的加工不可以放在同一个工序。

$\phi40H7$ 的内孔的中心轴线又是底板的菱形并圆角过渡的外轮廓的基准，因此它的加工应在底板的菱形外轮廓的加工之前。考虑到装夹的问题，$\phi40H7$ mm 的内孔和底板的菱形外轮廓也不宜在同一次装夹中加工。

按数控加工应尽量集中工序加工的原则，可把 $\phi40H7$ 的内孔，阶梯孔 $\phi13$ mm 和 $\phi22$ mm，A、B 两个平面、$\phi60$ 外圆轮廓在一次装夹中加工出来。这样以装夹次数为划分工序的依据，则该零件的加工主要分 3 个工序：加工 C 面；加工 A、B 两个平面，$\phi40H7$ 的内孔，阶梯孔 $\phi13$ 和 $\phi22$；加工底板的菱形外轮廓。

在加工 $\phi40H7$ 的内孔、阶梯孔 $\phi13$ 和 $\phi22$，及 A、B 两个平面的工序中，根据先面后孔的原则，又宜将 A、B 两个平面及 $\phi60$ 外圆轮廓的加工放在孔加工之前，且 A 面加工在前。至此零件的加工顺序基本确定，总结如下：

(1) 第一次装夹：加工 C 面。

(2) 第二次装夹：加工 A 面→加工 B 面及 $\phi60$ 外圆轮廓→加工 $\phi40H7$ 的内孔、阶梯孔 $\phi13$ 和 $\phi22$。

(3) 第三次装夹：加工底板的菱形外轮廓。

4．确定装夹方案

根据零件的结构特点，第一次装夹加工 C 面，选用平口虎钳夹紧。

第二次装夹加工 A 面、B 面及 $\phi60$ mm 外圆轮廓,加工 $\phi40H7$ 的内孔、阶梯孔 $\phi13$ mm 和 $\phi22$ mm 时亦选用平口虎钳夹紧。注意工件要高出钳口 25 mm 以上,下面用垫块,垫块的位置要适当,应避开钻通孔加工时的钻头伸出的位置。

铣削底板的菱形外轮廓时,采用典型的一面两孔定位方式,即以底面、$\phi40H7$ 和一个 $\phi30$ mm 孔定位,用螺母压紧的方法夹紧工件。测量工件零点偏置时,应以 $\phi40H7$ 已加工孔面为测量面,用主轴上装百分表找 $\phi40H7$ 的孔心的机床 X、Y 机械坐标值为工件 X、Y 向的零点偏置值。装夹方式如图 7.2-12 所示。

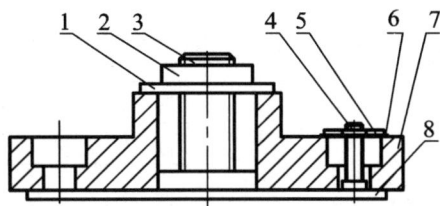

1—开口垫圈;2—压紧螺母;3—螺纹圆柱销;4—螺纹削边销;

5—辅助压紧螺母;6—垫圈;7—工件;8—垫块

图 7.2-12 外轮廓铣削装夹方法

5. 刀具与切削用量选择

该零件孔系加工的刀具卡片如表 7.2-1 所示。

表 7.2-1 数控加工刀具卡片

产品名称或代号			零件名称	端盖	零件图号		程序编号	
刀步号	刀具号	刀具名称	刀柄型号	刀具			补偿值	备注
				直径	长度			
1	T01	硬质合金面铣刀	BT40-XM33-75	$\phi160$	180			
2	T02	硬质合金立铣刀	JT40-MW4-85	$\phi63$	200			
3	T03	中心钻	BT40-Z10-45	$\phi3$	128			
4	T04	麻花钻	BT40-M2-75	$\phi38$	200			
5	T05	镗刀 25×25	BT40-TQC50-180	$\phi39.95$	320			
6	T06	镗刀 25×25	BT40-TQC50-180	$\phi40$	320			
7	T07	麻花钻	BT40-M1-50	$\phi13$	200			
8	T08	锪钻	BT40-M2-50	$\phi22$	200			
编制		审核		批准		年 月 日	共 1 页	第 1 页

6. 端盖的机械加工工序卡片

端盖机械加工工序卡片如表 7.2-2 所示。

7. 加工程序

(略)

表 7.2-2　端盖的机械加工工序卡片

机械加工工序卡片	产品型号及规格	图号	名称	工序名称	工艺文件编号
			端盖	数控铣削	

材料牌号及名称		毛坯外形尺寸
HT200		165 mm × 105 mm × 45 mm
零件毛重	零件净重	硬度
设备型号		设备名称
XK7145A		数控铣床
专用工艺装备		
名称		代号
机动时间	单件工时定额	每台件数
技术等级		切削液

工序号	工步号	工序工步内容	刀具号	刀具规格/(mm)	切削用量			
					主轴转速/(r/min)	切削速度/(m/mim)	进给量/(mm/min)	背吃刀量/(mm)
01	1	粗铣定位基准面(底面)	T01	φ160	180		300	4
	2	精铣定位基面	T01	φ160	180		150	0.2
	3	粗铣上表面	T01	φ160	180		300	5
	4	精铣上表面	T01	φ160	180		150	0.5
	5	粗铣φ160 mm 外圆及其台阶面	T02	φ63	360		140	5
	6	精铣φ160 mm 外圆及其台阶面	T02	φ63	360		80	0.5
	7	钻 3 个中心孔	T03	φ3	2000		80	3
	8	钻φ40H7 底孔	T04	φ38	200		40	19
	9	粗镗φ40H7 内孔表面	T05	25 × 25	400		60	0.8
	10	精镗φ40H7 内孔表面	T06	25 × 25	500		30	0.2
	11	钻 2-φ13 mm 螺孔	T07	φ13	500		70	6.5
	12	锪孔 2-φ22	T08	φ22 × 14	350		40	4.5
	13	粗铣外轮廓	T02	φ63	360		140	11
	14	精铣外轮廓	T02	φ63	360		80	22

						编制	校对	会签	复制
修改标记	处数	文件号	签字	日期	修改标记	处数	文件号	签字	日期

习 题

编写下面各零件的数控加工工艺。

(1) 丝杆，如图 7-1 所示。

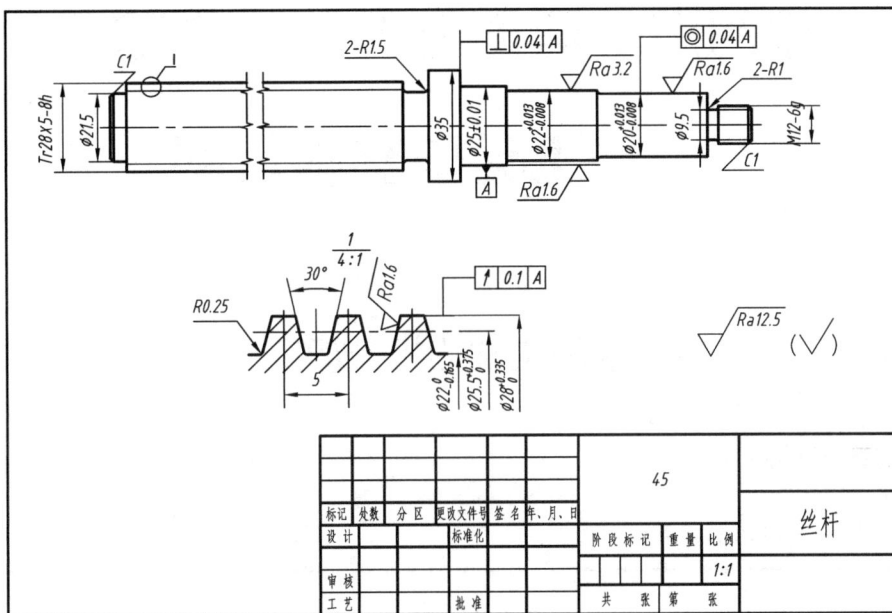

图 7-1

(2) 剪刀滑板，如图 7-2 所示。

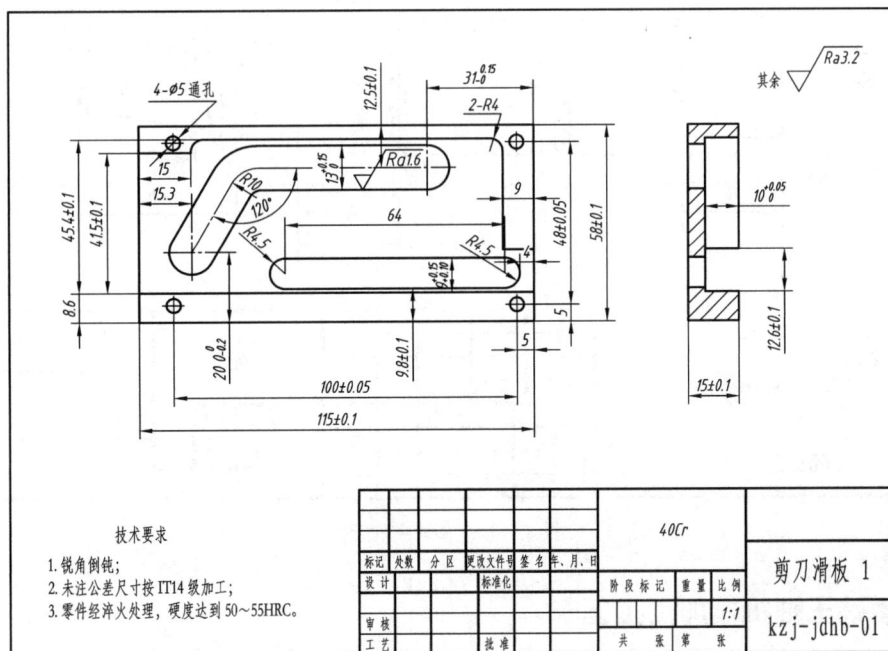

技术要求

1. 锐角倒钝；
2. 未注公差尺寸按 IT14 级加工；
3. 零件经淬火处理，硬度达到 50～55HRC。

图 7-2

项目八 其他零件的机械加工

工艺与检验示例

8.1 渗碳主轴的机械加工工艺

8.1.1 渗碳主轴图

渗碳主轴图如图 8.1-1 所示。

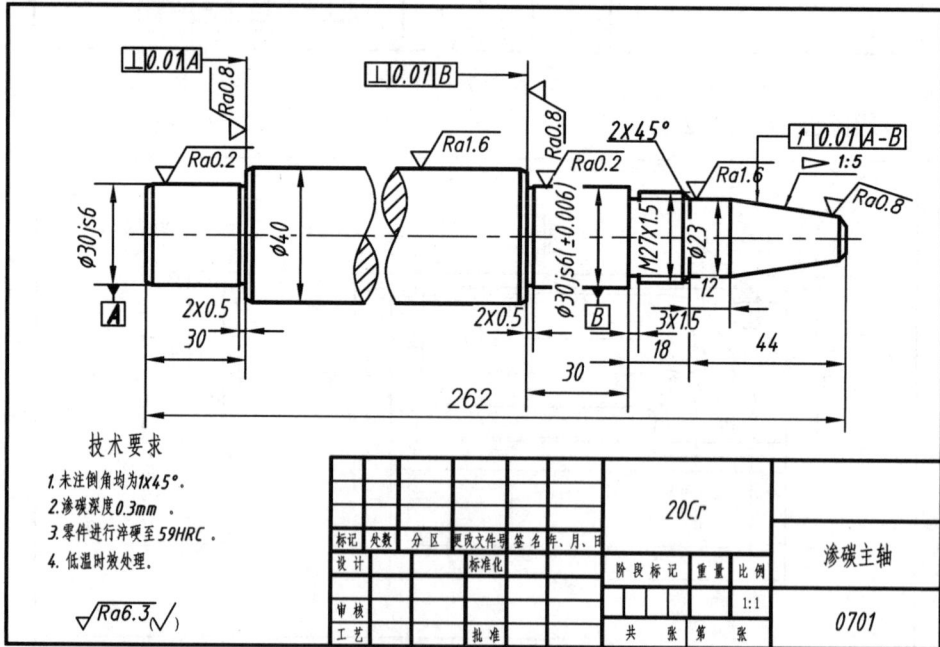

图 8.1-1 渗碳主轴图

8.1.2 渗碳主轴机械加工工艺卡

渗碳主轴机械加工工艺过程卡片见表 8.1-1。

表 8.1-1　渗碳主轴机械加工工艺过程卡片

机械加工工艺过程卡片		产品型号		零部件图号	0701			
		产品名称		零部件名称	渗碳主轴	共 1 页		第 1 页

材料牌号	20Cr	毛坯种类	棒料	毛坯外形尺寸	$\phi45\times270$	每毛坯可制件数	1	每台件数	1

工序号	工序名称	工序工步内容	设备名称型号	工艺装备			工时	
				夹具	刀具	量具	准终	单件
1	车	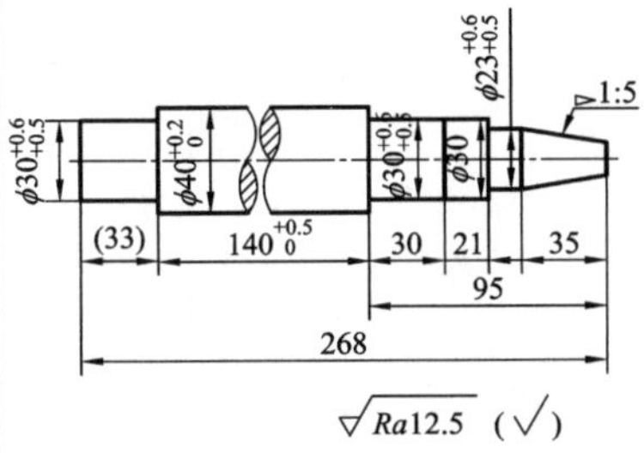 按上图车至尺寸： 1. 各级需磨削外圆对中心孔径向圆跳动小于 0.1 2. 1：5 锥度用涂色检验，接触面大于 50%	车床	三爪卡盘，顶尖	90°外圆车刀，45°端面车刀，中心钻	游标卡尺		
2	热处理	渗碳并校直，要求各级需磨削外圆对中心孔径向圆跳动小于 0.2						
3	车	一端夹住，另一端用中心架： 1. 平左端面，修正中心孔 2. 平右端面取总长 262，修正中心孔 3. 车 M27×1.5 螺纹外圆至 $\phi28$(螺纹不车)，长度控制在 21 4. 切槽 2-2×0.5 至尺寸 5. 倒角 1×45°	车床	三爪卡盘，顶尖，中心架	90°外圆车刀，45°端面车刀，切槽刀	游标卡尺		
4	热处理	淬硬至 59HRC						
5	研	研磨两端中心孔						

工序号	工序名称	工序工步内容	设备名称型号	工艺装备			工时	
				夹具	刀具	量具	准终	单件
6	磨	1. 磨ϕ40 外圆至尺寸 2. 粗磨 2-ϕ30js6 外圆至ϕ30$_{0.20}^{0.25}$ 3. 粗磨ϕ23 外圆至ϕ23$_{0.20}^{0.25}$ 4. 粗磨 1∶5 锥度	外圆磨床	三爪卡盘,双顶尖,中心架		千分尺		
7	热处理	低温时效,消除内应力						
8	车	一顶一夹安装,校正 2-ϕ30 外圆径向跳动小于 0.05 1. 切槽 3×1.1 2. 车零件图中标 M27×1.5 的这段外圆至ϕ27$_{-0.24}^{0}$ 3. 车螺纹	车床	三爪卡盘,顶尖,中心架	切槽刀,螺纹刀,外圆车刀	游标卡尺		
9	研	研磨两端中心孔						
10	磨	1. 磨ϕ23 外圆至要求尺寸 2. 精磨 2-ϕ30js6($\pm$0.0065)至要求尺寸 3. 磨端面(注意垂直度) 4. 精磨 1∶5 锥度至要求,用锥套检查,接触面≥70%	外圆磨床	三爪卡盘,双顶尖,中心架		千分尺锥套		
11	钳	清洗涂防锈油						

编制		日期		编写		日期		校对		日期		审核		日期	

8.1.3　丝杆(螺纹)类零件的检验方法

丝杆(螺纹)类零件的检验方法见表 8.1-2。

表 8.1-2　丝杆(螺纹)类零件的检验方法

检验项目	示　图	检验工具	检验方法和计算
综合检测	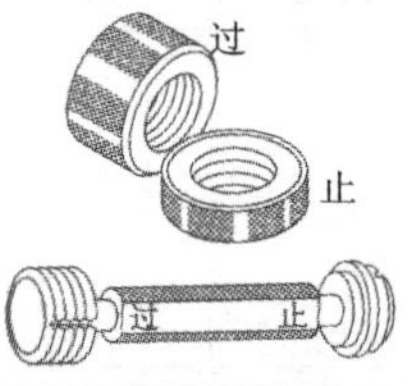	量规(检测外螺纹的称为环规;检测内螺纹的称为塞规)	用螺纹量规检测是一种综合测量法,它同时检测了螺纹的几个参数,即螺纹的作用中径、螺距和牙形半角。 过端的牙形完整;止端的牙形截短不完整,工作长度缩短到 2~3.5 牙

检验项目	示　图	检验工具	检验方法和计算
分项检测（螺距）	（一） 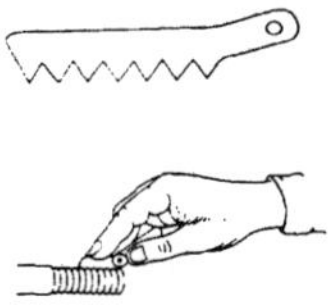	卡规	把卡规做成薄片状，每片一种螺距，把几种常用的螺距叠在一起，应用时只要拉出一片去检测螺距。当卡规上的几个螺距与被测件螺纹牙完全重合时才算螺距正确
	（二） 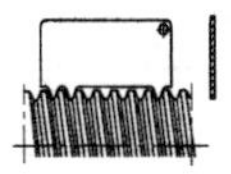	样板	专用样板，适用于一种螺距检验，多用于检验传动用螺纹的螺距
	（三） 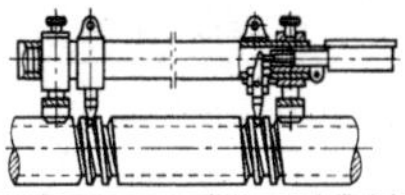	专用装置	用于检验精度较高的螺距。这一装置用两个V形块定位，以丝杠外径作基准，将两个测量头(可移动)插入螺槽，百分表就可表示出误差值
牙形角（或半角）	（一） 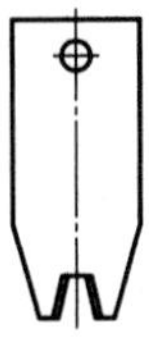	样板	用样板检验(透光)牙形角
	（二） 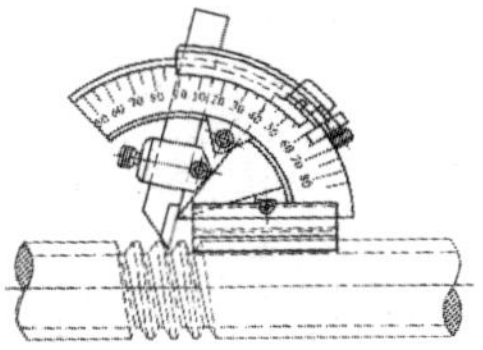	量角器	用量角器检验牙形半角。在量角器上安装一个V形块，以丝杆外径定位进行检验
中径	（一） 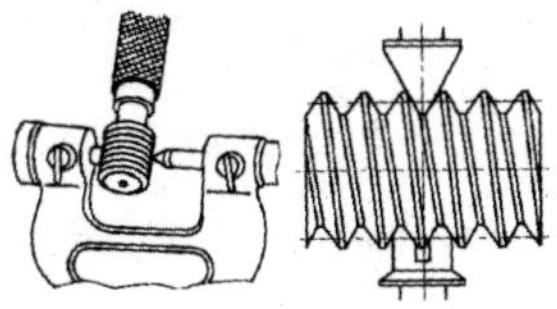	螺纹百分尺	适用于检验螺距较小的普通螺纹($P=0.4\sim6$ mm)的中径。螺纹千分尺的两个测量头可以调换
	（二） 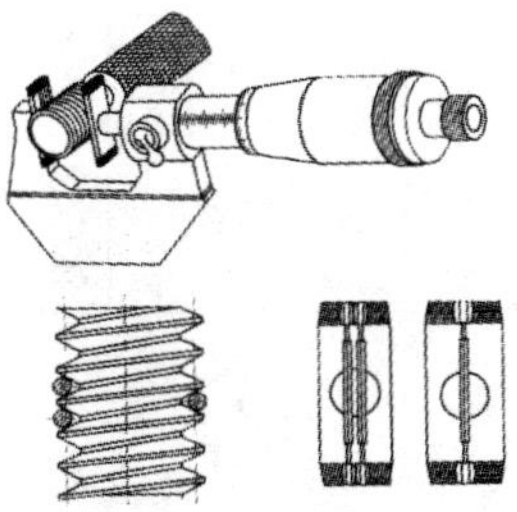	三针检测千分尺，公法线长度千分尺，三根钢针	$d_2 = M - D\left[1 + \dfrac{1}{\sin\dfrac{\alpha}{2}}\right] + 0.5P\cot\dfrac{\alpha}{2}$ d_2—螺纹中径(mm) M—千分尺量得的尺寸(mm) D—钢针直径(mm) α—螺纹牙型角(°) P—螺纹螺距

检验项目	示　图	检验工具	检验方法和计算
中径	（三） 双针检验法	公法线长度千分尺，钢针	双针检验法适用于直径大于 100 mm 或螺纹圈数很少，不便放三针的情况下。 牙型角 60° ： $d_2 = M - \dfrac{P^2}{8(M-D)} - 3D + 0.866P$ 牙型角 55° ： $d_2 = M - \dfrac{P^2}{8(M-D)} - 3.1657D + 0.9605P$ 牙型角 30° ： $d_2 = M - \dfrac{P^2}{8(M-D)} - 4.864D + 1.866P$
	（四） 单针检验法	公法线长度千分尺，钢针，平板	单针检验法适用于直径较大的螺纹，检验时以螺纹大径作为基准。为消除大径、中径的圆度和螺纹的偏心误差对检验结果的影响，可在 180° 方向各测一次 M 值，取其算术平均值。 牙型角 60° ： $d_2 = 2M - d_实 - 3D + 0.866P$ 牙型角 55° ： $d_2 = 2M - d_实 - 3.1657D + 0.9605P$ 牙型角 30° ： $d_2 = 2M - d_实 - 4.864D + 1.866P$ $d_实$—加工后的螺纹实际大径
法向牙厚	h_1—牙顶高(mm) S_n—法向牙厚(mm) ψ—螺纹升角(°)； P—螺纹螺距(mm)	齿厚游标卡尺	垂直尺 1 按螺纹牙牙顶高 h_1 调整，水平尺 2 按法向牙厚调整，沿 n—n 方向检验螺纹牙厚。 $h_1 = 0.25P$ $S_n = \dfrac{P}{2}\cos\psi$

8.1.4　锥度和角度类零件的检验方法

锥度和角度类零件的检验方法见表 8.1-3。

表 8.1-3　锥度和角度类零件的检验方法

检验项目	示　图	检验工具	检验方法和计算
圆锥零件的锥度和尺寸	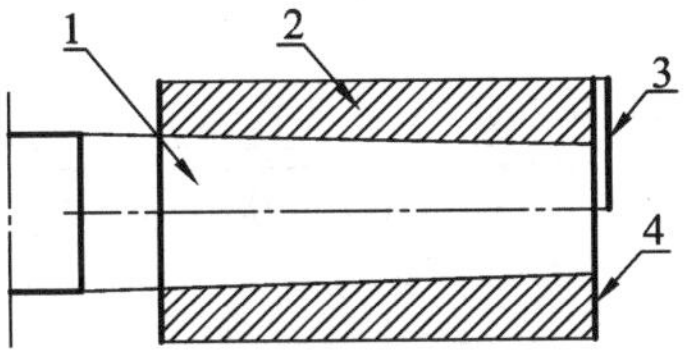 1—量规； 2—被测件； 3、4—量规的界限线	圆锥 量规 红丹粉或蓝油	圆锥零件应检验锥度和尺寸两个方面。 　检验锥度时，先在锥体的外表面沿轴线涂上红丹粉或蓝油三条(检测外锥体时涂在被测件上；检测内锥体时涂在量规上)，然后把量规与被测件轻轻研合，并相对转动 1/4～1/3 转后分开，看它们的接触是否良好(一般接触应在 70% 以上)。如果符合要求，再检验被测件的尺寸
	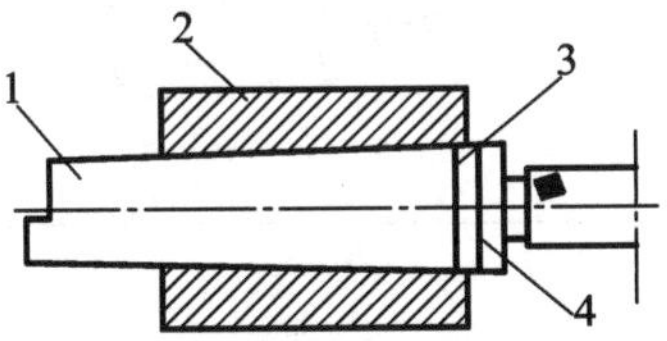	圆锥 量规 红丹粉或蓝油	检验尺寸时，如果被测件是外锥体，则被测件端面应处在量规端面 3 和 4 之间才算合格
圆锥体锥角	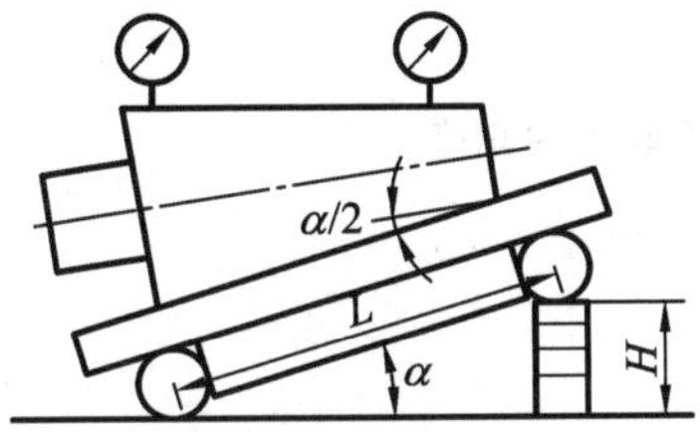 α—圆锥体锥度(°) L—正弦规中心距(mm) H—所垫量块高度(mm)	正弦规 百分表 量块 平板	$$\sin\alpha = \frac{H}{L}$$ $$H = L\sin\alpha$$
圆锥体斜角	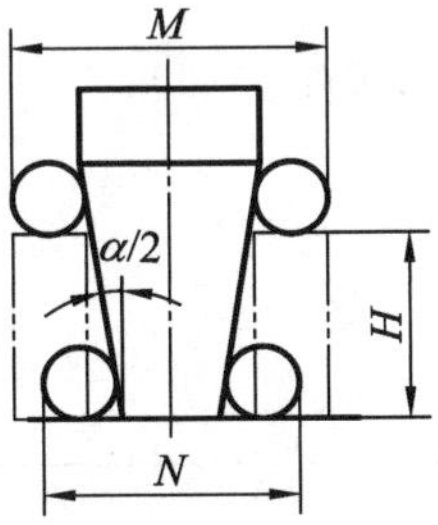	量块 圆柱 千分尺 平板	$$\tan\frac{\alpha}{2} = \frac{M-N}{2H}$$
圆锥体小端直径	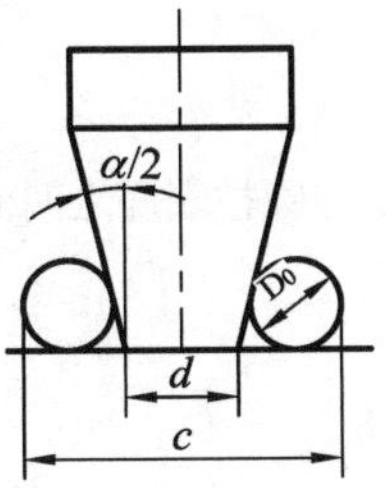	圆柱 千分尺 平板	$$d = c - D_0 - D_0\cot\frac{90° - \dfrac{\alpha}{2}}{2}$$

续表一

检验项目	示　图	检验工具	检验方法和计算
圆锥孔斜角	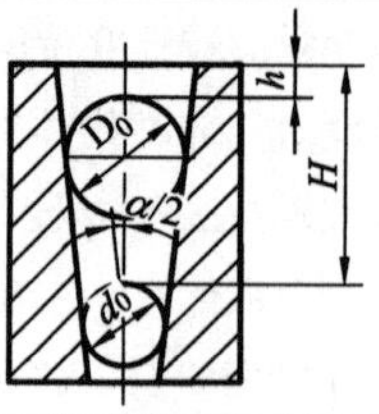	钢球 深度尺 平板	$\sin\dfrac{\alpha}{2}=\dfrac{D_0-d_0}{2(H-h)-(D_0-d_0)}$
圆锥孔大端直径	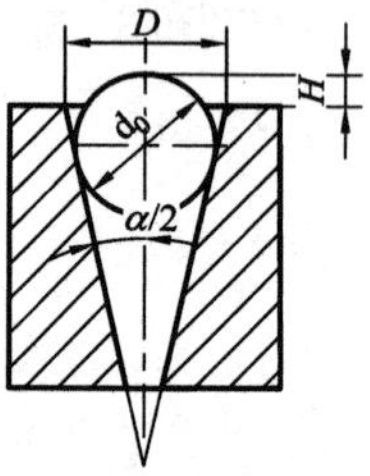	钢球 高度尺 平板	$D=2\left(\dfrac{d_0}{2\sin\dfrac{\alpha}{2}}+\dfrac{d_0}{2}-h\right)\tan\dfrac{\alpha}{2}$
顶尖角度	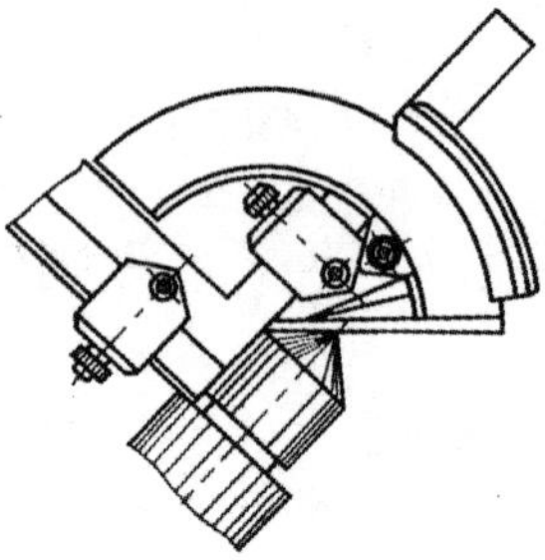	量角器 角尺 直尺	检验顶尖角度
圆锥体锥角	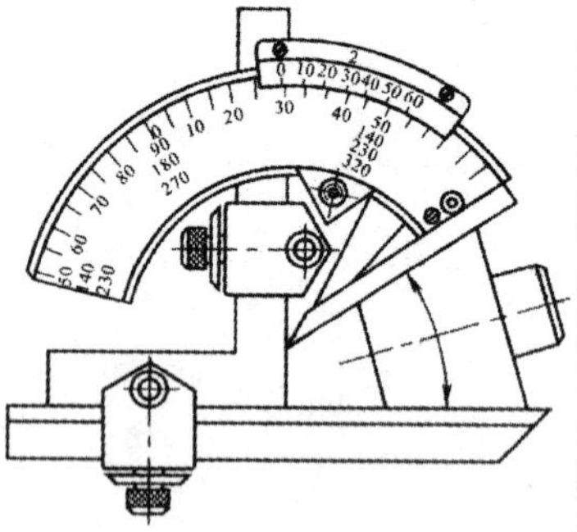	量角器 角尺 直尺	检验锥度零件
圆锥面与轴表面夹角	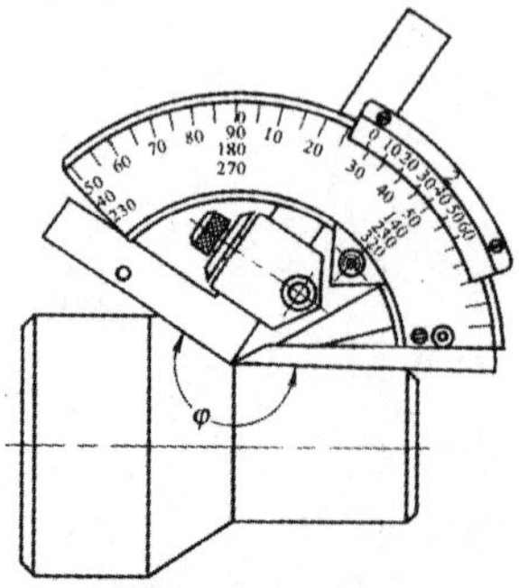	量角器 角尺	检验锥面与圆柱表面之间的角度

检验项目	示 图	检验工具	检验方法和计算
锥齿轮齿坯角度	（一） 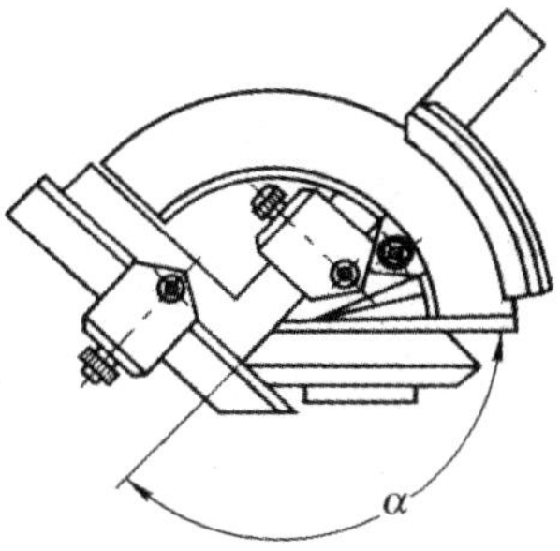 	量角器 角尺 直尺	检验锥齿轮齿坯的角度
	（二） 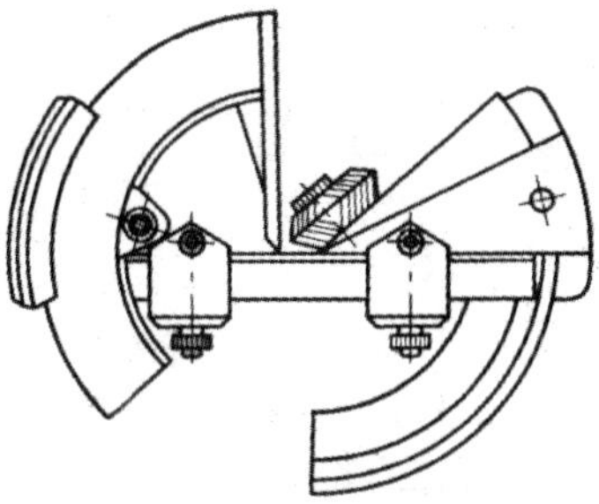 	量角器 直尺	检验锥齿轮齿坯的角度
样板角度	（一） 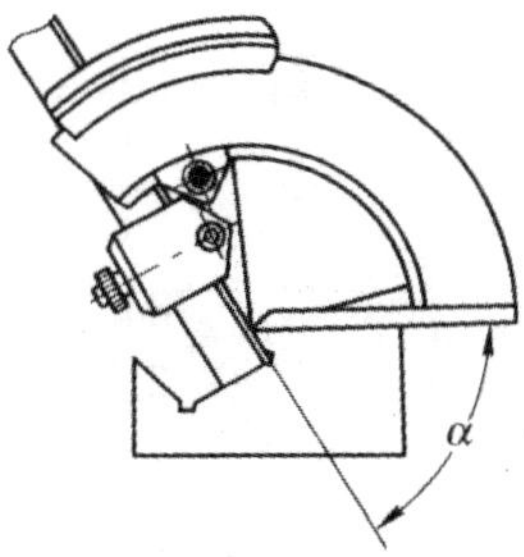 	量角器 直尺	检验样板零件的角度
	（二） 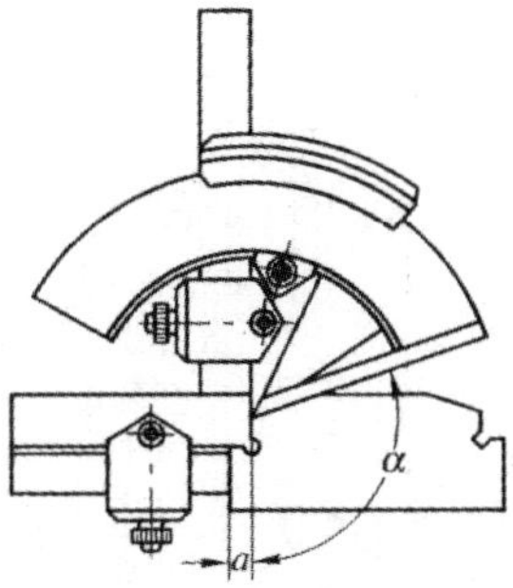 	量角器 角尺 直尺	检验样板零件的角度

检 验项 目	示　　图	检验工具	检验方法和计算
燕尾块角度	(一) 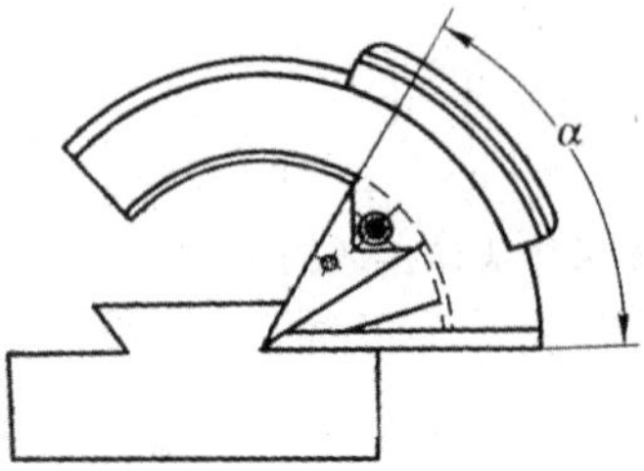	量角器	检验燕尾块的角度
	(二) 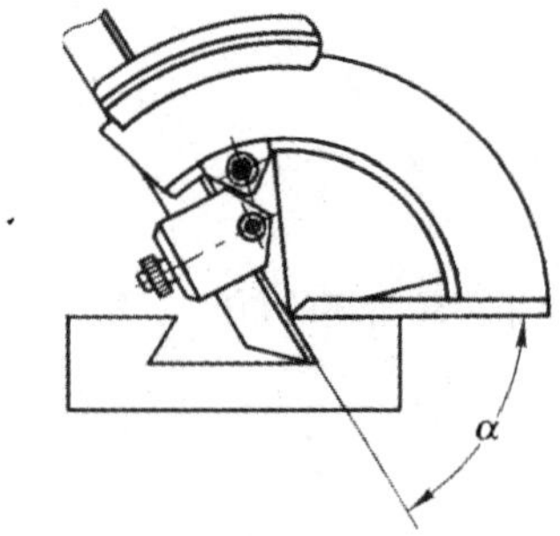	量角器 直尺	检验燕尾槽的角度
燕尾尺寸	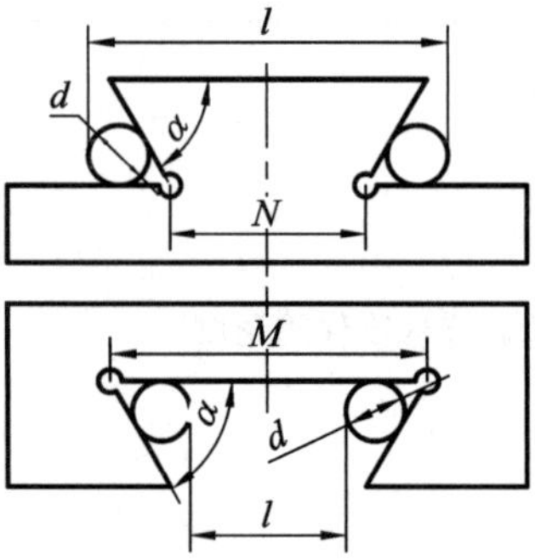	圆柱 外径千分尺	燕尾块： $$N = l - d\left(1 + \cot\frac{\alpha}{2}\right)$$ 燕尾槽： $$M = l + d\left(1 + \cot\frac{\alpha}{2}\right)$$
斜孔与边的距离	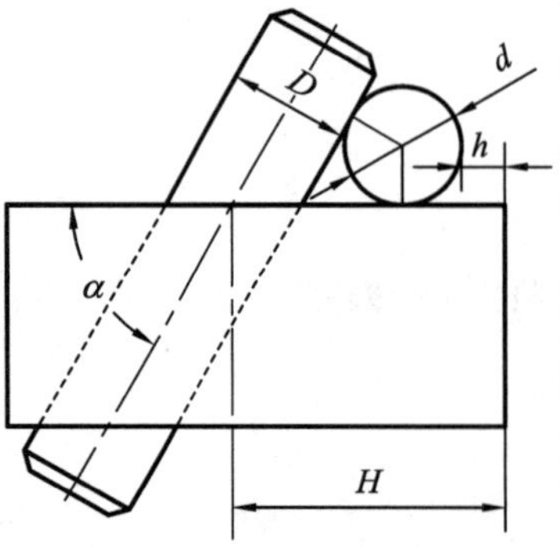	圆柱 深度尺	$$H = h + \frac{d}{2}\left(1 + \frac{1}{\tan\frac{\alpha}{2}}\right) + \frac{D}{2}\sin\alpha$$

续表四

检验项目	示　图	检验工具	检验方法和计算
斜槽角度	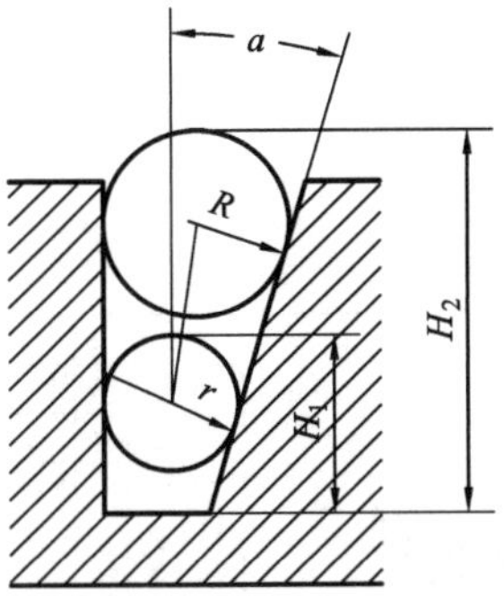	钢球 深度尺	$$\tan\frac{\alpha}{2} = \frac{R-r}{(H_2-R)-(H_1-r)}$$
V形槽角度	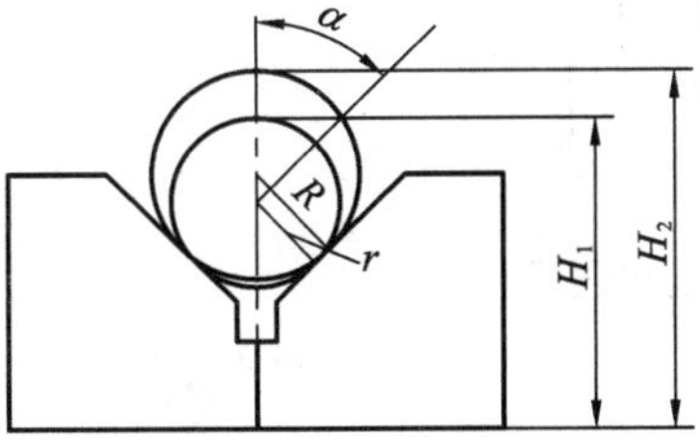	圆柱 深度尺	$$\sin\alpha = \frac{R-r}{(H_2-R)-(H_1-r)}$$ R—大圆球半径 r—小圆球半径
倾斜度	（一） 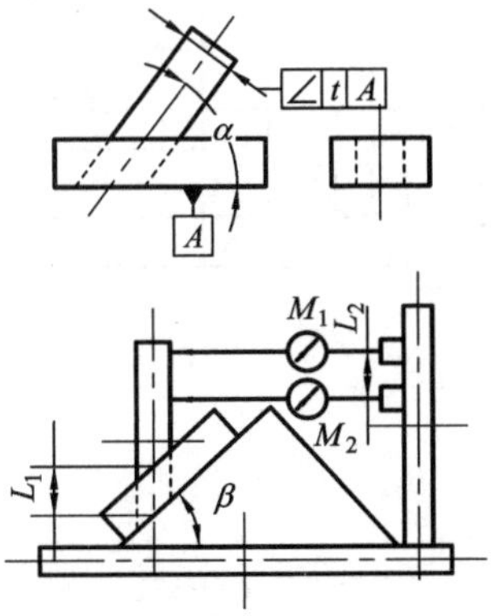 	心轴 百分表 定角垫块(或正弦规)	被测轴线由心轴模拟。调整被测零件，使指示器示值 M_1 为最大。在测量距离为 L_2 的两个位置上测得数值分别为 M_1 和 M_2，并用下式计算： $$f = \frac{L_1}{L_2}\,|\,M_1 - M_2\,|$$ f—倾斜度误差
	（二） 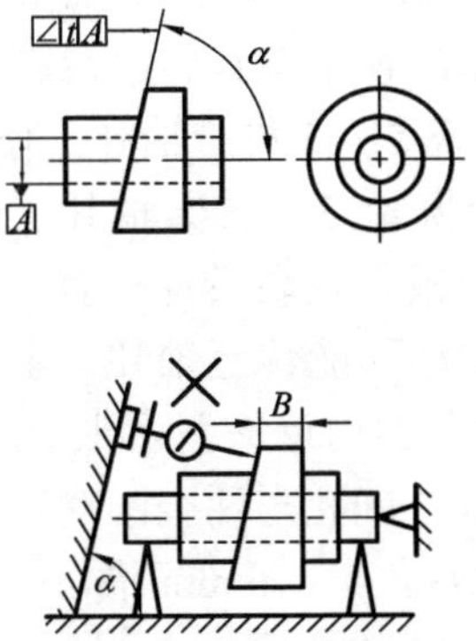 	心轴 百分表 定角座	基准轴线由心轴模拟。转动被测零件使其最小长度 B 的位置处在顶部。测量整个被测表面与定角座之间各点的距离，取指示器最大读数差值作为该零件的倾斜度误差

8.2 CA6140车床离合器齿轮零件的机械加工工艺

8.2.1 离合器齿轮零件图

离合器齿轮零件图如图8.2-1所示。

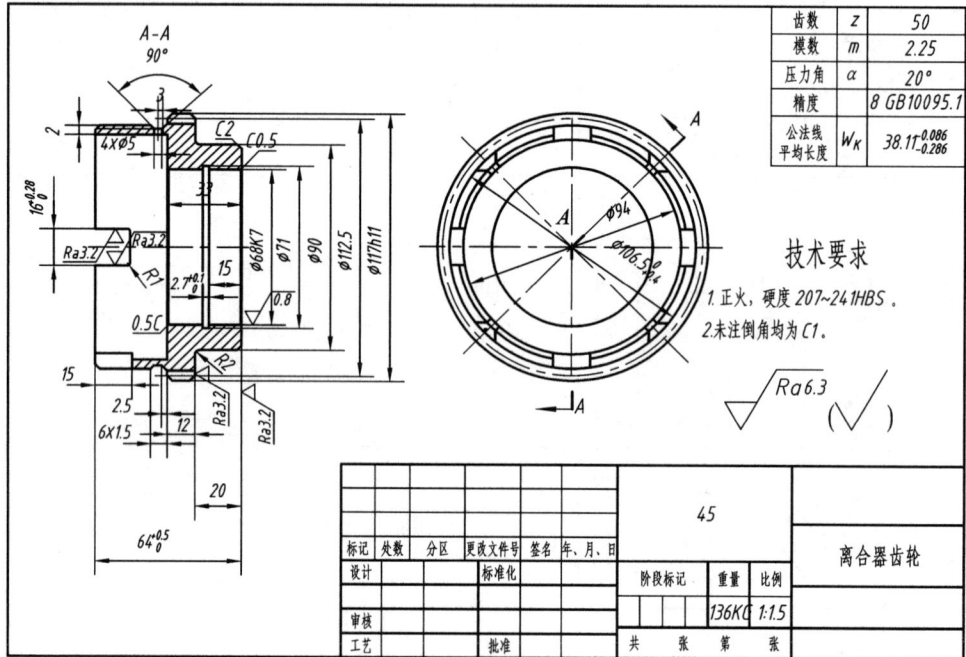

齿数	z	50
模数	m	2.25
压力角	α	20°
精度		8 GB10095.1
公法线平均长度	W_K	$38.11_{-0.286}^{-0.086}$

技术要求

1. 正火, 硬度207~241HBS.
2. 未注倒角均为C1.

$\sqrt{Ra6.3}$
$(\sqrt{\ })$

标记	处数	分区	更改文件号	签名	年、月、日		45			离合器齿轮
设计			标准化							
审核						阶段标记	重量	比例		
工艺			批准				136KG	1:1.5		
						共 张 第 张				

图8.2-1 离合器齿轮零件图

8.2.2 零件的工艺分析及生产类型的确定

1. 零件的作用

该零件是 CA6140 车床主轴箱中的运动输入轴Ⅰ上的一个离合器齿轮，如图 8.2-1 所示。它位于Ⅰ轴上，用于接通或断开主轴的反转传动路线，与其他零件一起组成摩擦片正反转离合器，如图 8.2-2(M_1 右侧)所示。主运动传动链由电机经过带轮传动副 $\phi130/\phi230$ 传至主轴箱中的轴Ⅰ。在轴Ⅰ上装有双向多片摩擦离合器 M_1 使主轴正转、反转或停止。当压紧离合器左部的摩擦片时，轴Ⅰ的运动经齿轮副 56/43 或 51/43 传给轴Ⅱ，使轴Ⅱ获得 2 种转速。压紧右部摩擦片时，经齿轮 50，轴Ⅶ上的空套齿轮 34 传给轴Ⅱ上的固定齿轮 30。因轴Ⅰ与轴Ⅱ间多一个中间齿轮 34，故轴Ⅱ的转向相反，反转转速只有 1 种。当离合器处于中间位置时，左、右摩擦片都没有被压紧，轴Ⅰ运动不能传至轴Ⅱ，主轴停转。此零件借助两个滚动轴承空套在Ⅰ轴上，只有当装在Ⅰ轴上的内摩擦片和装在该齿轮上的外摩擦片压紧时，Ⅰ轴才能带动该齿轮转动。该零件 $\phi68K7$ 的孔与两个滚动轴承的外圈相配合，$\phi71$ 沟槽为弹簧挡圈卡槽，$\phi94$ 的孔容纳内、外摩擦片，4~16 mm 槽口与外摩擦片的翅片相配合使其和该齿轮一起转动，6×1.5 mm 沟槽和 $4 \times \phi5$ 的孔用于通入冷却润滑油。

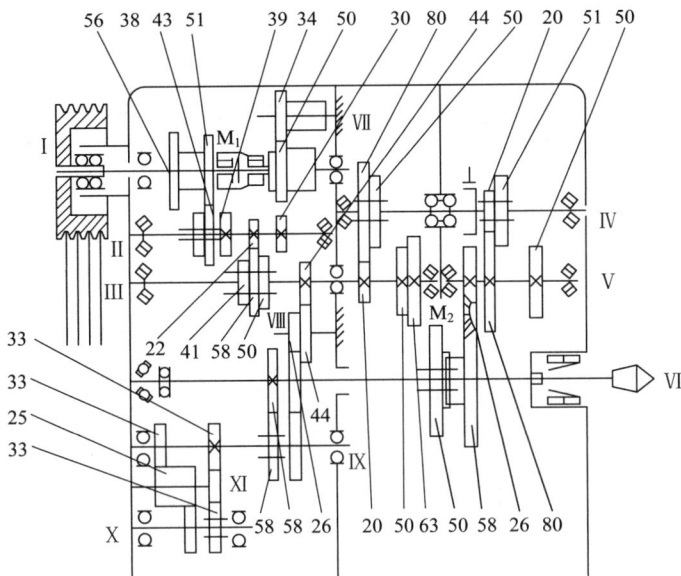

图 8.2-2 CA6140 车床 I 轴离合器传动示意图

2．零件的工艺性分析

该零件属圆盘类回转体零件，零件图样的视图正确、完整，尺寸、公差及技术要求齐全，切削加工表面较多，各表面的加工精度和表面粗糙度较易获得，但ϕ68K7 的孔表面粗糙度 Ra 要求 0.8 μm 有些偏高，是加工难点。16mm 宽槽口相对ϕ68K7 孔的轴线呈 90°均匀分布，其径向设计基准是ϕ68K7 孔的轴线，轴向基准是ϕ106.5 外圆柱的左端平面。4 × ϕ5 孔在 6 × 1.5 mm 的沟槽内，孔中心线距沟槽一侧面距离为 3 mm。由于加工时不能选用沟槽的侧面为定位基准，故要较精确地保证上述要求比较困难，但这些小孔为油孔，位置精度不需要太高，只要钻到沟槽之内接通油路就可，加工不难。总体来说，这个零件的工艺性较好。

3．零件的生产类型

根据设计题目可知：Q = 2000 台/年，n = 1 件/台；结合生产实际，备品率 a 和废品率 b 分别取为 5%和 2%。代入公式(1.5-1)得该零件的生产纲领：

$$N = 2000 \times 1 \times (1 + 5\%) \times (1 + 2\%) = 2142 \text{ 件/年}$$

零件是机床上的齿轮，质量为 1.36 kg，属轻型零件，生产类型为中批量生产。

8.2.3 选择毛坯，确定毛坯尺寸，设计毛坯—零件合图

1．选择毛坯

该零件材料为 45 钢，属于薄壁的圆盘类中小型零件，考虑加工工序较多，会经常承受交变载荷及冲击载荷，因此应该选用锻件，可得到连续和均匀的金属纤维组织，保证零件工作可靠。又由于零件年产量为 2142 件，属中批量生产，而且零件的轮廓尺寸不大，故可采用模锻成形，可获得较好的尺寸精度和较高的生产率。

2．确定机械加工余量、毛坯尺寸和公差

查《金属机械加工工艺人员手册》，可知钢质模锻的公差及机械加工余量按 GB/T12362

—2003确定。要确定毛坯的尺寸公差及机械加工余量，先确定如下参数：

(1) 锻件公差等级。由该零件的功用和技术要求，确定其锻件公差等级为普通级。

(2) 锻件质量 m。根据零件成品质量 1.36 kg，估算为 $m_f = 2.5$ kg。

(3) 锻件形状复杂系数 $S = m_f/m_N$。由于该零件为圆形，假设其最大直径为 ϕ121 mm，长为 68 mm，则由圆形锻件计算质量公式 $m_N = \dfrac{\pi}{4}d^2 h\rho$（$\rho$ 为钢材密度，7.85 g/cm³）可知锻件外廓包容体质量为

$$m_N = \frac{\pi}{4} \times 121^2 \times 68 \times 7.85 \times 10^{-6} = 6.135\,\text{kg}$$

所以
$$S = \frac{m_f}{m_N} = \frac{2.5}{6.135} = 0.407$$

由于 0.407 介于 0.32 和 0.63 之间，故该零件的形状复杂系数 S 属 S_2 级。

(4) 锻件材质系数 M。由于该零件材料为 45 钢，碳的质量分数小于 0.65% 的碳素钢，故该锻件的材质系数属 M_1 级。

(5) 零件表面粗糙度。由零件图知，除 ϕ68K7 孔的粗糙度 Ra 为 0.8 μm 以外，其余各加工表面为 $Ra \geqslant 3.2$ μm。

3．确定机械加工余量

根据锻件质量、零件表面粗糙度、形状复杂系数，查《金属机械加工工艺人员手册》中锻件内外表面加工余量表，查得单边余量在厚度方向为 1.7～2.2 mm，水平方向为 1.7～2.2 mm。锻件中心两孔的单面余量按手册中锻件内孔直径的单面机械加工余量表，查得为 2.5 mm。

4．确定毛坯尺寸

根据查得的加工余量适当选择稍大点即可，只有 ϕ68K7 孔，因为表面粗糙度 Ra 要求达到 0.8 μm，考虑磨削孔前的余量要大，可确定精镗孔单面余量为 0.5 mm。其他槽、孔随所在平面锻造成实体。具体加工余量的选择大小如表 8.2-1 所示。

5．确定毛坯尺寸公差

毛坯尺寸公差根据锻件质量、材质系数、形状复杂系数从手册中查锻件的长度、宽度、高度、厚度公差表可得。具体如表 8.2-1 所示。

表 8.2-1　离合器齿轮毛坯(锻件)尺寸及公差　　　　　　mm

零件尺寸	单面加工余量	锻件尺寸	偏差
ϕ117h11	2	ϕ121	+1.7 −0.8
ϕ106.5$_{-0.4}^{0}$	2	ϕ110	+1.5 −0.7
ϕ94	2	ϕ90	+0.7 −1.5
ϕ90	2	ϕ94	+1.5 −0.7

零 件 尺 寸	单面加工余量	锻件尺寸	偏　差
$\phi 68K7$	3	$\phi 62$	+0.6 −1.4
$64_0^{+0.5}$	2	68	+1.7 −0.5
孔深 31	1.8	29.2	±1.0
20	1	21	±1.0
12	1.8	13.8	±1.0

6. 绘制毛坯图

根据确定的毛坯尺寸和加工余量,可绘制毛坯—零件合图,外圆角半径为 $R6$,内圆角半径为 $R3$,内、外模锻斜度分别为 7°、5°,如图 8.2-3 所示。

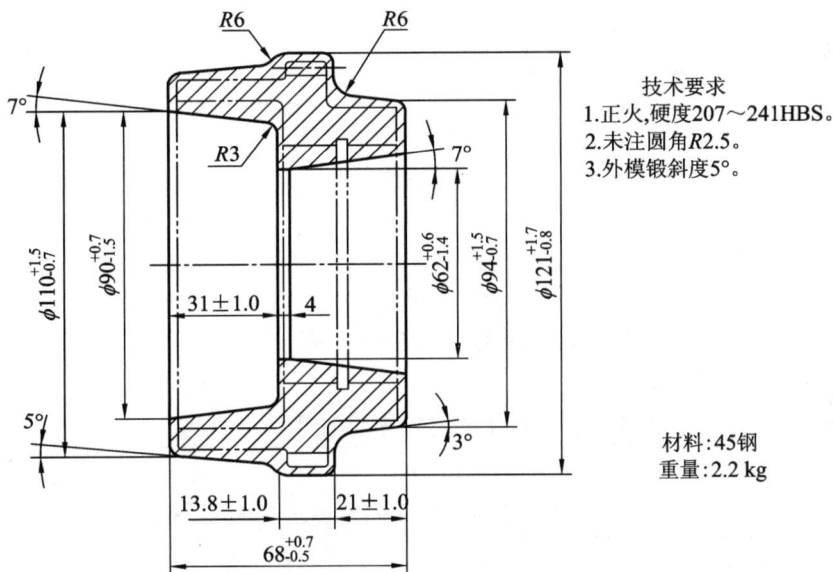

图 8.2-3　离合器齿轮毛坯—零件合图

8.2.4　选择加工方法,制订工艺路线

1. 定位基准的选择

本零件是带圆盘状齿轮,孔是其设计基准(亦是装配基准和测量基准),为避免由于基准不重合而产生的误差,应选孔为定位基准,即遵循"基准重合"的原则,即精基准选 $\phi 68K7$ 的孔及其端面。

由于离合器齿轮所有表面都要加工,而孔作为精基准应先进行加工,因此应选 $\phi 94$ 外圆及其端面为粗基准。外圆 $\phi 121$ 上有分模面,表面不平整,有飞边等缺陷,定位不可靠,故不能选为粗基准。

2. 零件表面加工方法的选择

该零件的主要加工表面有外圆、内孔、端面、齿面、槽及孔，其加工方法选择如表8.2-2 所示。

表 8.2-2 离合器齿轮零件加工精度及加工方法

序号	零件加工表面	精度等级	表面粗糙度 Ra/μm	加工方法	备 注
1	$\phi 90$ 外圆	IT14	3.2	粗车和半精车	为未注公差尺寸
2	齿圈外圆面	IT11	3.2	粗车和半精车	
3	外圆	IT12	6.3	粗车	
4	$\phi 68$K7 内孔	IT7	0.8	粗镗，半精镗，精镗	
5	$\phi 94$ 内孔	IT14	6.3	粗镗	为未注公差尺寸
6	端面		3.2 或 6.3	粗车或粗车，半精车	
7	齿面	8FL	1.6	A 级单头滚刀滚齿	模数 2.25，齿数 50
8	槽(槽宽、槽深)	IT13、IT14	3.2、6.3	三面刃铣刀，粗铣，半精铣	槽宽、槽深
9	小孔		6.3	复合钻头，钻削	一次完成

3. 制订工艺路线

齿轮的加工工艺路线一般是先进行齿坯的加工，再进行齿面加工。齿坯加工包括各圆柱表面及端面的加工。按照先基准及先粗后精的原则，该零件加工工艺路线如表 8.2-3 所示。

表 8.2-3 离合器齿轮零件加工工艺路线

工序号	工 序 内 容
I	以外圆以其端面定位，粗车另一端面、$\phi 90$ 外圆及台阶面、$\phi 117$ 外圆、粗镗 $\phi 68$ 孔
II	以 $\phi 90$ 外圆及端面定位，粗车另一端面、 外圆及台阶面、车 6×1.5 沟槽、粗镗 $\phi 94$ 孔、倒角、半精镗 $\phi 68$ 孔、倒角
III	以外圆及端面定位，半精车另一端面、$\phi 90$ 外圆及台阶面、$\phi 117$ 外圆达到加工要求精度
IV	以 $\phi 90$ 外圆及端面定位，精镗 $\phi 68$ 孔、倒角，粗车孔内的沟槽
V	以 $\phi 68$K7 内孔(心轴)及端面定位，滚齿
VI	以 $\phi 68$K7 内孔及端面定位，粗铣 4 个槽
VII	以 $\phi 68$K7 内孔、端面及粗铣后的一个槽定位，半精铣 4 个槽
VIII	以 $\phi 68$K7 内孔、端面及一个槽定位，钻 4 个小孔
IX	去毛刺
X	终检
XI	清洗、入库

8.2.5　工序设计

1．选择加工设备与工艺装备

根据不同的工序选择机床、刀具、检验量具，如表 8.2-4 所示。

表 8.2-4　离合器齿轮零件加工设备及工艺装备

工序号	加工方法	加工机床	刀具	夹具	量具
I	粗车 粗镗	CA6140 卧式车床	YT 类硬质合金，粗加工用 YT5，半精加工 YT15，精加工用 YT30。 切槽刀选用高速钢	三爪卡盘	0～150 游标卡尺
II	粗车 粗镗 半精镗	CA6140 卧式车床		三爪卡盘	0～150 游标卡尺
III	粗车 半精车	CA6140 卧式车床		三爪卡盘	0～150 游标卡尺，测量范围 50～125 外径千分尺
IV	半精车 精镗孔	CA6140 卧式车床		三爪卡盘	0～150 游标卡尺，测量范围 50～125 外径千分尺，测量范围 50～100 内径百分表或极限量规
V	滚齿	Y3150 滚齿机	A 级单头滚刀	心轴	测量范围 25～50 公法线千分尺
VI	粗铣	X62 卧式铣床	镶齿三面刃铣刀	专用夹具	0～150 游标卡尺
VII	半精铣	X62 卧式铣床	镶齿三面刃铣刀	专用夹具	0～150 游标卡尺
VIII	钻孔	Z525 立式钻床	复合钻头	专用夹具	0～150 游标卡尺

2．确定工序尺寸

(1) 确定圆柱面的工序尺寸。圆柱表面多次加工的工序尺寸只与加工余量有关。前面已确定各圆柱面的总加工余量(毛坯余量)，应将毛坯余量分为各工序加工余量，然后由后往前计算工序尺寸。中间工序尺寸的公差按加工方法的经济精度确定。

该零件各圆柱表面的工序加工余量、工序尺寸及公差、表面粗糙度如书中表 8.2-5 所示。

表 8.2-5　圆柱表面的工序加工余量、工序尺寸及公差、表面粗糙度

加工表面	工序双边余量/mm			工序尺寸及公差/mm			表面粗糙度 Ra /μm		
	粗	半精	精	粗	半精	精	粗	半精	精
$\phi 117h11$	2.5	1.5	—	$\phi 118.5_{-0.54}^{0}$	$\phi 117_{-0.22}^{0}$	—	6.3	3.2	—
$\phi 106.5_{-0.4}^{0}$	4	—	—	$\phi 106.5_{-0.4}^{0}$			6.3		
$\phi 94$	4	—	—	$\phi 94$			6.3		
$\phi 90$	2.5	1.5	—	$\phi 91.5$	—	—	6.3	3.2	
$\phi 68K7$	3	2	1	$\phi 65_{0.}^{0.19}$	$\phi 67_{0}^{0.074}$	$\phi 68_{-0.021}^{0.009}$	6.3	3.2	0.8

(2) 确定轴向工序尺寸。本零件的轴向尺寸如图 8.2-4 所示。

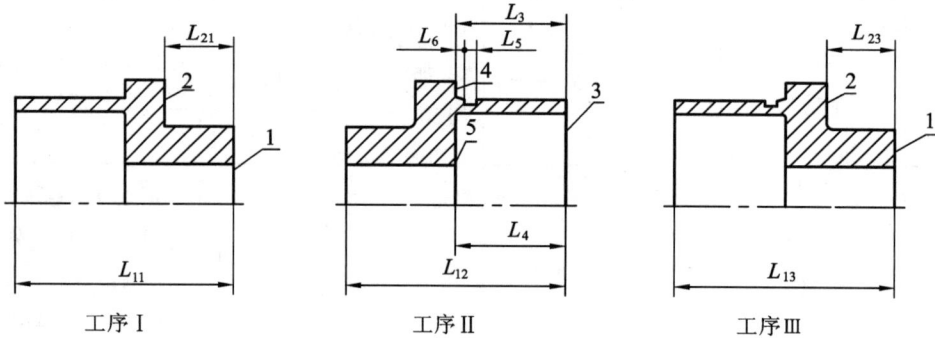

图 8.2-4　工序轴向工序尺寸

① 确定各加工表面的工序加工余量。该零件各端面的工序加工余量如表 8.2-6 所示。

表 8.2-6　端面工序加工余量

工序	加工表面(见图 7.3-4)	总加工余量	工序加工余量
I	1	1.0	$Z_{11} = 0.6$
	2	2.0	$Z_{12} = 1.4$
II	3	1.8	$Z_{32} = 1.8$
	4	1.8	$Z_{42} = 1.8$
	5	1.8	$Z_{52} = 1.8$
III	1	1.0	$Z_{13} = 0.4$
	2	2.0	$Z_{23} = 0.6$

② 确定工序尺寸 L_{13}、L_{23}、L_5 及 L_6。该尺寸在工序中应达到零件图样的要求,则 $L_{13} = 64_{0}^{+0.5}$ mm、$L_{23} = 20$mm、$L_5 = 6$mm、$L_6 = 2.5$mm。

③ 确定工序尺寸 L_{12}、L_{11} 及 L_{21}。该尺寸只与加工余量有关，则

$$L_{12} = L_{13} + Z_{13} = 64 + 0.4 = 64.4 \text{ mm}$$

$$L_{11} = L_{12} + Z_{32} = 64.4 + 1.8 = 66.2 \text{ mm}$$

$$L_{21} = L_{23} + Z_{13} + Z_{23} = 20 + 0.4 + 0.6 = 21 \text{ mm}$$

(3) 确定铣槽的工序尺寸。半精铣即可达到零件图样的要求，该工序尺寸：槽宽为 16 mm，槽深为 15 mm。粗铣时，为半精铣留有加工余量：槽宽双边余量为 3 mm，槽深余量为 2 mm。粗铣工序的尺寸：槽宽为 13 mm，槽深为 13 mm。

8.2.6　确定切削用量及基本时间

切削用量包括背吃刀量 a_p、进给量 f、和切削速度 v_c，确定顺序是 $a_p \rightarrow f \rightarrow v_c$。

1. 工序 I 切削用量及基本时间的确定

本工序为粗车(车端面、外圆及镗孔)。已知加工材料为 45 钢，锻件，有外皮；机床为 CA6140 卧式车床，工件装夹在三爪自定心卡盘中。

(1) 确定粗车外圆 $\phi 118.5_{-0.54}^{0} \text{ mm}$ 的切削用量。所选刀具为 YT5 硬质合金可转位车刀。由于 CA6140 车床的中心高为 200 mm，因此选用的刀杆尺寸为 $B \times H = 16 \text{ mm} \times 25 \text{ mm}$，刀片厚度为 4.5 mm。选择车刀几何形状为前角 12°、后角 6°、主偏角 90°、副偏角 10°、刃倾角 0°，刀尖圆弧半径为 0.8 mm。

① 确定背吃刀量 a_p。粗车双边余量为 2.5 mm，则单边余量为 1.25 mm。

② 确定进给量 f。已知粗车钢料，刀杆尺寸为 16 mm × 25 mm，$a_p \leqslant 2$ mm，$f \leqslant 0.75$ mm/r，主偏角 45°，根据背吃刀量 $a_p \leqslant 3$ mm，工件的直径为 100～400 mm 时，$f = 0.6 \sim 1.2$ mm/r，故 f 选择 0.75 mm/r。

③ 选择车刀磨钝标准及耐用度，车刀后刀面最大磨损量取为 1 mm，可转位车刀耐用度 $T = 30$ min。

④ 确定切削速度 v_c。根据《切削用量简明手册》，当用 YT15 硬质合金车刀加工 $\sigma_b = 600 \sim 700$ MPa 钢材，$a_p \leqslant 2$ mm，$f \leqslant 0.75$ mm/r 时，切削速度取 $v_c = 109$ m/min。若不计切削速度的修正系数则主轴转速 $n = 1000 v_c / \pi d = 1000 \times 109 / (3.14 \times 121) = 286.88$ r/min。

根据 CA6140 车床手册中的转速表，选择 $n = 300$ r/min，则实际切削速度 $v_c = 113.98$ m/min。

⑤ 校验机床功率。由机床手册可知：当 $\sigma_b = 580 \sim 970$ MPa，HBS=166～277，$a_p \leqslant 2$ mm，$f \leqslant 0.75$ mm/r，$v_c = 120$ m/min 时，$P_c = 3.9$ kW。即使加工切削功率的修正系数也远小于机床主轴允许功率 $P_E = 5.9$ kW。故所选的切削用量完全可用。

(2) 确定粗车外圆 $\phi 91.5$ 及端面的切削用量。切削速度与(1)相同，刀具不变，一次走刀完成加工，车外圆时 $a_p = 1.25$ mm，车端面时 $a_p = 0.75$ mm。进给量 f 不变。

(3) 确定粗镗 $\phi 65_0^{+0.19}$ 孔的切削用量。所用刀具为 YT5 硬质合金、直径为 20 mm 的圆形镗刀。计算同第(1)步，$a_p = 1.5$ mm，$f = 0.2$，$v_c = 78$ m/min。

(4) 确定粗车外圆 $\phi 118.5_{-0.54}^{0}$ 的基本时间。根据《切削用量简明手册》中车削和镗削机动时间计算公式:

$$T_j = \frac{L}{fn}i = \frac{l + l_1 + l_2 + l_3}{fn}i$$

式中:切削加工长度 $l = 14.4$ mm,刀具切入长度 $l_1 = \frac{\alpha_p}{\tan\kappa_r} + (2 \sim 3)$,$\kappa_r = 90°$ 时,$l_1 = 2 \sim 3$ mm,刀具切出长度 $l_2 = 4$ mm,附加长度 $l_3 = 0$,进给次数 $i = 2$,$f = 0.75$ mm/r,$n = 300$ r/min,则粗车时 $T_1 = 10.88$ s。

(5) 确定粗车外圆 $\phi 91.5$ 的基本时间。

同理根据公式:

$$T_2 = \frac{L}{fn}i = \frac{l + l_1 + l_2 + l_3}{fn}i = \frac{20 + 2 + 2 + 0}{0.75 \times 300} \times 2 \times 60 = 12.8 \text{ s}$$

(6) 确定粗车端面的基本时间。

$$T_3 = \frac{L}{fn}i, \quad L = \frac{d - d_1}{2} + l_1 + l_2 + l_3 = \frac{94 - 62}{2} + 2 + 4 + 0 = 22$$

则

$$T_3 = \frac{L}{fn}i = \frac{22}{0.75 \times 300} \times 1 \times 60 = 5.867 \text{ s}$$

(7) 确定粗车台阶面的基本时间。

$$T_4 = \frac{L}{fn}i, \quad L = \frac{d - d_1}{2} + l_1 + l_2 + l_3 = \frac{121 - 915}{2} + 0 + 4 + 0 = 18.75$$

则

$$T_4 = \frac{L}{fn}i = 5 \text{ s}$$

(8) 确定粗镗 $\phi 65_{0.}^{0.19}$ 孔的基本时间。

选镗刀的主偏角为 45°。

$$T_5 = \frac{L}{fn}i = \frac{l + l_1 + l_2 + l_3}{fn}i = \frac{35.4 + 3.54 + 0}{0.2 \times 300} \times 1 \times 60 = 42.9 \text{ s}$$

(9) 确定工序 I 的基本时间。

$$T_J = \sum_{j=1}^{5} T_j = 10.88 + 12.8 + 5.867 + 5 + 42.9 = 77.447 \text{ s}$$

将前面进行的工作所得的结果,填入工艺文件。表 7.3-7 所示为离合器齿轮的机械加工工艺过程卡。

该零件的加工工序 I 卡片,如表 7.3-8 所示。

2. 工序 II、III 等切削用量及基本时间的确定

表8.2-9～表8.2-11分别给出了离合器齿轮加工第 II、第 VI、第 VIII 3道工序的机械加工工序卡片。

表 8.2-7　离合器齿轮的机械加工工艺过程卡片

机械加工工艺过程卡片		产品型号	CA6140	零部件图号	GYGC080501			
		产品名称	车床	零部件名称	离合器齿轮	共 1 页		第 1 页

材料牌号	45	毛坯种类	模锻件	毛坯外形尺寸	$\phi121 \times 68$	每毛坯可制件数	1	每台件数	1

工序号	工序名称	工序工步内容	设备	工艺装备			工时(s)	
				夹具	刀具	量具	准终	单件
I	粗车	粗车小端面、$\phi90$ 外圆、粗镗 $\phi68$ 孔	CA6140 车床	三爪卡盘	YT5 90° 偏刀，YT5 镗刀，高速钢切槽刀	游标卡尺内径千分尺		77
II	粗车	粗车大端面、$\phi106.5^{0}_{-0.4}$ 外圆及台阶面、车 6×1.5 沟槽、粗镗 $\phi94$ 孔、倒角						118
III	半精车	半精车小端面、$\phi90$ 外圆及台阶面，$\phi117$ 外圆及台阶面。半精镗 $\phi68$ 孔、倒角						73
IV	精镗孔	精镗 $\phi68$ 孔、倒角，粗车孔内 $\phi71$ 沟槽，倒角						45
V	滚齿	滚齿	Y3150 滚齿机	心轴	滚齿刀			1280
VI	粗铣	粗铣 4 个槽	X62 铣床	专用夹具	高速钢三面刃铣刀			65
VII	半精铣	半精铣 4 个槽						140
VIII	钻孔	钻 $4 \times \phi5$ 小孔	Z525 立式钻床		复合钻头 $\phi5$			20
IX	去毛刺	去除多余毛刺	钳工平台					
X	终检	按零件图样要求全面检查						
XI	清洗、入库	清洗后包装入库						

编制		日期		编写		日期		校对		日期		审核		日期	

表 8.2-8　离合器齿轮的机械加工工序Ⅰ卡片

机械加工工序卡片	产品型号及规格	图号	名称	工序名称	工艺文件编号
	CA6140 车床	GYGC080501	离合器齿轮	粗车	

$\sqrt{Ra6.3}\sqrt{}$

材料牌号及名称		毛坯外形尺寸
45 钢		$\phi121 \times 68$
零件毛重	零件净重	硬度
设备型号		设备名称
CA6140		卧式车床
专用工艺装备		
名称		代号
机动时间	单件工时定额	每台件数
15 min	77 s	
技术等级		切削液

工序号	工步号	工序工步内容	刀具 名称 规格	量检具 名称 规格	切削用量			
					主轴转速 /(r/min)	切削速度 /(m/min)	进给量 /(mm/r)	背吃刀量 /(mm)
Ⅰ	1	车小端面，保证尺寸 $65_{-0.54}^{0}$	YT5 90° 偏刀， YT5 镗刀	游标 卡尺， 内径千 分尺	300	120	0.75	1.25
	2	车外圆至 $\phi91.5$			300	120	0.75	1.25
	3	车台阶面，保证尺寸 21 ± 1.0 mm			300	130	0.75	0.75
	4	车外圆 $\phi118.5_{-0.54}^{0}$			300	120	0.75	0.75
	5	镗孔 $\phi65_{0.}^{0.19}$			380	78	0.2	1.5
						编制	校对	会签	复制

修改标记	处数	文件号	签字	日期	修改标记	处数	文件号	签字	日期		

表 8.2-9　离合器齿轮的机械加工工序 II 卡片

机械加工工序卡片	产品型号及规格	图号	名称	工序名称	工艺文件编号
	CA6140 车床	GYGC080501	离合器齿轮	粗车	

$\sqrt{Ra6.3}$ $\sqrt{}$

材料牌号及名称	毛坯外形尺寸
45 钢	$\phi121 \times 68$

零件毛重	零件净重	硬度

设备型号	设备名称
CA6140	卧式车床

专用工艺装备	
名称	代号

机动时间	单件工时定额	每台件数
5 min	118 s	

技术等级	切削液

工序号	工步号	工序工步内容	刀具名称规格	量检具名称规格	切削用量			
					主轴转速 /(r/min)	切削速度 /(m/min)	进给量 /(mm/r)	背吃刀量 /(mm)
II	1	车小端面，保证尺寸 $64.7^{0}_{-0.34}$	YT5 90°偏刀，YT5镗刀，高速钢切槽刀，倒角刀	游标卡尺，内径千分尺	300	120	0.52	1.8
	2	车外圆至 $\phi106.5^{0}_{-0.4}$			300	120	0.65	1.75
	3	车台阶面，保证尺寸 $32^{+0.25}_{0}$ mm			300	130	0.52	1.8
	4	镗孔 $\phi90$ 及台阶面，保证尺寸 $31^{+0.52}_{0}$			450	150	0.2	2.5、1.8
	5	车沟槽，保证尺寸 2.5 mm 及 6×1.5 mm			150	80	手动	
	6	倒角 $1 \times 45°$			300	120	手动	

					编制	校对	会签	复制

修改标记	处数	文件号	签字	日期	修改标记	处数	文件号	签字	日期

表 8.2-10　离合器齿轮的机械加工工序Ⅵ卡片

机械加工工序卡片	产品型号及规格	图号	名称	工序名称	工艺文件编号
	CA6140 车床	GYGC080501	离合器齿轮	粗铣	

材料牌号及名称	毛坯外形尺寸
45 钢	$\phi121\times68$

零件毛重	零件净重	硬度

设备型号	设备名称
X62	铣床

专用工艺装备

名称	代号

机动时间	单件工时定额	每台件数
5 min	165 s	

技术等级	切削液

$\sqrt{Ra6.3}\sqrt{}$

工序号	工步号	工序工步内容	刀具名称规格	量检具名称规格	主轴转速/(r/min)	切削速度/(m/min)	进给量/(mm/Z)	背吃刀量/(mm)
Ⅵ	1	在 4 个工位上铣槽，保证槽宽 13 mm，槽深 13 mm	高速钢三面刃铣刀	游标卡尺	120	30	0.063	1.3

				编制	校对	会签	复制

修改标记	处数	文件号	签字	日期	修改标记	处数	文件号	签字	日期

表 8.2-11 离合器齿轮的机械加工工序Ⅷ卡片

机械加工工序卡片	产品型号及规格	图号	名称	工序名称	工艺文件编号
	CA6140 车床	GYGC080501	离合器齿轮	铣孔	

材料牌号及名称		毛坯外形尺寸
45 钢		$\phi121 \times 68$
零件毛重	零件净重	硬度

设备型号		设备名称
Z525		立式钻床
专用工艺装备		
名称		代号

机动时间	单件工时定额	每台件数
2 min	20 s	
技术等级		切削液

$\sqrt{Rz50}$

工序号	工步号	工序工步内容	刀具名称规格	量检具名称规格	切削用量			
					主轴转速/(r/min)	切削速度/(m/min)	进给量/(mm/r)	背吃刀量/(mm)
Ⅷ	1	钻 $4 \times \phi5$ 小孔	复合钻头$\phi5$	游标卡尺	1000	130	手动	2.5
					编制	校对	会签	复制

修改标记	处数	文件号	签字	日期	修改标记	处数	文件号	签字	日期

习 题

编写下面各零件的加工工艺，并写出检测方法。

(1) 锥套，如图 8-1 所示。

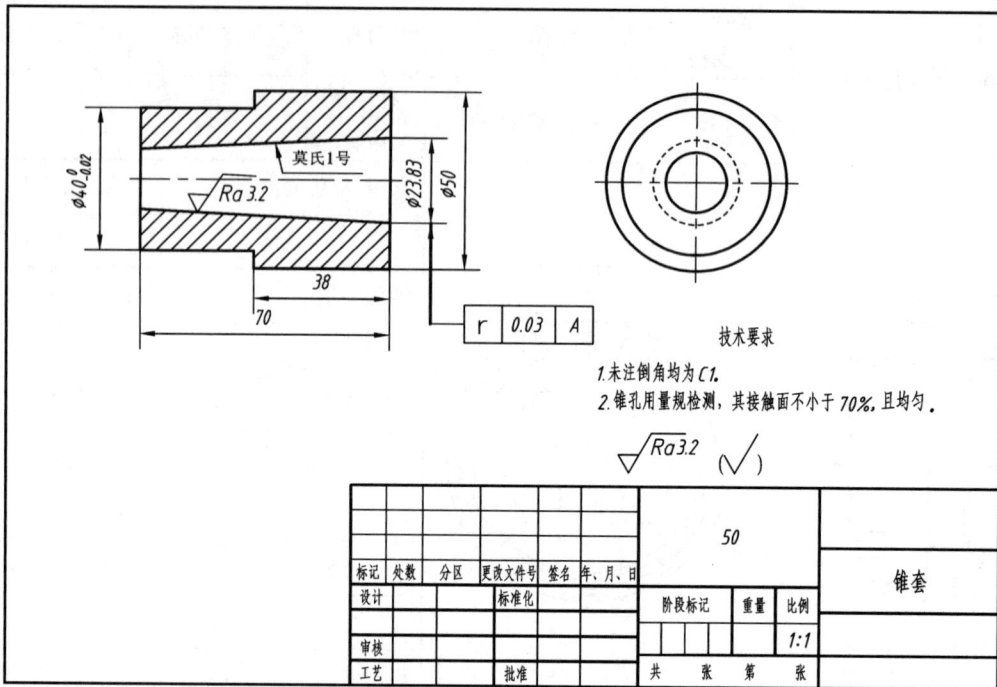

图 8-1

(2) 复合轴，如 8-2 所示。

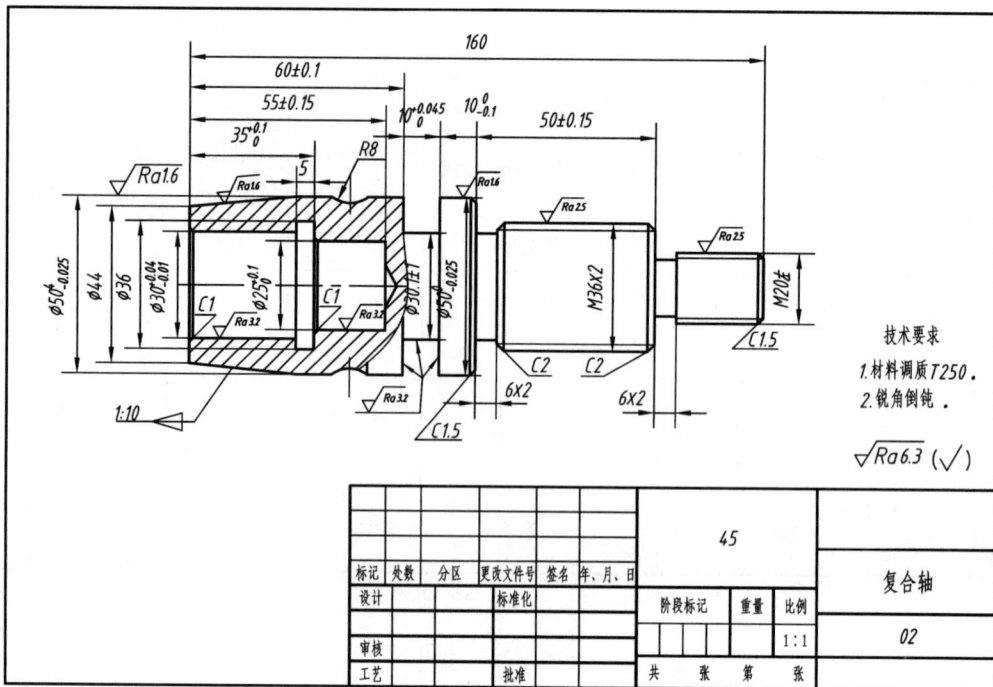

图 8-2

参 考 文 献

[1]　陈宏钧. 实用机械加工工艺手册[M]. 2 版. 北京：机械工业出版社，2003.

[2]　卢秉恒. 机械制造技术基础[M]. 3 版. 北京：机械工业出版社，2001.

[3]　倪森寿. 机械制造工艺与装备[M]. 北京：化学工业出版社，2002.

[4]　王茂元. 机械制造技术[M]. 北京：机械工业出版社，2001.

[5]　管俊杰. 数控加工工艺[M]. 成都：西南交通大学出版社，2005.

[6]　罗春华. 数控加工工艺简明教程[M]. 北京：北京理工大学出版社，2007.

[7]　吴拓. 机械制造工艺与机床夹具[M]. 北京：机械工业出版社，2006.

[8]　赵家齐. 机械制造工艺学课程设计指导书[M]. 2 版. 北京：机械工业出版社，2000.

[9]　崇凯. 机械制造技术基础课程设计指南[M]. 北京：化学工业出版社，2006.

[10]　北京第一通用机械厂. 机械工人切削手册[M]. 北京：机械工业出版社，2004.

[11]　金福昌，朱燕青. 机械工人切削手册[M]. 北京：机械工业出版社，2000.

[12]　陈家芳，顾霞琴. 典型零件机械加工工艺与实例[M]. 上海：上海科学技术出版社，
2010.

[13]　陈宏钧，方向明. 典型零件机械加工生产实例[M]. 2 版. 北京：机械工业出版社，2010.

[14]　张江华，吴小邦. 机械制造工艺[M]. 北京：机械工业出版社，2012.

[15]　赵宏立. 机械制造工艺与装备[M]. 北京：人民邮电出版社，2009.